Life Cycle Assessment
Methods & Practices

"十四五"国家重点出版物
出版规划项目

工业污染源控制与管理丛书

Life Cycle Assessment
Methods & Practices

生命周期评价方法与实践

谢明辉　李雪迎　乔琦　等编著

化学工业出版社

·北京·

内容简介

本书以生命周期评价方法的本地化应用发展为主线,主要介绍了生命周期评价的来源、定义、发展趋势,以及国内外的主要影响评价方法和货币化方法,并以2017年为基准年,基于终点损害类评价方法构建了我国本地化的终点损害类生命周期环境影响评价模型;重点选取具有代表性的太阳能电池行业、风电行业、建筑行业、新能源汽车行业、各类包装行业以及包装物处理处置技术进行了生命周期评价的案例分析,针对评价结果给出了相应的行业发展建议。本书旨在普及生命周期评价知识,并提出一种能反映中国现阶段实际情况的系统化、定量化评价某个组织产品、活动或服务系统潜在环境影响的方法,补充完善我国生命周期评价理论体系,为提升其科学合理性提供理论依据、技术支持和案例借鉴。

本书理论与实践相结合,具有较强的系统性和参考价值,可供从事工业产品及生产工艺设计、环境政策制定、固体废物管理等的工程技术人员、科研人员和管理人员参考,也可供高等学校环境科学与工程、生态工程及相关专业师生参阅。

图书在版编目(CIP)数据

生命周期评价方法与实践 / 谢明辉等编著. -- 北京:化学工业出版社,2023.5
(工业污染源控制与管理丛书)
ISBN 978-7-122-42838-7

Ⅰ. ①生… Ⅱ. ①谢… Ⅲ. ①工业污染防治-研究 Ⅳ. ①X322

中国国家版本馆CIP数据核字(2023)第004178号

责任编辑:刘 婧 刘兴春 卢萌萌　　文字编辑:杜 熠
责任校对:李露洁　　　　　　　　　　装帧设计:王晓宇

出版发行:化学工业出版社
　　　　(北京市东城区青年湖南街13号 邮政编码100011)
印　　装:北京建宏印刷有限公司
787mm×1092mm 1/16 印张24 彩插3 字数501千字
2025年1月北京第1版第1次印刷

购书咨询:010-64518888　　　　　售后服务:010-64518899
网　　址:http://www.cip.com.cn
凡购买本书,如有缺损质量问题,本社销售中心负责调换。

定　　价:168.00元　　　　　　　　　　版权所有　违者必究

《工业污染源控制与管理丛书》
编委会

顾　　　　问：郝吉明　曲久辉　段　宁　席北斗　曹宏斌

编委会主任：乔　琦

编委会副主任：白　璐　刘景洋　李艳萍　谢明辉

编委成员（按姓氏笔画排序）：

白　璐　　司菲斐　　毕莹莹　　吕江南　　乔　琦　　刘　静

刘丹丹　　刘景洋　　许　文　　孙园园　　孙启宏　　孙晓明

李泽莹　　李艳萍　　李雪迎　　宋晓聪　　张　玥　　张　昕

欧阳朝斌　周杰甫　　周潇云　　赵若楠　　钟琴道　　段华波

姚　扬　　黄秋鑫　　谢明辉

《生命周期评价方法与实践》
编著者名单

编著者：谢明辉　李雪迎　乔　琦　宋晓聪　满贺诚　武琛昊

　　　　李晓蔚　钱　怡　黄小娱　沈　鹏　邓陈宁　李林子

　　　　段华波　柏　静　马　艺　李强峰

前言
PREFACE

生命周期评价（life cycle assessment，LCA）最初可追溯到20世纪60年代，至今已有半个多世纪的发展历程。随着清洁生产、产品环境标志计划等的逐步推行，我国于20世纪90年代将国际标准化组织制定的LCA相关标准引进并转化为国家标准，对LCA进行了规范。LCA克服了传统环境评价片面性、局部化的弊病，对于企业改进产品环境性能、实施清洁生产，政府制定环境政策、优化环境管理，以及引导绿色消费都具有非常重要的意义。

目前，国家出台了多项政策文件来推动LCA的应用。例如：国务院印发的《2030年前碳达峰行动方案》中明确要"将绿色低碳理念贯穿于交通基础设施规划、建设、运营和维护全过程，降低全生命周期能耗和碳排放"；《中国制造2025》提出要"强化产品全生命周期绿色管理"；工业和信息化部印发的《"十四五"工业绿色发展规划》提出要"强化全生命周期理念，全方位全过程推行工业产品绿色设计"；国家发展和改革委员会等部门印发的《"十四五"全国清洁生产推行方案》提出要"减少产品和包装物在整个生命周期对环境的影响"。然而，我国LCA研究起步较晚，对生命周期影响评价（life cycle impact assessment，LCIA）模型方法的研究较少且时效性较差，随着我国生态环境保护力度的加大和碳达峰碳中和目标的提出，本地化生命周期评价工作亟待开展。为此，我们编著了此书，以期补充完善我国LCIA理论方法，为提升LCA的科学合理性提供支撑。

本书在编著过程中得到了国家重点研发计划课题（No.2018YFB1502804）的支持，全书分上、下两篇，共21章。第1章～第5章介绍了LCA概况、LCIA国内外发展情况，并对我国实际构建的本地化终点损害类生命周期环境影响评价模型、碳足迹、碳标签、环境影响货币化等进行了介绍；第6章～第8章利用本地化的终点损害类生命周期环境影响评价模型分别对太阳能级多晶硅、晶体硅太阳能电池产业、多晶硅光伏产品进行了生命周期评价并得出相关结论；第9章利用本地化的终点损害类生命周期环境影响评价模型对新能源汽车环境效益进行了生命周期评价，得出相关结论并给出了我国新能源汽车行业发展政策建议；第10章～第12章分别对纸塑铝复合包装、聚酯包装、塑料牛奶包装进行了生命周期评价并得出相关结论；第13章～第14章分别对纸塑铝复合牛奶包装处理处置技术、低品质塑料包装处理处置技术、铝塑复合包装废物处置技术、不同地区典型复合包装废物处置技术进行了生命周期评价并得出相关结论；第15章对介孔MnO_x和Co_3O_4催化剂产品进行了生命周期评价，分析了生产催化剂产品对环境的影响情况；第16章构建了泥头车全生命周期评价模型，量化了纯电动泥头车和柴油泥头车的全生命周期能源消耗以及大气污染物排放强度和水平；第17章对工程渣土利用和处置技术进行了生命周期评价及对比分析；第18章对风电场全生命周期过程中的环境影响进行了全面系统的评价，进而科学评估其综合环境效益与减碳潜力；第19章～第21章分别对城市公共交通系统、公路路面工程、地铁建设生命周期碳排放进行了系统分析，为促进绿色交通发展提供参考。

  本书由谢明辉、李雪迎、乔琦等编著，其中第1章由谢明辉撰写，第2章由乔琦撰写，第3章、第11章、第15章由李雪迎撰写，第4章由宋晓聪撰写，第5章、第7章由满贺诚撰写，第6章由武琛昊撰写，第8章由李晓蔚撰写，第9章由钱怡撰写，第10章由黄小娱撰写，第12章由沈鹏撰写，第13章由邓陈宁撰写，第14章由李林子撰写，第16章、第19章、第20章、第21章由段华波撰写，第17章由柏静撰写，第18章由马艺和李强峰撰写。全书由李雪迎负责统稿，宋晓聪负责审核。另外，在本书编著过程中，笔者参阅了部分有关生命周期评价的文献研究、书刊资料，并得到有关专家的指导，在此一并致谢。

  限于编著者水平及编著时间，书中存在不足和疏漏之处在所难免，恳请同行和读者批评指正。

编著者

2022年12月

目录 CONTENTS

上篇 理论篇 ... 001

第1章 生命周期评价概况 ... 003

1.1 生命周期评价发展历程 ... 004
1.2 生命周期评价的定义 ... 005
1.3 生命周期评价技术框架 ... 006
- 1.3.1 目标与范围确定 ... 006
- 1.3.2 清单分析 ... 006
- 1.3.3 影响评价 ... 007
- 1.3.4 结果解释 ... 008

1.4 生命周期评价局限性与发展趋势 ... 009
- 1.4.1 生命周期评价局限性 ... 009
- 1.4.2 生命周期评价发展趋势 ... 010

1.5 生命周期评价的应用 ... 014
- 1.5.1 工业行业方面的应用 ... 014
- 1.5.2 环境管理方面的应用 ... 016
- 1.5.3 碳减排方面的应用 ... 016

参考文献 ... 016

第2章 生命周期影响评价方法 ······ 020

2.1 生命周期影响评价方法概述 ······ 021
2.1.1 中间类型 ······ 021
2.1.2 终点类型 ······ 021

2.2 国外主要影响评价方法介绍 ······ 021

2.3 国内主要影响评价方法介绍 ······ 029
2.3.1 中国产品生命周期影响评价方法 ······ 029
2.3.2 节能减排综合指标 ······ 032

参考文献 ······ 034

第3章 本地化环境影响评价方法 ······ 038

3.1 终点破坏类型影响评价方法框架 ······ 039

3.2 破坏因子筛选 ······ 040
3.2.1 人体健康类别破坏因子筛选 ······ 040
3.2.2 生态系统类别破坏因子筛选 ······ 041
3.2.3 资源类别破坏因子筛选 ······ 042

3.3 核算人均基准值 ······ 043
3.3.1 核算2017年污染物排放总量以及资源、能源总产量 ······ 043
3.3.2 人均基准值核算结果 ······ 047

3.4 计算环境影响潜值 ······ 048

3.5 模型不确定性 ······ 049

参考文献 ······ 049

第4章 碳足迹 ··· 051

4.1 碳足迹概述 ··· 052
4.2 国外碳足迹核算方法介绍 ··· 052
4.2.1 PAS 2050系列规范 ··· 052
4.2.2 温室气体核算体系 ··· 053
4.2.3 ISO 14067产品碳足迹标准 ··· 054
4.3 国内碳足迹核算方法介绍 ··· 056
4.3.1 产品碳足迹评价通则（SZDB/Z 166—2016） ··· 056
4.3.2 电子信息产品碳足迹核算指南（DB11/T 1860—2021） ··· 056
4.4 碳足迹应用 ··· 057
4.4.1 碳标签 ··· 057
4.4.2 碳普惠 ··· 058
参考文献 ··· 059

第5章 环境影响货币化研究 ··· 060

5.1 环境影响货币化概述 ··· 061
5.2 环境影响货币化方法学 ··· 062
5.2.1 疾病成本法 ··· 062
5.2.2 预防性支出法 ··· 062
5.2.3 内涵资产定价法 ··· 062
5.2.4 条件价值评估法 ··· 063
5.3 环境影响货币化应用案例 ··· 063
5.3.1 模型构建 ··· 063
5.3.2 结果分析 ··· 067
参考文献 ··· 069

下篇　实践篇

第6章　太阳能级多晶硅生命周期评价

6.1　功能单位和系统边界界定
6.1.1　功能单位
6.1.2　系统边界

6.2　清单分析
6.3　影响评价
6.4　结果分析
6.4.1　敏感性分析
6.4.2　与国外水平的比较

参考文献

第7章　以晶体硅太阳能电池产业为例的产业生命周期评价

7.1　功能单位和系统边界界定
7.1.1　功能单位
7.1.2　系统边界

7.2　清单分析
7.3　影响评价

参考文献

第8章　多晶硅光伏产品生命周期评价

8.1　功能单位和系统边界界定
8.1.1　功能单位

  8.1.2 系统边界 ··· 093

 8.2 清单分析 ··· 095

 8.3 影响评价 ··· 100

  8.3.1 环境影响 ··· 100

  8.3.2 污染物回收期 ··· 102

参考文献 ··· 104

第9章 新能源汽车环境效益生命周期评价 ································· 105

 9.1 功能单位和系统边界界定 ··· 106

  9.1.1 功能单位 ··· 106

  9.1.2 系统边界 ··· 106

 9.2 清单分析 ··· 108

  9.2.1 原材料获取阶段 ··· 108

  9.2.2 制造装配阶段 ··· 115

  9.2.3 运行使用阶段 ··· 115

  9.2.4 报废回收阶段 ··· 115

 9.3 新能源汽车影响评价 ··· 116

 9.4 燃油汽车影响评价 ··· 122

 9.5 新能源汽车与燃油汽车环境影响对比 ································· 125

  9.5.1 环境影响对比 ··· 125

  9.5.2 二氧化碳排放量对比 ······································· 127

 9.6 结果分析 ··· 128

  9.6.1 敏感性分析 ··· 128

  9.6.2 不确定性分析 ··· 129

 9.7 情景分析 ··· 130

  9.7.1 清洁电网情景 ··· 130

  9.7.2 使用能效情景 ··· 131

9.7.3　使用强度情景 …………………………………………………… 131

　　　9.7.4　不同情景下新能源汽车生命周期碳排放强度 ………………… 132

　9.8　我国新能源汽车行业发展政策建议 ……………………………………… 133

　　　9.8.1　加快优化能源结构，构建多元清洁电力供应体系 ……………… 133

　　　9.8.2　开发新型材料，加快整车轻量化研究进程 ……………………… 134

　　　9.8.3　规范车辆报废回收市场，加快整车零部件回收利用体系建设 … 134

　　　9.8.4　建立符合国情汽车材料LCA数据库，实现汽车行业低碳评价

　　　　　　体系标准化 ……………………………………………………… 135

　　　9.8.5　加强产研结合，提高研究结果质量 ……………………………… 136

　参考文献 …………………………………………………………………………… 136

第10章　纸塑铝复合包装生命周期评价 …………………………………………… 138

　10.1　功能单位和系统边界界定 ……………………………………………… 139

　　　10.1.1　功能单位 ……………………………………………………… 139

　　　10.1.2　系统边界 ……………………………………………………… 139

　10.2　清单分析 ………………………………………………………………… 140

　10.3　影响评价 ………………………………………………………………… 142

　10.4　结果分析 ………………………………………………………………… 145

　参考文献 …………………………………………………………………………… 146

第11章　聚酯包装生命周期评价 …………………………………………………… 148

　11.1　功能单位和系统边界界定 ……………………………………………… 149

　　　11.1.1　功能单位 ……………………………………………………… 149

　　　11.1.2　系统边界 ……………………………………………………… 149

　11.2　清单分析 ………………………………………………………………… 149

　11.3　影响评价 ………………………………………………………………… 151

　参考文献 …………………………………………………………………………… 155

第12章 塑料牛奶包装生命周期评价 ... 156

12.1 功能单位和系统边界界定 ... 157
12.1.1 功能单位 ... 157
12.1.2 系统边界 ... 157

12.2 清单分析 ... 157

12.3 影响评价 ... 160

参考文献 ... 164

第13章 典型包装物处理处置技术生命周期评价 ... 166

13.1 纸塑铝复合牛奶包装处理处置技术生命周期评价 ... 167
13.1.1 功能单位和系统边界界定 ... 167
13.1.2 清单分析 ... 168
13.1.3 影响评价 ... 170

13.2 低品质塑料包装处理处置技术生命周期评价 ... 173
13.2.1 功能单位和系统边界界定 ... 174
13.2.2 清单分析 ... 175
13.2.3 影响评价 ... 178

13.3 铝塑复合包装废物处置技术生命周期评价 ... 182
13.3.1 铝塑复合包装废物分离示范工程 ... 182
13.3.2 功能单位和系统边界界定 ... 183
13.3.3 清单分析 ... 184
13.3.4 影响评价 ... 184

参考文献 ... 187

第14章 不同地区典型复合包装废物处置技术生命周期评价 ... 189

14.1 功能单位和系统边界界定 ... 190

        14.1.1 功能单位 …………………………………………………………… 190
        14.1.2 系统边界 …………………………………………………………… 190
    14.2 清单分析 …………………………………………………………………… 191
    14.3 影响评价 …………………………………………………………………… 193
  参考文献 …………………………………………………………………………… 198

第15章 介孔催化剂的生命周期评价 ………………………………………… 199

    15.1 介孔 MnO_x 催化剂的生命周期评价 …………………………………… 201
        15.1.1 功能单位和系统边界界定 ………………………………………… 201
        15.1.2 清单分析 …………………………………………………………… 202
        15.1.3 生命周期影响评价 ………………………………………………… 204
    15.2 介孔 Co_3O_4 催化剂的生命周期评价 ………………………………… 207
        15.2.1 功能单位和系统边界界定 ………………………………………… 207
        15.2.2 清单分析 …………………………………………………………… 207
        15.2.3 生命周期影响评价 ………………………………………………… 210
  参考文献 …………………………………………………………………………… 212

第16章 纯电动泥头车生命周期评价 …………………………………………… 214

    16.1 功能单位和系统边界界定 ………………………………………………… 216
        16.1.1 功能单位 …………………………………………………………… 216
        16.1.2 系统边界 …………………………………………………………… 216
    16.2 清单分析 …………………………………………………………………… 216
        16.2.1 燃料周期分析 ……………………………………………………… 218
        16.2.2 车辆周期分析 ……………………………………………………… 218
    16.3 影响评价 …………………………………………………………………… 219

　　　　16.3.1　生命周期能耗评价结果对比分析 ……………………………… 221
　　　　16.3.2　生命周期综合环境影响评价结果 ……………………………… 222
　　　　16.3.3　全生命周期污染物减排效果 …………………………………… 223
　　　　16.3.4　碳减排分析 ………………………………………………………… 223
　参考文献 …………………………………………………………………………… 225

第17章　工程渣土利用与处置的生命周期评价 …………………………… 227

　17.1　功能单位和系统边界界定 ……………………………………………… 229
　　　　17.1.1　功能单位 …………………………………………………………… 229
　　　　17.1.2　系统边界 …………………………………………………………… 229
　17.2　清单分析 ………………………………………………………………… 230
　17.3　影响评价 ………………………………………………………………… 235
　　　　17.3.1　评价模型 …………………………………………………………… 235
　　　　17.3.2　评价指标类型选取 ………………………………………………… 235
　　　　17.3.3　环境排放影响量化 ………………………………………………… 236
　参考文献 …………………………………………………………………………… 240

第18章　风电场建设与运营的生命周期评价 ………………………………… 242

　18.1　功能单位和系统边界界定 ……………………………………………… 243
　　　　18.1.1　功能单位 …………………………………………………………… 243
　　　　18.1.2　系统边界 …………………………………………………………… 243
　18.2　清单分析 ………………………………………………………………… 244
　　　　18.2.1　生产制造阶段 ……………………………………………………… 245
　　　　18.2.2　运输阶段 …………………………………………………………… 246
　　　　18.2.3　施工与安装阶段 …………………………………………………… 247
　　　　18.2.4　运营阶段 …………………………………………………………… 249
　　　　18.2.5　拆除废弃阶段 ……………………………………………………… 249

18.3　影响评价 ………………………………………………………………… 250

　参考文献 ……………………………………………………………………………… 252

第19章　以深圳市为例的城市公共交通系统生命周期评价 ………………… 253

　19.1　功能单位和系统边界界定 ………………………………………………… 254
　　19.1.1　功能单位 …………………………………………………………… 254
　　19.1.2　系统边界 …………………………………………………………… 254
　19.2　清单分析 ……………………………………………………………………… 255
　19.3　影响评价 ……………………………………………………………………… 258

　参考文献 ……………………………………………………………………………… 261

第20章　公路路面工程生命周期评价 ……………………………………………… 262

　20.1　功能单位和系统边界界定 ………………………………………………… 263
　　20.1.1　功能单位 …………………………………………………………… 263
　　20.1.2　系统边界 …………………………………………………………… 263
　20.2　清单分析 ……………………………………………………………………… 264
　20.3　影响评价 ……………………………………………………………………… 269
　　20.3.1　单位里程建设材料碳排放分析 …………………………………… 269
　　20.3.2　各阶段碳排放分析 ………………………………………………… 270
　　20.3.3　各等级公路路面工程碳排放分析 ………………………………… 271
　　20.3.4　大湾区公路路面工程碳排放分析 ………………………………… 271
　　20.3.5　深圳市公路路面工程碳排放分析 ………………………………… 272

　参考文献 ……………………………………………………………………………… 275

第21章 地铁建设生命周期碳排放 …… 276

21.1 功能单位和系统边界界定 …… 277
21.1.1 功能单位 …… 277
21.1.2 系统边界 …… 277
21.2 清单分析 …… 278
21.3 影响评价 …… 280

参考文献 …… 281

附录 …… 282
附录一 …… 283
附录二 …… 322
附录三 …… 341

索引 …… 362

上篇

理论篇

上篇

遭合篇

第 1 章
生命周期评价概况

☐ 生命周期评价发展历程
☐ 生命周期评价的定义
☐ 生命周期评价技术框架
☐ 生命周期评价局限性与发展趋势
☐ 生命周期评价的应用

1.1 生命周期评价发展历程

生命周期评价（life cycle assessment，LCA）最初可追溯到1969年美国中西部研究所（Midwest Research Institute，MRI）对可口可乐公司不同饮料容器的资源消耗和环境影响所作的特征分析[1]。该研究对从原材料采掘到废弃物最终处置进行了全过程的跟踪与定量研究。结果表明，与可回收玻璃瓶相比，一次性塑料瓶对资源和环境的影响较小，对环境更友好，从此生命周期评价的序幕被揭开，当时这一方法被称为资源与环境潜力评价（resource environment potential assessment，REPA）。随后，美国国家环保局又展开了一系列对饮料包装等的研究。与此同时，欧洲一些国家的研究机构和私人咨询公司也相继开展了类似的研究。但在当时，相关研究工作主要由工业企业发起并秘密进行，研究成果多作为企业内部的参考资料，并未公开，且当时大部分研究关注的是包装产品。

20世纪70年代，石油危机导致了能源短缺，人们开始关注资源和能源节约问题，REPA的研究重点也转向了能源方面。此时，"净能量分析"（net energy analysis）成为热门话题，研究者利用这一方法对不同包装材料的能源需求进行分析，并将其扩展至分析酒精汽油和太阳能卫星等产品。短短几年时间内，净能量分析发展成一种正式的方法学。与此同时，欧洲国家的一些研究人员提出了类似清单分析的"生态核算"（ecobalance）方法。该方法以能源物料平衡和生态试验为基础，对产品生命周期对环境的所有输入、输出进行核算。其后，LCA方法又被进一步扩展到研究废弃物的产生情况，由此为企业选择产品提供决策。最有代表性的事例之一是70年代初美国国家科学基金的国家需求研究计划，采用了类似于清单分析的"物料-过程-产品"模型，对玻璃、聚乙烯和聚氯乙烯瓶产生的废弃物进行比较分析[2]。

20世纪80年代中期至90年代初，LCA研究进展迅速。发达国家开始推行环境报告制度，要求对产品形成统一的环境影响评价方法和数据。一些环境影响评价技术如对温室效应和资源消耗等的环境影响定量评价方法也不断发展，这些都为LCA方法学的发展和应用领域的拓展奠定了基础。1990年8月，国际环境毒理学和化学学会（SETAC）首次举办了有关生命周期评价的国际研讨会，正式提出了"生命周期评价"的概念，成立了LCA顾问组专门负责LCA方法论和应用方面的研究，并于1993年出版了纲领性报告"Guidelines for Life-Cycle Assessment: A Code of Practice"[3]。随后，在国际环境毒理学和化学学会以及欧洲生命周期评价开发促进会的大力推动下，LCA在全球范围内得到较大规模的应用。国际标准化组织（International Standard Organization，ISO）在1993年成立了"环境管理标准技术委员会"，开始起草ISO 14000系列标准，并将LCA纳入该体系。1997~2000年，ISO陆续颁布了《环境管理 生命周期评价 原则与框架》(ISO 14040—1997)、《环境管理 生命周期评价 目的与范围的确定和清单分析》(ISO 14041—1998)、《环境管理 生命周期评价 生命周期影响评价》(ISO 14042—2000)和《环境管理 生命周期评价 生命周期解释》(ISO 14043—2000),使得LCA有了一个国际化的统一标准。同时,一些西方国家如美国、荷兰、丹麦、法国等的政府和研究机构也通过实施研究计划和举办培训班,研究和推广LCA方法学;在亚洲,日本、韩国和印度均建立了本国的LCA学会[4]。随着清洁生产、产品环境标志计划等的逐步推行,我国于1998年由国家技术监督局将ISO相关标准引进并转化为国家标准(GB/T 24040～GB/T 24043),进一步对生命周期评价进行了规范。随着中国生态环境保护力度的加大和碳达峰碳中和目标的提出,政府部门出台多项政策文件来推动LCA的应用,如国务院印发的《2030年前碳达峰行动方案》[5]明确要"将绿色低碳理念贯穿于交通基础设施规划、建设、运营和维护全过程,降低全生命周期能耗和碳排放";工业和信息化部印发的《"十四五"工业绿色发展规划》[6]提出要"强化全生命周期理念,全方位全过程推行工业产品绿色设计";国家发展和改革委员会等部门印发的《"十四五"全国清洁生产推行方案》[7]提出要"减少产品和包装物在整个生命周期对环境的影响"。

1.2 生命周期评价的定义

对于生命周期评价的定义,主要有以下几种。

国际环境毒理学和化学学会的定义为:"LCA是一个评价与产品、工艺或行动相关的环境负荷的客观过程,它通过识别和量化能源与材料使用和环境排放,评价这些能源与材料使用和环境排放的影响,并评估和实施影响环境改善的机会。该评价涉及产品、工艺或活动的整个生命周期,包括原材料提取和加工,生产、运输和分配,使用、再使用和维护,再循环以及最终处置。"

联合国环境规划署(UNEP)的定义为:"LCA是评价一个产品系统生命周期整个阶段——从原材料的提取和加工,到产品生产、包装、市场营销、使用、再使用和产品维护,直至再循环和最终废物处置——的环境影响的工具。"

国际标准化组织的定义为:"LCA是对一个产品系统的生命周期中输入、输出及其潜在环境影响的汇编和评价。"

关于LCA的定义,尽管存在不同的表述,但其总体核心是:LCA是对贯穿产品生命周期全过程(即所谓从摇篮到坟墓:从获取原材料、生产、使用直至最终废弃处置)环境因素及其潜在影响的研究,它通过对整个生命周期内能量和物质的使用及释放的辨识和量化,评价其对环境的影响,同时通过分析寻求改善环境的机会。

1.3 生命周期评价技术框架

根据国际环境毒理学和化学学会、国际标准化组织对生命周期评价的技术框架定义，LCA主要由目标与范围确定、清单分析、影响评价和结果解释四个步骤组成，其相互关系如图1-1所示。

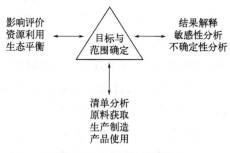

图1-1 LCA技术框架

1.3.1 目标与范围确定

目标与范围确定（goal and scope definition, GSD）是LCA研究中的第一步，也是最关键的部分，直接决定了LCA研究的深度和广度，直接影响到整个评价工作的用途和最终的研究结论。生命周期评价的目的与范围必须与应用意图相一致，研究目的应当明确提出进行该项研究的理由。鉴于LCA的复杂性，随着数据和信息的收集，在评价过程中可能需要对研究范围进行不断的调整和完善以满足原定的研究目的。

研究范围包括定义研究的系统，确定系统边界、功能单位，说明数据要求，提出重要假设和限制等[8]。在系统边界确定环节中，既要将研究中所有必须涉及的环节考虑在内，也要剔除一些无关紧要的环节以简化系统。功能单位是对所研究的产品系统服务性能的定量描述，为了能够比较同一类型的不同产品，需要选择一个具有可比性的功能单位。

1.3.2 清单分析

生命周期清单分析（life cycle inventory, LCI）贯穿于产品的整个生命周期，是整个生命周期评价的核心环节，也是四个部分中发展最完善的一个，同时该分析也是进行生命周期影响评价的基础，其核心是建立以产品功能单位表达的产品系统的输入和输出。LCI是对一个产品、包装、过程、材料或活动的整个生命周期过程中能源和资源的消耗，废气、废水、固体废物和其他排放物进行数据收集的过程。首先是根据目标与范围确定阶段所确定的功能单位和研究范围，明确好系统边界，做好数据收集准备；然后进行生命周期各阶段的数据收集，并根据数据收集进行计算汇总得到产品生命周期清单结果。值得一提的是，针对生产工艺各部分收集的数据要具有代表性、准确性和完整性[9]。

清单数据分为两类，即前景数据和背景数据：

① 前景数据主要包括产品生命周期中资源、能源的消耗量和污染物排放量，主要通过现场调研、文献查阅等方式获取。

② 背景数据是主要由科研机构或企业通过数据调研，然后根据整个区域的经济技术发展水平修正编制而成的基础数据，如电力的背景数据就是生产1kW·h电消耗的资源能源以及污染物排放。单位产品的资源能源消耗以及污染物排放量可以通过查阅数据库、网络资源、发表的期刊文献等方式获取。

此外，为了保证LCA结果的客观准确性，清单数据在收集时应考虑时效性、地域性和技术性。

1.3.3 影响评价

生命周期影响评价（life cycle impact assessment, LCIA）是将LCI得到的资源能源消耗和各种污染排放物对现实环境影响进行定性定量的评价。这是LCA最重要的阶段，也是最困难的环节，到目前为止还缺乏公认的科学方法。作为整个生命周期评价的一部分，LCIA可用于识别改进产品系统的机会并帮助确定其优先排序；对产品系统或其中的单元过程进行特征描述或建立参照基准；通过建立一系列类型参数对产品系统进行比较分析，为决策者提供数据或信息支持。此外，该阶段还为生命周期结果解释提供必要的信息。

(1) 环境影响类型、类型参数和特征化模型的选择

环境影响按最终受体可分为对人体健康、资源和生态系统的损害等；从发生作用的空间尺度看，又可以分为全球性、区域性和局地性影响。选择环境影响类型的主要步骤为：确定要保护的最终目标；根据环境压力效应或因果关系链环境机制来确定每种影响类型的指标或指数。对选择的每一种环境影响类别，要量化其对环境的影响大小，就需要建立起环境负荷与环境影响之间的关系模型，即特征化模型。

(2) 影响分类

在选定适当的影响类型、类型参数和特征化模型的基础上，对某一相似影响的排放物进行归类。根据ISO设定的生命周期影响评价标准，影响类别包括资源消耗、生态影响和人体健康三大类，具体又可分为气候变化、酸化、光化学烟雾、富营养化等。

（3）特征化

该环节是影响评价中非常重要的一步，是根据所确定的环境影响类型对数据进行分析和量化。目的是提高不同影响类型数据的可比性，为下一步量化评价提供依据。其计算过程利用特征化因子将清单结果换算成通用单位，并将同一影响类别的结果进行累加，得到量化的指标结果。

（4）标准化

对特征化结果进行标准化的目的是更好地认识所研究的产品系统中每个参数结果的相对大小，标准化将有助于检查特征化结果的不一致性，提供特征化结果相对重要性的信息以及为其他步骤做准备。该步骤主要通过选定基准值作除数，对特征化结果进行转化。基准值可以是特定范围内（如全球、各个国家和各地区）的污染物排放总量或资源消耗总量，也可以是特定地域范围或特定时间节点下单位人口污染排放量或资源消耗量。

（5）加权

加权是使用权重因子对不同影响类型的特征化结果进行转换的过程，其目的是试图比较和量化不同种类的损害，最终得到一个数字化的综合数值，以方便不同产品或方案之间的比较。由于权重的确定会因不同的个人、不同的方法而呈现不同的倾向和结果，因此应将使用的加权方法和具体操作过程在LCA报告中说明以提供透明度，确保决策者和其他使用者知悉。

1.3.4 结果解释

生命周期结果解释（life cycle interpretation）是生命周期评价的最后一步，该阶段基于清单分析和影响评价的结果，对主要的环境问题进行综合评价，识别出产品生命周期中的重大问题，并对现有产品设计和工艺进行改进分析，提出实施方案。结果解释具有系统性、复杂性的特点。它基于LCI、LCIA研究的发现，运用系统化的程序进行识别、判定、检查、评价并提出结论，以满足研究目的和范围中所规定的应用要求。

（1）重大问题识别

主要是根据所确定的研究目的和范围及评价要素的特征，对清单分析或影响评价阶段得出的结果进行分析，识别重大环境问题。为了识别重大环境问题，该环节主要采用敏感性分析（分析生命周期阶段或过程占整个结果的比重）、优势性分析（利用统计工具或其他技术识别相关的重大性贡献）和异常性评价（基于前期调研，对异常于预期或正常结果的偏离进行相关检测）。

（2）评估

评估环节主要是通过对LCA整个过程进行检查以确定生命周期评价结果的可信度，通常包括完整性检查（目的是确保结果解释中的必要信息和数据是可以利用的）、可靠性检查（目的是通过确定最终结果和结论是否受到数据、分配方法或类型参数结果计算误差等不确定因素的影响，以确保结果的可靠性）和一致性检查（目的是确认假设、方法和数据是否与目的和范围的要求一致）三个方面。

（3）结论与建议

本环节主要是对生命周期评价的结果进行解释说明，并以此决定哪种方案对环境造成的危害最小，还可根据生命周期评价研究的目的和范围指出在生命周期中需要特别关注的阶段。在此基础上，结合评价对象的现状提出相关的政策建议，以供决策者参考。

1.4 生命周期评价局限性与发展趋势

1.4.1 生命周期评价局限性

虽然LCA在ISO 14040系列标准的支持下，在近30年得到了飞速的发展，但作为一个环境管理和决策支持工具，它还是有一定的局限性。

1.4.1.1 应用范围的局限性

作为一种环境管理工具，LCA并不总是适合于所有的情况，所以在决策过程中不可能依赖LCA方法解决所有的问题。LCA只考虑了生态环境、人体健康、资源消耗等方面的环境问题，不涉及技术、经济或社会效果方面，例如质量、性能、成本、赢利、公众形象等因素，所以在决策过程中必须结合其他方面的信息进行综合决策。

1.4.1.2 评估方法的局限性

LCA的评估方法尽管十分客观，但也包括主观的成分，因此从这点来说它并不是一个完全客观科学的方法。LCA的主观性涉及很多方面，例如系统边界的确定、数据来源的选择、环境损害种类的选择、计算方法的选择以及环境影响评估中权重的选择等。

无论其评估的范围和详尽程度如何，所有的LCA都包含了假设、价值判断和折中这样的主观因素，所以LCA的结论需要完整的解释说明，以区分由测量或自然科学知识得到的信息和基于主观假设得出的结论。

1.4.1.3 评价模型的局限性

由于生命周期清单分析或环境影响评价模型的假定条件可能对某些潜在影响或应用是不可行的，目前尚不存在一种在科学上可接受的、全球范围达成统一共识的、对各种不同污染物都适用的方法，这也一直是目前大多数LCA研究结果无法统一的根本原因[10]。

1.4.1.4 时空的局限性

无论是LCA中的原始数据还是评估结果，都存在时间和空间上的限制。在不同的时间和空间范围内，会有不同的清单数据，相应的评估结果也只适用于某个时间段和某个空间区域。这也是由产品系统的时间性和空间性决定的。

1.4.1.5 经济、时间和成本的局限性

为了进行生命周期评价，对许多产品来说，评价工作十分复杂，费用支出很高。国外调查表明[2]：在美国完成一种产品的LCA，一般需要1.5万～30万美元和6～18个月的时间；而欧洲大型的LCA研究需要耗费50万～100万欧元和数年的时间，小型研究也需要1万～20万欧元和4～6个月的时间。因此，LCA不适用于电子、计算机等迭代变化快的产品分析。

1.4.2 生命周期评价发展趋势

1.4.2.1 生命周期评价方法

针对评价对象的不断扩展和日趋复杂化，LCA方法体系也在不断地改进自身缺陷，呈现出新的形式。根据系统边界及方法学原理的不同，生命周期评价方法可分为过程生命周期评价（process-based LCA，PLCA）、投入产出生命周期评价（input-output LCA，I-O LCA）以及混合生命周期评价（hybrid LCA，HLCA）。这三类LCA方法在分析和评价不同尺度的研究对象时各有利弊，在研究具体问题时往往需要结合使用以发挥各类方法的优势。

(1) 过程生命周期评价

过程生命周期评价是最为传统和经典的生命周期评价方法，它是一种自下而上的分析方法，主要是基于产品生产或服务全生命周期过程中资源、能源和环境外排的投入产出清单来进行评价。在SETAC及ISO的推动下，PLCA在国际范围内迅速发展，目前仍是主流的生命周期评价方法。PLCA通过实地调查、监测或统计资料收集产品生产过程各阶段的数据清单，计算产品的环境影响[11]。

PLCA方法的优点在于针对性强，它能够精确地分析具体产品或服务的全生命周期的环境负荷，对不同产品的环境影响进行比较，且能够根据产品或服务的具体情况调整评价模型，确定评价的范围和精度[12, 13]。然而，基于清单分析的PLCA方法不可避免地存在截断误差，即核算是不完整的[14]。从理论上说，完整的生命周期清单数据的收集需要通过向前递推的方式，先理清产品生产或服务过程的各类投入清单，进而延伸至这些投入的生产过程，直至初级矿石产品和化石燃料开采阶段。然而，产品生产过程又存在着大量的能源和物料投入，而每种投入也都是经过一定的环节生产出来的，有时还会出现"回路"（例如炼钢需要电力，而发电同样需要钢铁投入）。在有限的时间和人力物力条件下，要实现对全部清单数据的收集几乎是不可能的。事实上，任何一种产品的生产过程都直接或间接地与国民经济系统中的各行业相联系，在实际操作中PLCA往往会根据现有数据条件，将系统边界定义于某个节点，尽可能地包含对产品评价相对关键的投入数据，而将对结果影响可以忽略不计的部分排除在外，从而使得产品评价可以顺利进行[15]，然而这种主观的系统边界设定往往缺乏科学依据。可见，关于PLCA核算的边界完整性问题亟待解决，以提高评价结果的可靠性。此外，PLCA核算只能基于实物投入，对于以货币及劳动力等无形投入为主的产品生产和服务提供过程则不能有效进行评价[16]。

（2）投入产出生命周期评价

为了解决PLCA在系统边界确定和清单数据收集上的弊端，Lave等将经济投入产出表分析方法引入生命周期评价中，创建了投入产出生命周期评价模型（也称经济投入产出生命周期评价，economic input-output LCA，EIO-LCA）[17]。投入产出表是由美国经济学家列昂惕夫于20世纪30年代研究并创立的一种反映经济系统各部门之间投入与产出数量依存关系的分析方法[18]。这种分析方法在1965年以前主要用于经济分析，之后随着资源环境问题的日益显著，逐渐被引入到自然资源开发利用与环境保护等各个领域。与PLCA不同，EIO-LCA是基于投入产出表建立的一种自上而下的生命周期评价方法。它首先利用投入产出表计算出部门层面的能耗及排放水平，再通过评价对象与经济部门的对应关系评价具体产品或服务环境影响。由于投入产出表的边界为整个国民经济系统，因而环境投入产出模型的核算边界也为整个国民经济系统，因此EIO-LCA能够完整地核算产品或服务的环境影响。此外投入产出表是以货币的形式反映各部门之间的物质和能量流动，因而对于某个部门的产品或服务而言，采用投入产出表可以分析其他行业部门为生产该产品或服务所引起的间接影响。投入产出生命周期评价模型的计算过程可用矩阵表示，首先获得各部门的直接能耗及排放矩阵，然后通过与反映各部门之间直接和间接投入产出关系的直接消耗系数矩阵（来源于投入产出表）相乘，即可得到国民经济各部门的能源消耗或环境排放强度（代表的是该部门每单位货币产出的能耗或排放）[19]。在评价具体产品时，只需要将所评价的产品或服务的价格乘以其在投入产出表中对应部门的能耗或环境排放强度，即可算出该产品生产或服务提供过程所引起的全部能耗或排放。

EIO-LCA模型虽然能避免截断误差，但其计算精确性和针对性却不如PLCA。由于EIO-LCA采用部门层面的强度数据进行评价，因而评价结果只能是部门平均水平，而不能对部门内的产品进行比较，称之为部门聚合误差。因此在实际应用中EIO-LCA主要用于评价部门层面，而几乎不单独应用于具体产品的评价。此外，由于投入产出表一般每隔5年发布一次，因此EIO-LCA评价结果不能很好地反映研究当下时间的技术水平，表现为时间滞后。

（3）混合生命周期评价

混合生命周期评价是指将PLCA和EIO-LCA结合使用的方法。该方法由Bullard等在20世纪70年代第一次石油危机之后提出，主要用于能源投入产出分析。例如，对于自然资源开采过程，可以将交通运输、机械耗能等现场能耗及排放采用PLCA计算，而开采设备等投入产生的上游影响则用EIO-LCA核算。通过将PLCA和EIO-LCA结合，既可以消除截断误差，又可以加强对具体评价对象的针对性。根据PLCA与EIO-LCA结合的方式不同，目前存在三种不同形式的混合生命周期评价模型：分层混合生命周期评价（tiered hybrid LCA，THLCA）、基于投入产出的混合生命周期评价（I-O based hybrid LCA，IOHLCA）以及集成混合生命周期评价（integrated hybrid LCA，IHLCA）。

1.4.2.2　生命周期评价视角

随着生命周期评价的发展和可持续发展理念的逐渐形成，生命周期评价的视角逐渐由关注环境影响转向对经济和社会层面的分析，并在LCA的基础上产生了生命周期成本（life cycle cost，LCC）、社会生命周期评价（social life cycle assessment，S-LCA）和生命周期可持续性评价（life cycle sustainability assessment，LCSA）。

（1）生命周期成本

生命周期成本，也被称为寿命周期费用。对于LCC这种研究观念，早在1950年美国对可靠性的研究过程中就已有萌芽。1962年在美国国防部长的报告中披露：1961年美国国防预算至少25%用在维修费上，并且认为把全部寿命周期内的维护费压缩到最低才是产品研制的基本思想[20]。1966年6月美国国防部开始正式研究LCC，并给出了LCC的定义：政府为了设置和获得系统以及系统一生所消耗的总费用，其中包括开发、设置、使用、后勤支援和报废等费用[21]。从广义上讲，生命周期成本是指产品、过程、项目或行为在其整个生命周期内所耗费的资源（如人力、物力、财力、环境等），可分为内部成本和外部成本两部分。内部成本是一个组织内部直接产生的成本（如资金投入、人力成本、管理成本等），往往可以直接统计；外部成本是那些不直接产生于组织内部的成本（如资源消耗、污染物排放及对人类健康的危害），往往不能直接统计，在考虑外部成本时通常将系统边界进行扩展，将社会和环境的成本也包括在内。

生命周期成本还可以分为常规成本、潜在成本以及环境成本。常规成本是指与给定产品系统相关的一般财务债务，对于某个产品或系统来说，主要包括一般的资金、运营运维成本、税收等；潜在成本是指与一些不可预测的未来事件相关的成本，代表着潜在的未来花销，例如人员伤害、污染物的处理费用，某些不可预见的管理费用等，由于这部分成本依赖于未来事件发生的可能性，对这部分成本的估算往往比较困难，因此在产品或系统的整个生命周期内识别每个阶段潜在的可能成本并且实际地估计它们的潜在影响是非常必要且重要的；环境成本是指与人类进行相关活动对自然环境造成影响的相关成本，通常可以被定性或定量地表示，这部分成本与常规成本、潜在成本不同，环境成本一般会被认定是一种典型的无形成本，因此要计算产品或系统整个生命周期阶段的环境成本，我们必须首先了解与给定系统的输入和输出相关的潜在环境影响。

（2）社会生命周期评价

根据UNEP/SETAC的定义，S-LCA是一种用于评价产品整个生命周期过程中的社会经济方面影响的评价工具，范围包括原材料的开采及其过程、生产加工、分发、使用、再利用、维修、回收利用以及最终的废弃。不仅可以单独使用，也可以和PLCA结合使用。在结合使用时，S-LCA充分地补充了产品生命周期的社会经济方面的影响[22]。

S-LCA评价产品生命周期中的社会经济影响，清单数据包括一些通用的反映社会指标的数据以及与评价对象相关的特定数据。它与其他社会影响评价工具的不同在于它的评价范围是整个生命周期。S-LCA中评估的产品生命周期中社会经济方面的内容可能会直接对利益相关方产生积极或消极的影响。它们可能会与企业行为、社会经济进程、社会资本的影响联系在一起。基于研究的范围，对于利益相关方的间接影响也将被考虑。此外，S-LCA的评价目的并不是要回答一件产品是否应该被生产出来，它主要是为决策者提供社会经济方面的信息，鼓励生产和消费中社会经济方面的意见交流，改善组织绩效，并且最终是为利益相关者创造价值。

（3）生命周期可持续性评价

生命周期可持续性评价是对产品生命周期内的环境、社会和经济的综合影响进行评估的一种方法。而Klöpffer[23]首次明确提出了将三个生命周期的技术整合形成LCSA的想法，即LCSA=LCA+LCC+S-LCA。该公式引入了产品可持续性的内涵，即对产品或服务进行可持续性评价应当通过实施三个生命周期技术来实现。目前，生命周期可持续性评价结果的呈现主要是图形化的。把每个维度的指标值图形化表示在雷达图、生命周期可持续性三角形或生命周期可持续性仪表板中，使产品的可持续性能概况可视化。此外，也有部分研究通过将LCA、LCC和S-LCA三个结果加权来给定一个定量的综合指数。

1.5 生命周期评价的应用

1.5.1 工业行业方面的应用

生命周期评价最初产生于对产品的评价,如在20世纪70～90年代,超过40%的LCA案例都是以包装材料为研究对象[24]。包装方面的LCA由于数据库的匮乏通常采用两种方法。

一种是较常见的定量分析,通常定量分析主要是对能量消耗的估算,即材料流分析。如Kooijman[25]在1993年依据物质流、能量流和空气外排物评价比较了不同的气调包装;Worrell等[26]在1995年用LCA评价了提高塑料包装的材料使用率产生的潜在环境影响;Kuta等[27]在1995年分析评价了包装产品改良前后所带来的环境影响;Song和Hyun[28]在1999年评价了在不同污染物管理模式下的PET瓶;Ayalon等[29]在2000年利用物质流分析评价了PET瓶、铝瓶和玻璃瓶的全生命周期的材料消耗;2001年Freire等[30]用成本和环境负担相结合的数学模型评价了葡萄牙的瓶装水政策。

另一种是定性分析,是一种依靠较少的数量和统计数字,即更多的访谈、观察,少量的问卷调查、主观报告和个案研究相结合的方法。这种方法一般用来评估选定产品的环境友好度,但由于主观性过强,这种方法应用较少。

例如,Dam[31, 32]在1994年和1996年通过三次综合调查,评价了包装产品在生命周期各个阶段的环境友好度;Oki和Sasaki[33]在2000年看到许多包装材料的功能都过于复杂,包括防止食品污染、防止破损、保质、便于食品生产商和客户的沟通等,这些功能难以得到定量的表达,因此他们构建了一个定性的生命周期评价框架,包括环境影响分析、成本和效益分析。

至今,基于LCA方法,研究者已经对金属[34]、建筑物[35]、电子器件[36]和纺织品[37]等约20个行业进行了全过程环境影响分析和LCA数据库的建立,这些数据和分析结果为行业环境管理指标的制订和行业清洁生产管理提供科学依据和技术支撑。国内外已有不少研究利用生命周期评价对不同产品工艺[38-42]进行评价,例如,Umberto等[41]使用Eco-Indicator 99评价方法对1778 kWp光伏电站和传统能源电站的环境影响进行比较。

在评价大气污染物控制技术方面应用也很广泛。Koornneef等[43]对电厂CO_2捕集系统进行了全生命周期评价,包括CO_2捕集、压缩、管道运输和地下埋藏的全过程,发现CO_2捕集系统的应用使得温室气体的排放降低了70%。Liang等[44]运用生命周期评价法对选择性催化还原(SCR)的液氨的生产和运输、设备材料和催化剂的生产和运输,以及烟气脱硝三个过程进行分析,结果表明SCR在环境治理中起着重要的作用。Moller等[45]通过对固体废物焚烧炉选择性非催化还原(SNCR)脱硝技术的生命周期进行评估，在NH_3的用量和NO_x排放量的关系已知、NH_3逃逸量难以评估的情况下，实现了氨水和NO_x排放之间的平衡。Rugani等[46]阐明了能值评估的基本要求，利用LCA提高了其准确性、重现性和完整性，还提出了应扩大LCA库存，以提供更广泛的计算框架，并将逆矩阵原理用于LCA来进行能值评估。Xue等[47]对印刷电路板中金属回收链的生命周期进行了评估，发现提炼阶段的金属浸出是一个关键的工艺过程；全球变暖是最显著的环境影响类别，其次是化石能源耗竭，以及海洋水生生态毒性潜力；电源和化学试剂消耗的变化对环境性能影响最大。研究结果与传统的主要金属生产工艺进行了比较，突出了废旧金属回收的环境效益。提出了优化选矿模式，提高选矿阶段的贵金属回收效率，通过有效的材料分离，降低精炼阶段的化学试剂消耗。提出了一种潜在的改进策略，使回收链更加环保。邓双等[48]对石灰石-石膏湿法烟气脱硫技术生命周期全过程进行分析，石灰石-石膏湿法烟气脱硫存在粉尘、噪声和生态破坏等环境问题，且其生态恢复成本及脱硫石膏和脱硫废水的无害化处理成本远高于目前所估算的烟气脱硫成本，不具有可持续性。潘卫国等[49]运用㶲生命周期法以某电厂锅炉的静电除尘器为研究对象，对钢铁生产和运输及静电除尘器运行3个过程进行清单分析，计算不同过程能源消耗及评价环境影响。结果表明，静电除尘器可以将每年烟气直接排入大气造成的环境影响潜值降低99.84%，可以显著改善电厂环境影响。赵志仝等[50]采用IMPACT 2002+方法对我国的乙烯行业进行了生命周期评价研究，结果表明，乙烯工业对不可再生能源原油的消耗，对温室效应、呼吸效应和水体酸化等的环境影响潜值最为严重。减少乙烯生产环节和原料生产环节的SO_2、NO_x、CO_2等气体的排放，以及原油开采过程的CH_4逸放，是改善环境影响的关键因素。冯嫣等[51]结合综合指标法和生命周期法建立了POPs控制技术系统评估框架，以期对同类别多项POPs控制技术比较筛选，评价结果显示布袋除尘技术在技术稳定性、去除POPs污染物效果等技术指标上有较好的表现，并且不会产生额外的环境影响负荷。王超[52]研究了我国电煤供应链各环节废气产生的来源和大小，采用生命周期法确立电煤供应链废气的环境影响负荷，确定造成重大环境影响的关键因素，从而明确减排调控的方向，减少电煤供应链废气排放的环境污染。梁增英[53]以某垃圾焚烧厂实施的SNCR脱硝技术为研究对象，采用LCA方法，对SNCR脱硝技术整个生命周期的能源消耗和对环境的影响进行评价，发现SNCR运行过程中污染物排放量最大；从能源的消耗过程来看，主要是原材料生产过程消耗量最大。蒋健[54]在调研分析上海地区能源结构状况和电力发展的基本趋势基础上，采用生命周期评价方法对上海地区能源链进行了评价，对上海地区SO_2排放现状和未来发展趋势进行了总体分析，提出上海目前需要加大国家政策的引导力度，采取有效的SO_2宏观调控措施，积极推行烟气脱硫和洁净煤燃烧技术。胡新涛等[55]选择国际上已经商业化成功运行的碱性催化分解（BCD）和红外高温焚烧（IRI）技术作为移动式非焚烧和焚烧技术的代表，应用生命周期评价分析比较了两种技术在处理PCBs污染土壤全过程的环境影响。

1.5.2　环境管理方面的应用

（1）支撑国家政策制定

LCA贯穿了产品生命周期全过程，定量评价了产品从获取原材料、生产、使用直至最终废弃处置的环境影响，随着其理论和方法学的发展，在环境管理、政策制定与规划中的应用发展迅速。能够为国家宏观决策及相关法规的制定提供理论依据，同时也是指导企业进行清洁生产、开发绿色产品及设计环境协调性材料、环境标准制定的重要工具。

（2）支持相关环境政策的实施

通过产品生命周期评价，量化产品原辅材料、能源消耗、工艺流程、废物回收利用等方面的环境影响，识别主要影响因素，找到管理重点，进而有效促进我国清洁生产、排污许可、环境评价管理等政策的实施。此外，LCA技术在绿色制造、绿色设计、循环经济和工艺改进等方面也逐渐成为重要工具。

1.5.3　碳减排方面的应用

生命周期评价可定量分析产品在气候变化方面的环境影响潜值，即通过生命周期评价可以核算各类产品的碳足迹，定量对比产品原料获取阶段、加工生产阶段、运输阶段、使用阶段和废弃处置阶段的碳排放，识别产品碳足迹关键环节和主要因素，对症下药，有效降低各类产品的碳排放，促进我国碳达峰碳中和目标的实现。

参考文献

[1] 王飞儿，陈英旭. 生命周期评价研究进展[J]. 环境污染与防治，2001, 23(5): 249-252.

[2] 孙启宏，万年青，范与华. 国外生命周期评价（LCA）研究综述[J]. 世界标准化与质量管理，2000(12): 24-25, 31.

[3] SETAC. Guidelines for Life-Cycle Assessment: A Code of Practice[S], 1993.

[4] 孙启宏. 生命周期评价在清洁生产领域的应用前景[J]. 环境科学研究，2002, 15(4): 4-6.

[5] 国务院关于印发2030年前碳达峰行动方案的通知[EB/OL]. (2021-10-24). http://www.gov.cn/zhengce/content/2021-10/26/content_5644984.htm.

[6] 工业和信息化部关于印发《"十四五"工业绿色发展规划》的通知[EB/OL]. (2021-11-15). http://www.gov.cn/zhengce/zhengceku/2021-12/03/content_5655701.htm.

[7] 国家发展改革委等部门关于印发《"十四五"全国清洁生产推行方案》的通知[EB/OL]. (2021-10-29). https://www.ndrc.gov.cn/xwdt/ztzl/qjsctx/qwfb1/202112/t20211201_1306669.html?code=&state=123.

[8] 袁波，李秀敏. 生命周期评价技术应用现状[J]. 安全、健康和环境，2013, 13(7): 1-3.

[9] 曹华林. 产品生命周期评价(LCA)的理论及方法研究[J]. 西南民族大学学报（人文社科版），2004,

25(2): 281-284.

[10] Robert G H, Wiilliam E F. LCA-How it came about: Personal reflections on the origin and the development of LCA in the USA[J]. The International Journal of Life Cycle Assessment, 1996,1(1):4-7.

[11] Bilec M. A hybrid life cycle assessment model for construction process [D]. Pittsburgh: University of Pittsburgh,2007.

[12] Sharrard A. Greening construction processes with an input-output-based hybrid life cycle assessment model [D]. Pittsburgh: Carnegie Mellon University,2007.

[13] Lenzen M. Errors in conventional and input-output-based life-cycle inventories [J]. Journal of Industrial Ecology,2001,4(4):127-148.

[14] Lave L B, Cobas-Flores E, Hendrickson C T, et al. Using input-output analysis to estimate economy-wide discharges[J]. Environmental Science & Technology,1995,29(9):420A-426A.

[15] Bullard C W, Penner P S, Pilati D A. Net energy analysis-handbook for combining process and input-output analysis [J]. Resource Energy,1978,1(3):267-313.

[16] Suh S, Lenzen M, Treloar G J, et al. System boundary selection in life-cycle inventories using hybrid approaches [J]. Environmental Science & Technology,2004,38(3):657-664.

[17] Hendrickson C T, Lave L B, Matthews H S. Environmental life cycle assessment of goods and services: An input-output approach [M]. Washington D C: Resources for the Future Press, 2006.

[18] Leontief W W. Environmental repercussions and the economic structure: An input-output approach [J]. Review of Economics and Statistics,1970,52(3):262-271.

[19] Joshi S. Product environmental life cycle assessment using input-output techniques [J]. Journal of Industrial Ecology,2000,3(2/3):95-120.

[20] 陈晓川, 方明伦. 制造业中产品全生命周期成本的研究概况综述[J]. 机械工程学报（中文版）, 2002, 38(11): 17-25.

[21] 廖祖仁, 傅崇伦. 产品寿命周期费用评价法[M]. 北京: 国防工业出版社, 1993: 5-8.

[22] Evan V, Leif-Patrick B, Catherine B, et al. Guidelines for social life cycle assessment of products[M]. UNEP/Earthprint, 2009.

[23] Klöpffer W. Life cycle sustainability assessment of products [J]. The International Journal of Life Cycle Assessment,2008,13(2): 89-95.

[24] 任宪姝, 霍李江. 生命周期评价在印刷与包装领域中的应用研究进展[J]. 包装工程, 2008, 29(10): 217-219.

[25] Kooijman J M. Environmental assessment of packaging sense and sensibility[J]. Environmental Management, 1993,17(5):575-586.

[26] Worrell E, Faaij A P C, Blok K. An approach for analyzing the potential for material efficiency improvement[J]. Resources Conservation and Recycling, 1995,13:215-232.

[27] Kuta C C, Koch D G, Hildebrandt C C, et al. Improvement of products and packaging through the use of life cycle analysis[J]. Resources Conservation and Recycling, 1995,14:185-198.

[28] Song H S, Hyun J C. A study on the comparison of the various waste management scenarios for PET bottles using the lifecycle assessment methodology[J]. Resources Conservation and Recycling, 1999,27:267-284.

[29] Ayalon O, Avnimelech Y, Shechter M. Application of a comparative multidimensional life cycle analysis in solid waste management policy: The case of soft drink containers[J]. Environmental Science Policy, 2000,3:135-144.

[30] Freire F, Thore S, Ferrao P. Life cycle activity analysis: Logistics and environmental policies for bottled water in Portugal[J]. Spektrum, 2001,23:159-182.

[31] Dam Y K V, Trijp H C V. Consumer perceptions of and preferences for beverage containers[J]. Food Quality Prefer, 1994,5(4):253-261.

[32] Dam Y K V. Environmental assessment of packaging: The consumer point of view[J]. Environmental Management, 1996,20(5):607-614.

[33] Oki Y, Sasaki H. Social and environmental impacts of packaging (LCA and assessment of packaging functions) [J]. Packaging Technology and Science, 2000,13:45-53.

[34] Nunez P, Jones S. Cradle to gate: Life cycle impact of primary aluminium production[J]. International Journal of Life Cycle Assessment, 2016,21(11):1594-1604.

[35] Lewandowska A. Environmental life cycle assessment as a tool for identification and assessment of environmental aspects in environmental management systems (EMS) part 1: Methodology[J]. International Journal of Life Cycle Assessment, 2011,16(2):178-186.

[36] Kiddee P, Naidu R, Wong M H. Electronic waste management approaches: An overview[J]. Waste Managment, 2013,33(5):1237-1250.

[37] Velden M, Kuusk K, Köhler A R. Life cycle assessment and eco-design of smart textiles: The importance of material selection demonstrated through e-textile product redesign[J]. Materials & Design, 2015,84:313-324.

[38] 陈红，郝维昌，石凤，等. 几种典型高分子材料的生命周期评价[J]. 环境科学学报，2004: 24.

[39] 许海川，张春霞. LCA在钢铁生产中的应用研究[J]. 中国冶金，2007, 17:33-36.

[40] Kim H, Cha K, Fthenakis V M, et al. Life cycle assessment of cadmium telluride photovoltaic (CdTe PV) systems[J]. Solar Energy, 2014,103:78-88.

[41] Umberto D, Stefania P, Francesco Z, et al. Life Cycle Assessment of a ground-mounted 1778 kWp photovoltaic plant and comparison with traditional energy production systems[J]. Applied Energy, 2012,97:930-943.

[42] 姜金龙，戴剑峰，冯旺军. 火法和湿法生产电解铜过程的生命周期评价研究[J]. 兰州理工大学学报，2006, 32: 19-21.

[43] Koornneef J, Keulen V, Faaij A, et al. Life cycle assessment of a pulverized coal power plant with post-combustion capture, transport and storage of CO_2[J]. International Journal of Greenhouse Gas Control, 2008,2(4):448-467.

[44] Liang Z Y, Ma X Q. Life cycle assessment on selective catalytic reduction flue-gas denitrification[J]. Proceedings of the Csee, 2009,29(17):63-69.

[45] Moller J, Munk B, Crillesen K, et al. Life cycle assessment of selective non-catalytic reduction (SNCR) of nitrous oxides in a full-scale municipal solid waste incinerator[J]. Waste Management, 2011,31(6):1184-1193.

[46] Rugani B, Benetto E. Improvements to emergy evaluations by using life cycle assessment[J]. Environmental Science & Technology, 2012,46(9):4701-4712.

[47] Xue M, Kendall A, Xu Z, et al. Waste management of printed wiring boards: A life cycle assessment of the metals recycling chain from liberation through refining[J]. Environmental Science & Technology, 2015,49(2):940-947.

[48] 邓双，杨丽，刘宇，等. 石灰石-石膏湿法烟气脱硫的生命周期和可持续性分析[J]. 环境工程技术学报，2015, 5(3): 186-190.

[49] 潘卫国，韩涛，王文欢，等. 基于㶲生命周期法的电站锅炉静电除尘器环境影响评价[J]. 锅炉技术，2016, 47(2): 11-16.

[50] 赵志仝，王峰，赵宁，等. 生命周期评价在我国乙烯行业环境评估中的应用[J]. 环境科学学报，2014, 34(12): 3200-3206.

[51] 冯嫣，吕永龙，王铁宇，等. 基于LCA的POPs控制技术系统评估方法研究[J]. 环境工程学报，2010, 4(3): 709-716.

[52] 王超. 基于煤炭生命周期的电煤供应链废气排放研究[D]. 北京：北京交通大学，2011.

[53] 梁增英. 城市生活垃圾焚烧炉SNCR脱硝技术研究[D]. 广州：华南理工大学，2011.

[54] 蒋健. 上海地区火力发电厂SO_2排放调研及LCA分析[J]. 科技致富向导，2010(23): 148-149.

[56] 胡新涛，朱建新，丁琼. 基于生命周期评价的多氯联苯污染场地修复技术的筛选[J]. 科学通报，2012, 57(2): 129-137.

第 2 章
生命周期影响评价方法

- 生命周期影响评价方法概述
- 国外主要影响评价方法介绍
- 国内主要影响评价方法介绍

2.1 生命周期影响评价方法概述

生命周期影响评价方法根据研究目的的差异可划分为中间类型和终点类型两类。中间类型和终点类型的最大差异是考虑的环境影响类型指标不同，中间类型更关心数据之间的关系以及环境影响机理；终点类型更关注对最终受体（人体健康、生态系统、资源）的影响，并可以将各类环境影响汇总成一个单一的指标，得出易于管理者理解的分数，更直观地作用于环境管理，协助管理部门决策。

2.1.1 中间类型

中间类型也称为面向问题的方法，重点关注环境影响的机理，将清单分析的结果分别归入气候变化、酸化、富营养化等环境影响类型中，其特点是以污染物当量来表征环境影响[例如以CO_2当量（CO_2-eq）来表征全球变暖影响]，计算过程不确定性低，结果科学性较高。当前主要的中点法有EDIP、CML2001、EPS、LUCAS、TRACI等。

2.1.2 终点类型

终点类型是以损害评估为主的方法，更多关注最终受体（例如人体健康、生态系统、资源等）的综合环境损害，是进入21世纪以来生命周期影响评价方法研究的热点。终点类型将清单分析的结果纳入到人体健康、生态系统、资源等类别中并对损害程度进行建模评估。由于该方法开展研究的时间较短，而且需要环境科学、环境气象学、毒理学、流行病学等多学科交叉研究，因此评估结果的不确定性略高于中间类型。当前主要的终点法有Eco-Indicator 99、IMPACT2002+、ReCiPe2008等。

2.2 国外主要影响评价方法介绍

本节选取了目前国外生命周期影响评价方法应用较多的EDIP、CML（中间类型）和Eco-Indicator 99、ReCiPe（终点类型）进行简要介绍。

① EDIP方法是丹麦技术大学和丹麦环保局以及丹麦的工业公司提出的一种方法，包括EDIP97方法和EDIP2003方法。EDIP97方法的影响类别包括环境影响和资源消耗，EDIP2003方法在此基础上提出了新的特征化因子及标准化参数，包括酸化、水体富营

养化、人体毒性、生态毒性等。虽然EDIP方法经过近20年的发展已较为成熟，得出的结果准确性较高，但是该方法也有局限性，如在标准化步骤中排放量考虑的只是过往年度，会导致未来排放量越多，环境影响值越小。

② CML方法是荷兰莱顿大学环境研究中心开发的生命周期评价方法。该方法是面向问题的方法，是基于传统生命周期清单分析特征化和标准化的方法，影响类别主要分为材料和能源消耗（非生物资源消耗和生物资源消耗）、污染（温室效应的加强、臭氧层耗竭、人类毒性、生态毒性、酸化、其他）和损害三类。该方法的优点是可减少假设的数量和模型的复杂性。

③ Eco-Indicator 99方法是荷兰的PRé咨询公司在Eco-Indicator95方法基础上改进的一种终点评价方法，终点损害类型主要分为人体健康损害、生态系统损害、资源耗竭。此外，该方法也可以提供中点评价结果，主要考虑的中点影响类型有致癌、呼吸系统影响、全球变暖、辐射、臭氧层破坏、酸化和富营养化、生态毒性、土地占用、矿产资源、化石燃料等。

④ ReCiPe方法是由荷兰的PRé咨询公司和莱顿大学在CML和Eco-Indicator 99方法基础上开发出的中间类型和终点类型相结合的方法，可以通过模型同时提供两种方法的结果，从而弥补其各自的缺陷。该方法的终点损害类型主要分为人体健康损害、生态系统损害、资源耗竭，中间影响类型分为全球气候变暖、土壤酸化、水资源消耗等18个类别。

上述影响评价方法多针对某一区域适用，随着生命周期评价得以大范围推广使用，迫切需要全球层面的技术规范，来统一指导产品和服务的环境影响量化评估工作。为了满足这一需要，联合国环境规划署先后发布了两版《环境生命周期影响评价指标全球指南》（Global Guidance on Environmental Life Cycle Impact Assessment Indicators）[1, 2]。在第一版中主要关注气候变化、细颗粒物对人类健康的影响、水资源短缺对人类健康的影响、土地利用对生物多样性的影响。第二版主要关注的是人类毒性、生态毒性、自然资源（矿产资源）、酸化和富营养化、土壤质量及其对生态系统服务的影响。

（1）气候变化

在生命周期评价研究中通常将人类活动产生的温室气体排放汇总成一个共同的单位，例如使用二氧化碳当量来量化其对气候变化的影响[3]。在影响评价中主要用全球变暖潜值（GWP）作为特征化因子，GWP是气体从排放时到所选定的一段时间内相对于二氧化碳的综合辐射强度。但是，这种方法将长期存在并对气候造成影响的排放物质和短期存在的排放物质归结在一起。随着影响评价方法的发展，新的方法将气体排放后长期存在的物质和短期存在的物质分开量化，以区分造成气候变化的存在时间不同的排放物质。全球变暖潜值是一个标准化的累积度量值，全球温度变化潜力（GTP）是一种瞬时标准化度量值，两者都以二氧化碳当量来表示结果[4]。在量化短期气候变化时建议使用GWP100，进行敏感性分析时使用GWP20，在量化长期气候变化时使用GTP100，其中20、100分别表示所研究的时期长度为20年、100年。在具体量化方法上，使用脉冲响应函数计算GWP和GTP的辐射强度以及GTP的温度变化曲线。这一模型主要量化的是温室气体排放对气候变化的影响，但是还存在其他因素，例如土地覆盖变化也会造成反射率的变化，进而影响气候变化，量化这种影响的方法和指标仍然需要开发。

（2）细颗粒物对人体健康的影响

室内和室外的细颗粒物（$PM_{2.5}$）暴露会对人们的身体健康造成很大的影响，Dockery等[5]对哈佛六城的研究表明，最脏的城市（$PM_{2.5}$为$30\mu g/m^3$）比最干净的城市（$PM_{2.5}$为$10\mu g/m^3$）死亡率高约30%。Burnett等[6]提出的吸入分数（IF）定义为暴露人群吸入污染物的质量与给定来源相关总质量的比率，其允许对跨排放源进行直接比较来描述源-受体关系，并且当暴露-反应关系已知时，其很容易与影响特定健康种类的潜在毒性相关，因而是一个考虑了$PM_{2.5}$指标的比较恰当的指标。

根据Fantke等[7]提出的计算$PM_{2.5}$对人类健康影响的特征化因子如下：

$$CF = (FF \times XF) \times ERF \times SF \tag{2-1}$$

式中　CF——特征化因子，DALY❶/kg，吸入1kg$PM_{2.5}$对人类健康影响的特征化因子；

　　　FF——归宿因子，d，将排放率与空气中的稳态质量联系起来；

　　　XF——暴露因子，1/d，即每日暴露人群吸入$PM_{2.5}$的数量；

$FF \times XF$——吸入分数IF，d/d；

　　　ERF——暴露-反应斜率因子，deaths/kg，即增加人群摄入剂量的全因死亡率变化；

　　　SF——严重性因子，DALY/deaths，即人类健康损害的变化。

在模型具体计算时，分别计算了室外来源地表和高处的初级与次级$PM_{2.5}$以及室内来源次级$PM_{2.5}$的吸入分数，并提出影响室外来源$PM_{2.5}$吸入分数的主要因素有线性种群密度、呼吸频率、风速、混合高度、源到受体的距离、渗透和时间微环境活动等，影响室内来源$PM_{2.5}$吸入分数的主要因素有建筑空气交换率、建筑体积、区域间和区域内空气流动与混合、$PM_{2.5}$去除机制、呼吸频率等[8]。

（3）水资源短缺对人类健康的影响

水资源对人类的健康和生态系统具有重要影响，将其纳入生命周期影响评价中十分重要。水资源应满足某一地方一定时间内的足够数量及合适的质量，因而在影响评价时也要分别考虑水资源短缺及水对人体健康和生态系统的影响两个方面。

① 在水资源短缺的影响评价方面，主要使用Boulay等[9]提出的包括人类和生态系统水需求的需求有效性（DTA）方法，所选的衡量稀缺性的指标为剩余可用水（AWARE）指标，即可用水减去需求量所得差值的倒数（$1/AMD$）。该方法建立在每个区域剩余可用水量越少，其他使用者的需求被剥夺的可能性就越大的假设之上，评估了

---

❶ DALY（disability adjusted life years）为伤残调整寿命年。

缺水对人类或生态系统的影响潜值。具体特征化因子计算方法如下：

$$GF = \frac{\frac{1}{AMD_i}}{\frac{1}{AMD_{世界平均}}} = \frac{AMD_{世界平均}}{AMD_i}，当水需求量＜可用水量 \quad (2\text{-}2)$$

$$GF=100，当水需求量＞可用水量 \text{ 或 } AMD_i < \frac{AMD_{世界平均}}{100} \quad (2\text{-}3)$$

$$GF=0.1，AMD_i > 10AMD_{世界平均} \quad (2\text{-}4)$$

式中　GF——水资源短缺的特征化因子；

　　　AMD_i——i 地区的可用水量与人类和生态水需求量之差；

$AMD_{世界平均}$——世界平均的可用水量与人类和生态水需求量之差。

当水需求量小于可用水量时，使用 i 地区的与世界平均的水稀缺性比值作为水稀缺特征化因子值；当水需求量大于可用水量或者 i 地区的可用水量与水需求量之差小于世界平均的百分之一时，使用最大值 100 作为水稀缺特征化因子值；当 i 地区的可用水量与水需求量之差大于世界平均差值的 10 倍时，使用最小值 0.1 作为水稀缺特征化因子值。这一量化水资源短缺的特征化方法适用于任何考虑了特定时期和地点的研究，但是其成熟度仍然有限，例如其在国家尺度的研究中精确性较差。

② 在水资源对人类健康的影响方面，主要考虑家庭用水与农业用水两方面。家庭用水方面，缺水可能会迫使人们摄入低质量不卫生的水，进而导致腹泻等传染病，从而对人体健康造成影响。农业用水方面，缺水会导致农业与渔业的产量减少，进而会造成由于粮食供应不足导致人们营养不良的影响。

家庭用水短缺的特征化方法如下[10]：

$$CF_{dom} = SI \times DAU_{dom} \times SEE_{dom} \quad (2\text{-}5)$$

式中　CF_{dom}——家庭用水短缺特征化因子，$DALY/m^3$；

　　　SI——稀缺或压力指数；

　　DAU_{dom}——受影响家庭用水的户数；

　　SEE_{dom}——家庭用水的社会经济影响因素，$DALY/m^3$。

农业用水短缺的特征化方法如下[11]：

$$CF_{agr} = SI \times DAU_{agr} \times SEE_{mal} \quad (2\text{-}6)$$

式中　CF_{agr}——农业用水短缺特征化因子，$DALY/m^3$；

　　　SI——稀缺或压力指数；

　　DAU_{agr}——受影响农业用水的户数；

　　SEE_{mal}——农业用水的社会经济影响因素，$DALY/m^3$。

Motoshita 等[12]对农业用水短缺模型进行了改进,其研究通过将粮食赤字效应分配到国家和国际影响中来考虑贸易效应,说明贸易效应是影响评估模型中的一个重要因素。其对农业用水短缺模型的修正完善如下:

$$CF_{agr}= \frac{HWC_{agr}}{AMC} \times [FPL \times DSR \times HEF + FPL \times (1-DSR) \times \sum_{i=1}^{n}(ISR_i \times HEF_i)] \qquad (2-7)$$

式中 CF_{agr}——农业用水短缺特征化因子,DALY/m³;
　　　HWC_{agr}——农业用水量,m³;
　　　AMC——可用水与所有使用者耗水量的差值,m³;
　　　FPL——灌溉减少导致的粮食生产损失,kcal❶/m³;
　　　DSR——粮食赤字的国内分配比例;
　　　HEF——用水国家的健康影响因素,DALY/kcal;
　　　ISR_i——从 i 国进口的份额比率;
　　　HEF_i——国家 i 的健康影响因素,DALY/kcal。

对于家庭用水短缺的特征化方法,目前还没有足够证据表明水的短缺与家庭因缺水而产生疾病有因果关系,因而不能提供一种具体的建模方法。在农业用水短缺特征化的稳健性检验方面,建议以热量缺乏作为蛋白质缺乏的替代指标进行研究,并在有关区域健康对营养不良反应的研究中收集更具体的数据。

(4) 土地利用对生物多样性的影响

土地利用的变化是造成生态系统退化以及生物多样性减少的主要原因之一,其影响路径主要是通过改变土壤性质和植被覆盖率进而影响物种与生态系统,从而影响生物多样性。Curran 等[13]通过梳理现有影响评估方法发现,大多数模型生物多样性的表征是基于生物多样性的组成方面,即用物种丰富度来表征;物种-面积关系(SAR)是描述物种丰富度与土地利用量之间关系的模型;按照尺度范围的不同,模型可分为区域尺度和地方尺度。为了更好地量化土地利用变化对生物多样性的影响评估,根据 Chaudhary 等[14]提出的方法,使用土地利用的潜在物种损失指标(PSL)代表区域物种损失,按照尺度范围不同可分为包括生态区域内相对物种丰富度变化的区域指标(PSL_{reg})以及包括全球范围内物种威胁水平的全球指标(PSL_{glo})。该指标涵盖鸟类、哺乳动物、爬行动物、两栖动物以及维管植物五类,这些类别可以单独分析,也可以综合成一个指标表示物种的潜在消失分数(PDF)。该方法涵盖的土地利用类型包括集约林业、粗放林业、一年生作物、永久性作物、牧场和城市土地六类。参考状态是所研究生态区域中的自然或接近自然的栖息地。模型从不同土地利用类型入手,比较不同土地利用类型与未受干扰的自然栖息地的生物多样性,并估计了物种全球脆弱性,以确定土地占用对生物多样

---

❶ 1kcal=4186.8kJ。

性的潜在影响。地区物种损失特征因子是每个土地利用和参考状态之间物种丰富度比率的函数，区域物种损失特征因子是对五个物种分类中的每一个分类利用相等的权重进行加和而成的值。这种方法可以覆盖全球六类主要的土地利用类型，从而能考虑大多数产品生命周期中生物多样性的影响。但是，当在内部用于产品比较时，这些特征化因子应在进一步评估特定生物多样性风险和潜在管理方案的情况下使用。此外，在模型完善方面，还需要扩大土地利用类别，并对其造成生物多样性损失的程度进行排序，以及纳入在保护生物多样性方面被证明是有效的管理方法。

（5）化学毒性对人体健康的影响

在产品或服务生命周期中释放的化学物质会损害暴露在其中的人们的健康，这是一类十分重要的影响类别。但在定量化评价释放到环境中的化学物质毒性以及人类暴露于化学物质中的毒性效应时，特征化因子的确定面临着巨大的挑战。现有的以毒理学为基础的化学应激源健康影响评估虽然为人类健康影响评价做出了贡献，但是由于其存在框架的边界条件和相关假设的内在差异，很难直接转化为特征化因子进行计算。目前全球范围较为认可的化学毒性对人体健康的影响评价模型是USEtox模型[15]。在这个模型框架中，毒性影响被描述为化学品暴露所引起的人类健康影响h，其分布在各种环境场区c中，并通过接触路径x到达人类。原始的USEtox模型主要是考虑远场情况的模型，为了将近场与远场情况结合起来，根据Fantke等[16]的建议，采用一致的质量平衡模型对化学毒性进行评估，该模型由化学毒性影响模型和化学毒性暴露模型两部分组成，具体模型如下：

$$CF = EF \times PiF = SF \times DRF \times PiF \qquad (2\text{-}8)$$

式中　CF——化学毒性特征化因子矩阵，DALY/kg；

　　　EF——由SF与DRF组合成的化学毒性影响因子矩阵，DALY/kg，$EF=SF\times DRF$；

　　　SF——人类健康影响h的严重性因子对角矩阵，DALY/cases；

　　　DRF——人类健康影响h的剂量反应斜率因子矩阵，cases/kg；

　　　PiF——产品摄入量分数矩阵，kg/kg。

EF是从化学风险评估领域中使用的毒性潜在性度量中得出的指标。在大多数情况下，由于人类的数据无法直接测得，化学毒性对人体健康的损害指标通常来自动物实验或定量的结构-活性关系（QSAR）。PiF由Jolliet等[17]提出，其将人类所有接触途径的化学物质摄入量直接与产品中的物质质量联系起来，这一指标代表了化学毒性暴露模型。

未来在模型的完善方面，要扩大模型对非金属无机物（如二氧化氯、亚硝酸钠）、全氟和多氟烷基物以及纳米材料等物质的适用性。此外，由于毒性物质在影响人类生殖发育、癌症、其他非癌症方面影响的程度不同，在今后要使用多种特征化模型进一步细化化学毒性对人体健康影响评价。

(6) 化学毒性对生态系统的影响

有毒化学物质释放到生态环境中，会对生态系统造成破坏。度量化学毒性对生态系统的影响需要运用特定物质的特征化因子，将物品或服务生产、使用及废物处理阶段所有环节排放总量转化为潜在的化学毒性影响潜值。目前通用的特征化因子度量方法也是基于USEtox。Jolliet等[18]与Rosenbaum等[19]给出了淡水中化学毒性特征化因子模型，具体形式如下：

$$CF_{i,s} = f_i \times FF_s \times XF_s \times EF_s \times SF_i \tag{2-9}$$

式中　$CF_{i,s}$——排放到介质i中的物质s的特征化因子，$m^3/(kg \cdot d)$；
　　　f_i——从排放介质i转移到相关介质的物质s的比重，kg/kg；
　　　FF_s——针对介质中物质s在该介质中的停留时间，d；
　　　XF_s——时间和空间综合暴露因子，在介质中物质s暴露的有效浓度，kg/kg；
　　　EF_s——物质s有效部分的生态毒理学效力的影响因素，m^3/kg；
　　　SF_i——毒性影响对生态系统的破坏程度，species/species。

由于该模型并不包括淡水沉积物、土壤或海洋介质中的影响评估，因此在今后的研究中，要考虑这些介质的化学排放对生态系统造成的影响。在缺乏特定研究区域的生态毒性影响数据时，建议使用淡水化学毒性扩展模型，在计算影响因素的过程中考虑化学品、生物体和介质的具体特性。此外，在金属暴露建模方面，建议考虑土壤和淡水沉积物中金属的老化和风化的影响，并使用自由离子活度模型来根据生物有效浓度确定影响因素。

(7) 酸化和富营养化

酸化是大气遭受人为污染形成的酸性降水落到地表后所造成的土壤和水体酸化及环境功能衰退的现象，是全球性的环境污染问题之一。富营养化是一种氮、磷等植物营养物质含量过多所引起的水质污染现象。酸化和富营养化是重要的生命周期评价环境影响类型之一。

量化陆地酸化的特征化因子时，中间类型主要采用Roy等[20]提出的以二氧化硫当量计算的陆地酸化潜力，终点类型主要采用Azevedo等[21]提出的陆地生态系统的损害。

量化淡水富营养化特征化因子时，中间类型主要采用Helmes等提出的以磷当量计算的淡水富营养化潜力，终点类型主要采用Helmes等提出的磷对淡水生态系统的损害[22]。

量化海洋富营养化特征化因子时，中间类型主要采用Mayorga等[23]提出的以氮当量计算的海洋富营养化潜力，终点类型主要采用Cosme等[24]提出的氮对海洋生态系统的损害。

目前在淡水中主要以磷作为限制性营养物，在海洋中主要以氮作为限制性营养物，在今后的研究中要尽可能在淡水和海洋中都同时考虑磷和氮的影响。

(8) 自然资源（矿产资源）

在众多的自然资源中，矿产资源的生命周期影响评价受到较多的关注，对其进行生命周期影响评价主要是考察人类通过技术手段利用矿产资源为人类带来价值能力的减少程度。目前有二十余种资源利用的影响评价方法，主要分为损耗法、未来努力法、热力学核算法、供应风险法四大类。

① 在损耗法中，主要考察资源存量的减少，使用的特征化因子模型是非生物耗竭潜力模型[25]、人为扩展的非生物耗竭潜力模型[26]、工业产品的环境发展模型[27]、基于终点的生命周期影响思想评价模型[28]等。

② 在未来努力法中，主要评估当前资源使用对未来社会的影响，例如未来加大开采一单位矿产资源的力度或增加经济外部性等。主要使用的特征化因子模型方法是矿石等级下降法[29]，以及其他几个有关矿石剩余开采需求[30]、剩余能源[31]、剩余成本[32]的方法。

③ 在热力学核算法中，主要考虑产品系统中的累积能量传递。主要使用的特征化因子模型方法是自然环境中提取的累积能量传递[33]、累积热传递需求[34]、热力学稀有性[35]、太阳能需求[36]等方法。

④ 在供应风险法中，主要考虑了地质的可探得性、原材料供应的中断以及用户对这种中断的脆弱性等风险因素。与传统方法的思考思路不同，该方法主要考虑全球生产体系对所研究的产品体系造成的供应限制。主要使用的特征化因子模型方法是地缘政治供应风险[37]、经济稀缺潜力[38]、综合资源效率评估[39]等方法。

自然资源特征化因子在自然存量之外还要考虑人为存量，因此要注意更新和增加特征化因子模型的人为因素考虑，并且要在量化不确定性方面加强研究。

(9) 土壤质量

高质量的土壤对提高生物数量、收集和净化淡水、吸收和储存碳等生态系统服务具有重要作用。人类活动对土地的利用和土壤质量存在较大影响，因而土壤质量也是主要的影响类型之一。目前有较多衡量土壤质量的特征化因子，但是其关注点各有不同，尚无一种可提供用于土壤质量统一综合评估的方法。最常用的模型主要有土壤有机碳潜力模型[40]、土壤侵蚀潜力模型[41]和生物生产力模型[42]。其中，土壤有机碳潜力模型对土壤质量的影响最为广泛，使用也较为广泛。在特征化因子方面，主要是使用土壤有机碳潜力和土壤侵蚀潜力两个指标。在衡量土壤质量的过程中，参考范围的选择也十分重要，Koellner等[43]提出在陆地生态区规模上使用潜在自然植被作为参考范围，Horn等[44]将参考范围确定为每个国家最大的自然生物群落，Saad等[45]将参考范围定义成生活区的潜在自然植被。在2019年，根据联合国粮农组织提供的全球生态区地图，参考范围被定义为一个国家所有类型潜在自然植被的生态系统质量值的加权平均值。

2.3 国内主要影响评价方法介绍

2.3.1 中国产品生命周期影响评价方法

中国产品生命周期影响评价方法[46]是由中国科学院生态环境研究中心杨建新团队以丹麦EDIP模型方法为基础,通过选择中国环境影响类型,并确定相应的模型评价参数,建立的符合我国国情的产品生命周期影响评价方法。该方法通过评估每一具体环境交换对已确定的环境影响类型的贡献强度来解释清单数据,包括相互联系的4个技术步骤,即计算环境影响潜值、数据标准化、加权评估、计算环境影响负荷和资源消耗系数,具体评价框架如图2-1所示。

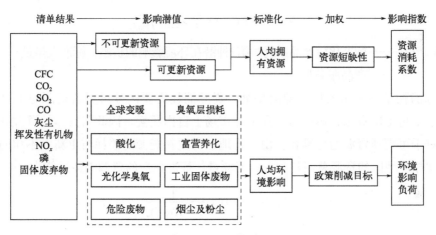

图2-1 评价框架

（1）计算环境影响潜值

产品环境影响潜值指整个产品系统中所有环境排放影响的总和或资源消耗的总和,即：

$$EP(j)=\sum EP(j)_i=\sum [Q_i \times EF(j)_i] \tag{2-10}$$

式中 $EP(j)$——产品系统对第j种潜在环境影响的贡献；

$EP(j)_i$——第i种排放物质对第j种潜在环境影响的贡献；

Q_i——第i种物质的排放量；

$EF(j)_i$——第i种排放物质对第j种潜在环境影响的当量因子。

当量因子$EF(j)_i$的确定因不同的环境影响类型而不同,通常以某种物质为参考,计算其他物质的相对大小。例如通常对全球变暖采用CO_2,酸化则采用SO_2等。

（2）数据标准化

数据标准化目的是为各种环境影响类型的相对大小提供一个可比较的标准。标准化过程主要是建立标准化基准，对于全球性环境影响应采用全球尺度的基准，地区性和局地性环境影响则采用地区性基准。为了将全球性、地区性以及局地性影响在同一水平上进行比较，该方法采用1990年人均环境影响潜值作为环境影响基准，即：

$$ER(j)_{90}=EP(j)_{90}/Pop_{90} \tag{2-11}$$

式中　90——以1990年为基准年；

$ER(j)_{90}$——1990年全球（或中国）人均环境影响潜值；

$EP(j)_{90}$——1990年全球（或中国）总的环境影响潜值；

Pop_{90}——1990年全球（或中国）人口。

根据该基准，标准化后产品系统的环境影响潜值表述为：

$$NEP(j)=EP(j)\times\frac{1}{T\times ER(j)_{90}} \tag{2-12}$$

式中　$NEP(j)$——标准化后产品系统对第j种潜在环境影响的贡献，标准人当量；

　　　T——产品服务期。

资源消耗基准采用人均资源消耗量。资源消耗需要区分可更新资源与不可更新资源。对于不可更新资源，假设可以在全球市场上自由买卖，因此与具体的资源利用地无关。而对于可更新资源的标准化，由于各地区可更新资源的消耗与更新大不相同，因此需要考虑相应地区的资源总消耗和人均消耗量。标准化后的资源消耗潜值为：

$$NR(j)=RC(j)\times\frac{1}{T\times RR(j)_{90}} \tag{2-13}$$

式中　$NR(j)$——标准化后产品系统资源消耗对第j种潜在环境影响的贡献，标准人当量；

　　　$RC(j)$——产品系统的资源消耗；

　　　$RR(j)_{90}$——1990年全球（或地区）人均资源消耗量（资源消耗基准）。

（3）加权评估

经标准化后两种不同类型环境影响潜值的数值大小相同，并不意味着两者的潜在环境影响同样严重。因而需要对影响类型的严重性进行排序，即赋予不同影响类型不同权重后才能进行比较，这一过程称为加权评估。权重的确定采用目标距离法，即某种环境效应的严重性用该效应当前水平与目标水平（标准或容量）之间的距离来表征。对目标既可采用科学目标（如环境干扰的极限浓度或数量），也可采用政策目标（如政府削减目标）和管理目标（各种排放标准、质量标准或行业标准等）。采用2000年的中国政府削减目标确定中国环境影响的权重。用公式表示为：

$$WP(j)=WF(j) \times EP(j)/ER(j)_{90} \qquad (2\text{-}14)$$

$$ER(j)_{T2000}=\sum EP(j)_{T2000}/Pop_{90} \qquad (2\text{-}15)$$

$$WF(j)=ER(j)_{90}/ER(j)_{T2000} \qquad (2\text{-}16)$$

式中 $WF(j)$ ——资源的可供应期；

$ER(j)_{90}$ ——1990年标准化基准；

$ER(j)_{T2000}$ ——2000年标准化基准。

$ER(j)_{T2000}$ 由2000年的环境影响潜值除以1990年的人口来确定，即权重反映了针对1990年的标准化基准要削减多少才能达到2000年的削减目标。权重越大，说明削减越快。权重因子等于1表明2000年的排放目标将保持在1990年的水平；小于1说明到2000年削减目标是降低排放的增长速度，并不降低排放的总量；而大于1则说明2000年的总排放量将低于1990年。

因此，经过加权后的环境影响潜值就表达为：针对资源消耗，采取资源稀缺性作为确定权重的原则。对不可更新资源采用各种资源消耗量与其蕴藏量的相对比例关系（资源可供应期）来表述其稀缺性。资源可供应期通常采用年来表述。加权后的不可更新资源消耗潜值为：

$$WR(j)=WF(j) \times NR(j) \qquad (2\text{-}17)$$

$$WR(j)=\frac{RC(j)}{RES(PE)_{90}} \qquad (2\text{-}18)$$

式中 $WR(j)$ ——加权后的资源消耗，标准人当量PRW_{90}；

$RES(PE)_{90}$ ——1990年人均蕴藏量。

可更新资源的耗竭必须考虑其更新率与消耗率之间的关系，因而将可更新资源的供应期定义为：可供应期=资源总量/年净消耗量=资源总量/（消耗量-更新量）。如果更新量高于或等于消耗量，则可供应期从理论上讲是无限大，即不存在耗竭威胁。从全球淡水消耗量和更新量来看，1990年全球淡水补充量为40673km^3，消耗量为3240km^3，更新量远远高于消耗量。然而各大洲，甚至各地区和国家存在着巨大的差异，淡水资源缺乏已成为某些地区和国家面临的重大危机。因此，对于可更新资源的稀缺性评价必须根据当地的实际情况而定。

（4）计算环境影响负荷和资源耗竭系数

经加权后的各种环境影响潜值具有了可比性，而且也反映了其相对重要性，因此可以将其综合为一个简单的指标，称为环境影响负荷（EIL），它反映了所研究产品系统在其整个生命周期中对环境系统的压力大小，是一个简单易用的指标。其意义在于为具有同样功能的产品的环境影响大小比较提供了一个量化指标，可以刺激生产者调整其产品的开发、设计以及制造过程，制造更加有益于环境的产品。对于消费者，提供了一个识别生态产品的简单指标，更利于进行绿色消费，同时也为生态标志产品标准的制定提供了一种切实可行的方案。用公式表示为：

$$EIL=\sum WP(j)=\sum \frac{ER(j)_{90}}{ER(j)_{T2000}} \times \frac{EP(j)}{ER(j)_{90}}=\sum \frac{\sum[Q(j)_i \times EF(j)_i]}{ER(j)_{T2000}} \quad (2-19)$$

目前针对中国，$j=\{$全球变暖，臭氧层损耗，酸化，富营养化，光化学臭氧合成，固体废物，危险废物，烟灰尘$\}$。

对于资源消耗，由于权重反映了资源的稀缺性，将所有加权后的资源消耗潜值累计，就得到资源的耗竭系数RDI，其单位为年。用公式表示为：

$$RDI=\sum WR(j)=\sum \frac{RC(j)}{RES(PE)_{90}} \quad (2-20)$$

资源耗竭系数反映了产品系统资源消耗占整个自然资源的份额，同时也反映了资源的稀缺性。可以为企业在产业设计、材料替代方面提供简单、统一的标准，也可诱导消费者进行绿色消费，还可为生态标志产品的标准制定提供可行的方案。

2.3.2 节能减排综合指标

节能减排综合指标[47]（ECER指标）是由四川大学王洪涛团队建立的一种可以全面综合地量化评价各项节能减排技术措施与政策工具实施效果的指标。ECER指标包括了《国民经济和社会发展第十二个五年规划纲要》中规定的主要约束性指标，如表2-1所列。相应地，在ECER评价中，需要包含对应的7项生命周期指标（$A_{1\sim7}$），即生命周期综合能耗、工业用水量、化学需氧量（COD）、CO_2、SO_2、氨氮和氮氧化物（NO_x）的排放。为保证可比性，将这些政策目标统一换算为"十二五"期间单位GDP减少率（见表2-1），GDP的年增长率按"十二五"规划预计为7%。收集中国2010年相应消耗或排放的总量（见表2-1），其中煤、石油、天然气的消耗量来自《国民经济和社会发展统计公报》；COD和SO_2的排放数据为生态环境部公布数据；氨氮和工业用水量的数据来自《中国环境统计年鉴》；CO_2和NO_x的排放数据来自国际应用系统分析研究所。

表2-1 "十二五"节能减排政策目标与基准值

主要的节能减排约束性指标	政策目标 （削减率/%）	可比政策目标 （T_i/%）	2010年全国基准值 （N_i）
单位GDP能耗减少	16	16	3.02×10^{12}kgce
单位工业增加值用水减少	30	30	1.44×10^{14}kg
单位GDP CO_2减少	17	17	8.30×10^{9}kg

续表

主要的节能减排约束性指标	政策目标（削减率/%）	可比政策目标（T_i/%）	2010年全国基准值（N_i）
SO_2排放总量减少	8	34	2.19×10^{10}kg
COD排放总量减少	8	34	1.24×10^{10}kg
NO_x排放总量减少	10	36	2.08×10^{10}kg
氨氮排放总量减少	10	36	1.15×10^{9}kg

注：kgce表示千克标准煤。

① "十二五"生命周期节能减排综合指标（ECER指标）的计算公式为：

$$ECER = \sum_{i=1}^{7} \frac{A_i}{T_i \times N_i} \times P_i \tag{2-21}$$

式中　$ECER$——节能减排综合评价指标；

　　　A_i——一种产品（特定技术方案下）的评价指标，包括生命周期综合能耗、工业用水量、CO_2、SO_2、COD、NO_x和氨氮7项；

　　　T_i——可比的节能减排政策目标；

　　　N_i——2010年对应指标的全国基准值；

　　　P_i——各项政策目标的权重，由于节能减排各项目标是同一政策中并列的约束性目标，故各项目标重要性视为相同，即$P_i=1$。

② 当对比分析两种技术方案时，可得出ECER综合指标的改进值为：

$$\Delta ECER = \sum_{i=1}^{7} \frac{(A_i^0 - A_i^1)/A_i^0}{T_i} \times \frac{A^0}{N_i} \tag{2-22}$$

式中　A_i^0——基准方案的各项指标；

　　　A_i^1——改进方案的各项指标；

　　　T_i——政策削减目标；

　　$(A_i^0 - A_i^1)/A_i^0$——改进方案的各项指标相对于基准方案的改进幅度（其中正数代表改进，数值越大代表改进幅度越大；负数反之）；

　　$\dfrac{(A_i^0 - A_i^1)/A_i^0}{T_i}$——各项目标的达标度评分（正数情况下，1代表正好达标，小于1代表不达标，大于1代表超额达标；负数意味着不是改进，而是倒退）；

　　　A^0/N_i——产品的生命周期指标i在全国总量中所占的比例，以此对达标度评分进行加权，反映产品各指标的重要性差异；

　　　$\Delta ECER$——改进方案相对于基准方案的节能减排综合效果，代表了两种技术方案在整个生命周期的各个阶段、在各项政策目标规定的改进方面综合的达标度评分，由此定量地评估了改进方案的综合效果。

③ 当式中$(A_i^0-A_i^1)/A_i^0$恰好等于T_i时，即方案的7项生命周期指标均按政策目标的要求减少相应幅度，意味着改进方案刚好达到各项政策目标的要求，称为"理想达标方案"，其与基准方案的差值为：

$$\Delta ECER = \sum_{i=1}^{7} \frac{A_i^0}{N_i} \quad (2\text{-}23)$$

由此，对于任何给定的基准方案A_i^0，都可以计算得到其理想达标方案的ECER指标。尽管理想达标方案只是一个虚拟的方案，但其ECER指标可以作为各种改进方案评价时衡量的一项标准，即是否能在总体上达到政策目标要求的改进幅度，从而可以为技术方案筛选提供参考。

综上所述，现阶段我国学者进行生命周期影响评价时所使用的方法仍以国外方法为主，本地化的生命周期影响评价方法研究起步较晚。在对我国学者提出的本地化生命周期影响评价方法进行详细梳理后，我国今后需要在以下3个方面做出努力[48]。

① 要定期更新我国已有的生命周期影响评价模型指标及基准值。当前我国学者提出的生命周期影响评价模型指标及基准值均已不能满足现阶段的需求。要针对现阶段突出的环境问题，丰富评价指标并更新基准值，这对提升我国生命周期影响评价结果的科学性和准确性至关重要。

② 要尽快建立系统完整的可被广泛使用的本地化生命周期影响评价模型体系。当前我国学者对本地化生命周期影响评价模型的研究主要聚焦个别影响类别，研究较为分散。考虑到系统完整的本地化生命周期影响评价模型的建立需要大量跨专业、跨学科的基础性研究工作，今后国内各研究机构和学者需要加强合作，建立统一的生命周期影响评价流程，将各研究领域的成果整合到一起，尽快建立起覆盖全面、参数完善、基准统一的本地化生命周期影响评价模型体系。

③ 要进一步深入研究生命周期影响评价模型，对其进行丰富和拓展，使其可以更好地支撑环境经济政策的制定。目前我国学者对本地化生命周期影响评价的研究多集中于环境影响分类表征及基准值的确定上，对影响评价的前沿性研究较少，这会限制其在环境经济政策制定过程中所起到的作用。将环境影响以货币化形式进行表征，可以更易于人们理解和交流，能将产品生命周期的潜在环境影响与经济成本密切地联系起来，近年来在国外已有较多研究。为了使生命周期评价在环境政策的制定过程中起到更大的作用，今后需要在我国环境影响货币化研究方面提高重视程度。

参考文献

[1] Global Guidance for Life Cycle Impact Assessment Indicators [M/OL].2016.
[2] Global Guidance for Life Cycle Impact Assessment Indicators [M/OL]. Volume 2, 2019.

[3] Hellwegs, Canals L M I. Emerging approaches, challenges and opportunities in life cycle assessment [J]. Science, 2014, 344(6188): 1109-1113.

[4] Shine K P, Fuglestvedt J S, Hailemariamk, et al. Alternatives to the global warming potential for comparing climate impacts of emissions of greenhouse gases[J]. Climate Change, 2005, 68(3): 281-302.

[5] Dockery D W, Pope C A, Xu X P, et al. An association between air pollution and mortality in six U.S. cities [J]. The New England Journal of Medicine, 1993, 329(24): 1753-1759.

[6] Bennett Deborah H, McKone Thomas E, Evans John S, et al. Defining intake fraction. 2002, 36(9): 207-211.

[7] Peter Fantke, Olivier Jolliet, John S Evans, et al. Health effects of fine particulate matter in life cycle impact assessment: Findings from the Basel Guidance Workshop[J]. The International Journal of Life Cycle Assessment, 2015, 20(2): 276-288.

[8] Hodas N, Loh M, Shin H M, et al. Indoor inhalation intake fractions of fine particulate matter: Review of influencing factors. Indoor Air, 2016, 26(6):836-856.

[9] Boulay A M, Motoshita M, Pfisters, et al. Analysis of water use impact assessment methods (part A): Evaluation of modeling choices based on a quantitative comparison of scarcity and human health indicators[J]. The International Journal of Life Cycle Assessment, 2015, 20(1): 139-160.

[10] Motoshita M, Itsubo N, Atsushi Inaba. Development of impact factors on damage to health by infectious diseases caused by domestic water scarcity[J]. The International Journal of Life Cycle Assessment, 2011, 16(1): 65-73.

[11] Pfister S, Koehler A, Hellweg S. Assessing the environmental impacts of freshwater consumption in LCA [J].Environmental Science & Technology, 2009, 43(11): 4098-4104.

[12] Motoshita M , Ono Y , Pfister S , et al. Consistent characterisation factors at midpoint and endpoint relevant to agricultural water scarcity arising from freshwater consumption[J]. The International Journal of Life Cycle Assessment, 2014: 1-12.

[13] Curran M, Souza D M D , Antón A, et al. How well does LCA model land use impacts on biodiversity?— A comparison with approaches from ecology and conservation[J]. Environmental Science & Technology, 2016, 50(6): 2782-2795.

[14] Abhishek, Chaudhary, Francesca, et al. Quantifying land use impacts on biodiversity: Combining species-area models and vulnerability indicators[J]. Environmental Science & Technology, 2015, 49(16): 9987-9995.

[15] Ralph K Rosenbaum, Till M Bachmann, Lois Swirsky Gold, et al. USEtox—the UNEP-SETAC toxicity model: recommended characterisation factors for human toxicity and freshwater ecotoxicity in life cycle impact assessment[J]. The International Journal of Life Cycle Assessment, 2008, 13(7):532-546.

[16] Fantke Peter, Ernstoff Alexi S, Huang Lei, et al. Coupled near-field and far-field exposure assessment framework for chemicals in consumer products[J]. Environment International, 2016, 94:508-518.

[17] Jolliet Olivier, Ernstoff Alexi S, Csiszar Susan A, et al. Defining product intake fraction to quantify and compare exposure to consumer products[J]. Environmental Science & Technology, 2015, 49(15):8924-8931.

[18] Jolliet O , Rosenbaum R , Mckone T E , et al. Establishing a framework for life cycle toxicity assessment. Findings of the lausanne review workshop[J]. International Journal of Life Cycle Assessment, 2006, 11(3): 209-212.

[19] Rosenbaum R K , Margni M , Jolliet O . A flexible matrix algebra framework for the multimedia multipathway modeling of emission to impacts[J]. Environment International, 2007, 33(5): 624-634.

[20] Roy P O, Huijbregts M, Deschenes L, et al. Spatially-differentiated atmospheric source-receptor relationships for nitrogen oxides, sulfur oxides and ammonia emissions at the global scale for life cycle impact assessment[J]. Atmospheric Environment, 2012, 62(DEC.): 74-81.

[21] Azevedo L B, Van Zelm R, Elshout P M F, et al. Species richness-phosphorus relationships for lakes and streams worldwide[J]. Global Ecology & Biogeography, 2013, 22(12): 1304-1314.

[22] Helmes R J K, Huijbregts M A J, Henderson A D, et al. Spatially explicit fate factors of phosphorous emissions to freshwater at the global scale[J]. International Journal of Life Cycle Assessment, 2012, 17(5): 646-654.

[23] Mayorga E, Seitzinger S P, Harrison J A, et al. Global nutrient export from watersheds 2 (NEWS 2): Model development and implementation[J]. Environmental Modelling & Software, 2010, 25(7): 837-853.

[24] Cosme N, Mayorga E, Hauschild M Z. Spatially explicit fate factors of waterborne nitrogen emissions at the global scale[J]. International Journal of Life Cycle Assessment, 2018, 23(6): 1-11.

[25] Jeroen B Guinée, Heijungs R. A proposal for the definition of resource equivalency factors for use in product life-cycle assessment[J]. Environmental Toxicology and Chemistry, 1995, 14(5): 917-925.

[26] Schneider L, Berger M, Finkbeiner M. The anthropogenic stock extended abiotic depletion potential (AADP) as a new parameterisation to model the depletion of abiotic resources[J]. International Journal of Life Cycle Assessment, 2011, 16(9): 929-936.

[27] Hauschild M Z, José Potting. Spatial differentiation in life cycle impact assessment —the EDIP-2003 methodology. Guidelines from the Danish EPA[J]. 2004.

[28] Itsubo N, Inaba A. LIME2 - Chapter 2 : Characterization and damage evaluation methods[R]. Tokyo. JLCA News Life-Cycle Assess Soc Japan, 2014, 18.

[29] Vieira M D M, Goedkoop M J, Storm P, et al. Ore grade decrease as life cycle impact indicator for metal scarcity: The case of copper[J]. Environmental Science & Technology, 2012, 46(23): 12772-12778.

[30] Swart P, Dewulf J. Quantifying the impacts of primary metal resource use in life cycle assessment based on recent mining data[J]. Resources Conservation and Recycling, 2013, 73(2): 180-187.

[31] Bo Pedersen Weidema. Using the budget constraint to monetarise impact assessment results[J]. Ecological Economics, 2008, 68(6): 1591-1598.

[32] Marisa V, Thomas P, Mark G, et al. Surplus cost potential as a life cycle impact indicator for metal extraction[J]. Resources, 2016, 5(1): 2.

[33] Dewulf J, Bösch M E, De Meester B, et al. Cumulative exergy extraction from the natural environment (CEENE): A comprehensive life cycle impact assessment method for resource accounting[J]. Environmental Science & Technology, 2007, 41(24): 8477-8483.

[34] Michael E Bösch, Stefanie Hellweg, Mark A J Huijbregts, et al. Applying cumulative exergy demand (CExD) indicators to the ecoinvent database[J]. International Journal of Life Cycle Assessment, 2007, 12(3): 181-190.

[35] Capilla A V, Delgado A V. Thanatia: The destiny of the earth's mineral resources[M]. WORLD SCIENTIFIC, 2014.

[36] Rugani B, Huijbregts M A J, Mutel C, et al. Solar energy demand (SED) of commodity life cycles[J]. Environmental Science & Technology, 2011, 45(12): 5426-5433.

[37] Eskinder D Gemechu, Christoph Helbig, Guido Sonnemann, et al. Import - based indicator for the

geopolitical supply risk of raw materials in life cycle sustainability assessments[J]. Journal of Industrial Ecology, 2016, 20(1): 154-165.

[38] Schneider L, Berger M, Schüler-Hainsch E, et al. The economic resource scarcity potential (ESP) for evaluating resource use based on life cycle assessment[J]. International Journal of Life Cycle Assessment, 2014, 19(3):601-610.

[39] Vanessa Bach, Markus Berger, Martin Henßler, et al. Integrated method to assess resource efficiency—ESSENZ[J]. Journal of Cleaner Production, 2016, 137:118-130.

[40] Brandao M, Canals L M I. Global characterisation factors to assess land use impacts on biotic production[J]. International Journal of Life Cycle Assessment,2013,18(6):1243-1252.

[41] Renard K G, Foster G R, Weesies G A, et al. RUSLE: Revised universal soil loss equation[J]. J Soil & Water Conservation, 1991, 46(1) : 30-33.

[42] Nunez M, Anton A, Munoz P, et al. Inclusion of soil erosion impacts in life cycle assessment on a global scale: Application to energy crops in Spain[J]. International Journal of Life Cycle Assessment, 2013, 18(4):755-767.

[43] Thomas Koellner, Laura de Baan, Tabea Beck, et al. UNEP-SETAC guideline on global land use impact assessment on biodiversity and ecosystem services in LCA[J]. International Journal of Life Cycle Assessment, 2013, 18(6):1188-1202.

[44] Bos U, Horn R, Beck T, et al. LANCA. Characterization Factors for Life Cycle Impact Assessment, Version 2.0[M]. Stuttgart: Fraunhofer Verlag, 2016.

[45] Saad R, Koellner T, Margni M. Land use impacts on freshwater regulation, erosion regulation, and water purification: A spatial approach for a global scale level[J]. International Journal of Life Cycle Assessment, 2013, 18(6):1253-1264.

[46] 杨建新,王如松,刘晶茹.中国产品生命周期影响评价方法研究[J].环境科学学报,2001(02):234-237.

[47] 王洪涛，侯萍，翁端.生命周期节能减排评价方法与指标∥中国环境科学学会2013年学术年会优秀论文集[C].2013:06.

[48] 谢明辉，满贺诚，段华波，等.生命周期影响评价方法及本地化研究进展[J].环境工程技术学报，2022, 12(6): 2148-2156.

第3章
本地化环境影响评价方法

- 终点破坏类型影响评价方法框架
- 破坏因子筛选
- 核算人均基准值
- 计算环境影响潜值
- 模型不确定性

在我国LCA研究虽然起步较晚，但在生态环境保护技术筛选、固体废物管理、新能源环境管理等领域开展了大量研究，这些研究主要聚焦在LCA的应用方面，对LCIA模型方法的研究较少。目前，仅有杨建新等[1]在2000年建立了适用于我国的LCIA模型方法，但该方法属于中间类型，且时间较早，基准值已无法反映现阶段实际情况。也有学者对单一行业（如造纸[2]）或单一影响类别（如矿产资源[3]）的LCIA模型进行了本地化研究，但都未形成系统的LCIA模型。因此，本书以我国为基准区域，以2017年为基准年，基于终点损害类评价方法，构建本地化的终点类型生命周期环境影响评价模型，将LCIA结果直接指向终点保护领域（人体健康、生态环境、资源），以期补充完善我国LCIA理论方法，为提升LCA的科学合理性提供支撑。

3.1　终点破坏类型影响评价方法框架

现阶段我国生态环境保护工作重点关注的污染物质主要包括：大气污染物和温室气体，如二氧化硫（SO_2）、氮氧化物（NO_x）、颗粒物（PM）、挥发性有机物（VOCs）、氨（NH_3）、二氧化碳（CO_2）等；水污染物，如总氮（TN）、总磷（TP）、重金属等；土壤污染物等。结合《环境管理生命周期评价要求与指南》（ISO 14044）相关理论，选取致癌作用、细颗粒物形成、气候变化、水资源消耗、光化学臭氧形成、生态毒性、酸化、富营养化、土地利用、矿产资源、化石燃料11种环境影响类别来构建评价模型。通过归类和损害分析，可将11种环境影响类别分别划分到人体健康（致癌作用、细颗粒物形成、气候变化、水资源消耗、光化学臭氧形成）、生态系统（气候变化、水资源消耗、生态毒性、酸化、富营养化、光化学臭氧形成、土地利用）、资源（矿产资源、化石燃料）三种终点损害类别[4]。

终点破坏类型影响评价方法通过核算污染物和资源、能源物质的人均基准值，构建适用于我国终点损害类生命周期环境影响评价的模型框架，以便更好地解释清单数据。模型框架包括确定损害因子，核算排放量、产量，计算人均基准值，加权评估，以及计算环境影响潜值5个步骤（见图3-1）。考虑到数据的可获取性和敏感性，该模型方法的基准值核算主要针对大气污染物和水污染物，土壤污染物暂时未考虑在核算边界内。

清单分析将污染物、资源、能源对应到各环境影响类别；破坏分析则是通过破坏因子测算各类污染物、资源、能源对终点保护领域（人体健康、生态系统、资源）的损害程度；标准化是将破坏分析的结果分别除以人体健康、生态系统、资源的人均基准值，去除量纲，实现可比性；最后，通过加权得到一个数值（即环境影响潜值）来表征污染物排放以及资源、能源消耗对环境影响的大小。

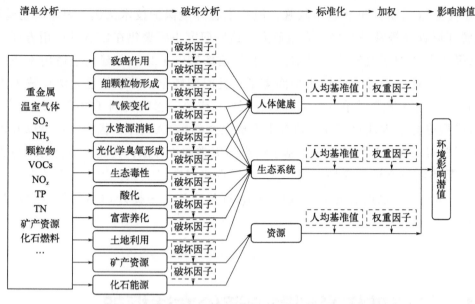

图 3-1 终点损害类生命周期环境影响评价模型方法框架

3.2 破坏因子筛选

借鉴目前应用较为广泛的 Eco-Indicator 99 评价方法[5]、ReCiPe 评价方法[6]，以第二次全国污染源普查中国家重点关注的污染物为主要研究对象，在此基础上选取了与我国生产生活关联较大、环境影响较突出的其他污染物，通过查阅 IPCC 研究报告、国内外文献确定各类污染物、资源、能源的破坏因子。

3.2.1 人体健康类别破坏因子筛选

污染物对人体健康中各环境影响类别的破坏因子见表 3-1。

表 3-1 污染物对人体健康中各环境影响类别的破坏因子

环境影响类别	项目	破坏因子		
		水中/(DALY/kg)	空气中/(DALY/kg)	其他/(DALY/m³)
致癌作用	As	1.14×10^{-3}	2.37×10^{-3}	—
	Cd	4.60×10^{-6}	4.89×10^{-4}	—
	Ni	—	1.22×10^{-3}	—
	Cr	2.47×10^{-2}	7.58×10^{-2}	—
	Pb	1.06×10^{-6}	—	—
	Hg	4.60×10^{-4}	—	—

续表

环境影响类别	项目	破坏因子		
		水中/(DALY/kg)	空气中/(DALY/kg)	其他/(DALY/m³)
气候变化	CO_2、CH_4、N_2O、HFC、CFs、SF_6	—	9.28×10^{-7}（以CO_2-eq计）	—
细颗粒物形成	NH_3	—	1.51×10^{-4}	—
	SO_2	—	1.82×10^{-4}	—
	PM	—	6.29×10^{-4}	—
	NO_x	—	6.92×10^{-5}	—
光化学臭氧形成	NO_x	—	9.10×10^{-7}	—
	VOCs	—	1.64×10^{-7}	—
水资源消耗	用水量	—	—	2.22×10^{-6}

3.2.2 生态系统类别破坏因子筛选

污染物和资源、能源对生态系统中各环境影响类别的破坏因子见表3-2。

表3-2 污染物和资源、能源对生态系统中各环境影响类别的破坏因子

环境影响类别	项目	破坏因子		
		水中/(species/kg)	空气中/(species/kg)	其他
生态毒性	As	6.55×10^{-8}	8.94×10^{-7}	—
	Cd	3.22×10^{-8}	2.69×10^{-6}	—
	Ni	—	1.35×10^{-9}	—
	Cr	4.94×10^{-8}	1.29×10^{-6}	—
	Pb	8.13×10^{-10}	—	—
	Hg	6.56×10^{-8}	—	—
气候变化	CO_2、CH_4、N_2O、HFC、CFs、SF_6	—	2.80×10^{-9}（以CO_2-eq计）	—
酸化	SO_2	—	2.12×10^{-7}	—
	NO_x	—	7.63×10^{-8}	—
	NH_3	—	4.16×10^{-7}	—
光化学臭氧形成	NO_x	—	1.29×10^{-7}	—
	VOCs	—	3.74×10^{-8}	—

续表

环境影响类别	项目	破坏因子		
		水中/(species/kg)	空气中/(species/kg)	其他
富营养化	TP	6.70×10^{-7}	—	—
	TN	1.70×10^{-9}	—	—
水资源消耗	用水量	—	—	1.35×10^{-8} species/m³
土地利用	耕地	—	—	8.88×10^{-9} species/m²
	人工用地	—	—	6.48×10^{-9} species/m²
	林地	—	—	2.66×10^{-9} species/m²
	牧草地	—	—	4.88×10^{-9} species/m²
	其他农作物	—	—	6.22×10^{-9} species/m²

注：species为物种随时间的潜在损失。

3.2.3 资源类别破坏因子筛选

污染物和资源、能源对资源中各环境影响类别破坏因子见表3-3。

表3-3 污染物和资源、能源对资源中各环境影响类别的破坏因子

环境影响类别	物质名称	破坏因子
矿产资源	Al	2.38 MJ/kg
	Cu	36.70 MJ/kg
	Zn	4.09 MJ/kg
	Pb	7.35 MJ/kg
	Ni	23.75 MJ/kg
	Sn	600.00 MJ/kg
	Hg	165.50 MJ/kg
	Fe	0.05 MJ/kg
	Mn	0.31 MJ/kg
	Mo	41.00 MJ/kg
化石燃料	天然气	5.49 MJ/m³
	原油	5.90 MJ/kg
	煤炭	0.25 MJ/kg

3.3 核算人均基准值

3.3.1 核算2017年污染物排放总量以及资源、能源总产量

以我国为基准区域，2017年为基准年，通过排放因子法、物料衡算法、模型构建法、外推法、文献分析法等核算各类污染物的排放总量、资源总产量。其中，水中砷（As）、镉（Cd）、铬（Cr）、汞（Hg）、铅（Pb）的排放量，用水量以及耕地等土地利用面积数据来自《中国统计年鉴—2018》[7]；大气中SO_2、NO_x、PM，水中TN、TP排放数据来自《第二次全国污染源普查公报》[8]；大气中CO_2、CH_4、N_2O、HFC、CF_4、SF_6排放总量来自Climate Watch[9]；大气中As、Cd、Cr、Ni、NH_3、VOCs排放量主要通过核算获得；铝（Al）、锌（Zn）、铜（Cu）、铅（Pb）、镍（Ni）、锡（Sn）、汞（Hg）产量来自中国有色金属工业协会[10]；生铁产量来自国家统计局[11]；锰（Mn）、钼（Mo）产量主要来自文献[12,13]；化石燃料（煤炭、原油、天然气）产量来自自然资源部《中国矿产资源报告2018》[14]。

（1）大气中As、Cd、Cr、Ni排放量

大气中As、Cd、Cr和Ni具有难生物降解、危害程度大、周期长等特点，主要在致癌方面对人体健康产生较大影响，其主要来源为煤和石油燃烧[15]。燃煤过程中As、Cd、Cr、Ni排放量和燃烧石油过程中Ni排放量通过燃料量、燃料中重金属的平均含量、燃料燃烧时重金属的释放比例、烟气净化设施对重金属的去除率进行计算，计算公式：

$$E_i = C_i \times A \times \alpha_i \times (1-P_i) \times 10^{-6} \tag{3-1}$$

式中 E_i——2017年煤（石油）燃烧过程中大气重金属i的排放量，t；

C_i——煤（石油）中重金属i的含量，μg/g；

A——2017年煤（石油）消耗量，t；

α_i——燃烧时重金属i的释放比例，%；

P_i——烟气净化设施对重金属i的去除率，%。

燃烧石油过程中As、Cd、Cr排放量直接通过排放系数计算，计算公式：

$$E_i = (A \times \mu) \times 10^{-6} \tag{3-2}$$

式中 μ——石油燃烧过程中重金属的排放系数，g/t。

2017年中国能源消费总量为4.49×10^9 t（以标煤计），煤炭占能源消费总量的比重为60.4%，石油占能源消费总量的比重为18.8%[16]，煤炭和石油折标准煤参考系数分别为0.7143 kgce/kg、1.4286 kgce/kg[17]。我国燃煤方式90%以上为煤粉炉[18]，重金属主要通过除尘和脱硫设施协同去除，因此以煤粉炉燃烧时重金属的释放比例以及电除尘、湿法

脱硫技术的重金属协同去除率作为核算值，煤中重金属的含量、释放比例、去除率以及石油中重金属排放系数均见表3-4，石油中Ni的释放比例、去除率参考煤中Ni的释放比例、去除率。

表3-4 煤中重金属的含量、释放比例、去除率及石油中重金属排放系数

重金属	煤中重金属的含量/(μg/g)	煤中重金属释放比例[19]/%	煤中重金属去除率[20]/%	石油中重金属排放系数[21]/(g/t)
As	7.79[22]	98.46	71.41	0.02
Cd	0.88[23]	94.93	99.31	0.05
Cr	44.55[24]	84.50	99.79	0.28
Ni	21.40[24]	57.06	98.84	—

综上，核算出2017年我国大气中As、Cd、Cr、Ni的排放量分别为8337.39 t、51.43 t、465.59 t、597.46 t。

（2）大气中VOCs排放量

VOCs排放源主要包括工业源、农业源、生活源和移动源，其中，工业源、生活源、移动源排放量由《第二次全国污染源普查公报》[25]获取，农业源需要核算。农业源主要包括农药使用和秸秆露天焚烧，其中农药使用的VOCs排放量计算公式：

$$E_p = (Q_p \times \lambda) \times 10^{-3} \quad (3\text{-}3)$$

式中　E_p——2017年农药使用导致的VOCs排放量，10^4 t；
　　　Q_p——2017年内农药使用量，10^4 t；
　　　λ——农药使用的VOCs排放系数，g/kg。

2017年全国农药使用量为1.6551×10^6 t[26]，中国农药施用过程VOCs排放系数为368～482 g/kg[27]，按平均值（425 g/kg）计，核算出2017年我国农药使用的VOCs排放量为70.34×10^4 t。

秸秆露天焚烧的VOCs排放量计算公式：

$$E_s = (P_m \times N_m \times R \times \eta \times \varphi) \times 10^{-3} \quad (3\text{-}4)$$

式中　E_s——2017年秸秆露天燃烧导致的VOCs排放量，10^4 t；
　　　P_m——农作物m产量，10^4 t；
　　　N_m——农作物m草谷比（秸秆干物质量与作物产量比值）；
　　　R——秸秆露天燃烧比例，%，取20%；
　　　η——燃烧率，取0.9；
　　　φ——排放系数，g/kg。

根据2017年我国各类农作物产量占比情况，可将我国农作物分为稻谷、小麦、玉米

和其他作物（豆类、薯类、棉花、油料、烟叶等），各类农作物2017年产量、草谷比和排放系数见表3-5。其他作物VOCs排放量按其秸秆干物质量占比外推，核算出2017年我国秸秆露天焚烧的VOCs排放量为1.5638×10^6 t。

表3-5　2017年农作物产量、草谷比和排放系数

农作物	产量（P）/10^4 t[16]	草谷比（N）[28]	排放系数（φ）/(g/kg)[29]
稻谷	21267.6	1.323	8.45
小麦	13433.4	1.718	7.48
玉米	25907.1	1.269	10.40
其他作物(豆类、薯类、棉花、油料、烟叶)	8680.7	1.500	—

综上，核算2017年我国大气中VOCs排放量为1.24417×10^7 t。

（3）大气中NH_3排放量

NH_3的来源主要为畜禽养殖、氮肥与合成氨生产、氮肥施用和人类粪便4种。采用排放因子法核算排放量，各活动水平数据及排放因子见表3-6。

表3-6　各类NH_3排放源活动水平及排放因子表

来源	类型	活动水平[16]	排放因子
畜禽养殖	牛存栏量	$9\,038.7 \times 10^4$头	23.043 kg/头[30]
	马存栏量	343.6×10^4头	12.200 kg/头[31]
	驴存栏量	267.8×10^4头	12.200 kg/头[31]
	骡存栏量	81.1×10^4头	12.200 kg/头[31]
	骆驼存栏量	32.3×10^4头	23.043 kg/头[31]
	猪存栏量	$44\,158.9 \times 10^4$头	5.357 kg/头[31]
	羊存栏量	$30\,231.7 \times 10^4$头	1.697 kg/头[31]
氮肥与合成氨生产	合成氨生产量	$4\,946.26 \times 10^4$ t	1.000 kg/t[32]
	氮肥生产量	$3\,795.15 \times 10^4$ t	6.000 kg/t[31]
氮肥施用	氮肥施用量	$2\,221.8 \times 10^4$ t	0.240 kg/kg[33]
人类粪便	人口数量	$139\,008.0 \times 10^4$人	1.300 kg/人[31]

由此核算出2017年我国大气中NH_3的排放量为1.24699×10^7 t。

（4）污染物排放量以及资源、能源产量

各类污染物2017年排放量、资源产量、土地用地面积见图3-2。

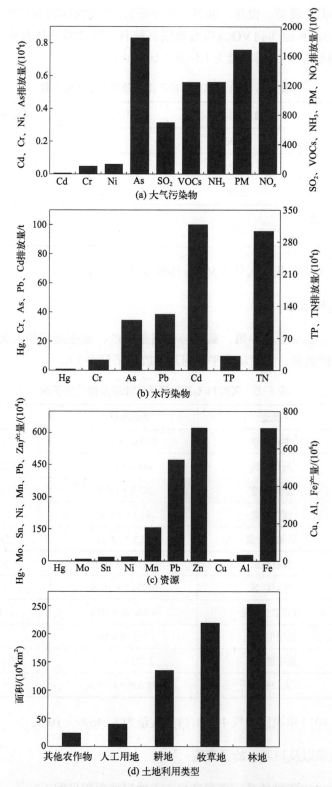

图3-2 2017年污染物排放量、资源产量、土地利用面积

由图3-2可见：2017年在大气污染物中，常规污染物NO_x、NH_3、PM排放量较大，重金属中排放量较大的为As和Ni；水污染物中，常规污染物TP、TN排放量分别为3.154×10^5 t和3.0414×10^6 t，重金属中Cd排放量最大。水中重金属排放量均大于大气中重金属排放量。此外，2017年CO_2、CH_4、N_2O、HFC、CF_s、SF_6等温室气体排放总量为1.141×10^{10} t（以CO_2-eq计），煤、原油、天然气、用水量分别为3.45×10^9 t、1.9×10^8 t、1.4742×10^{11} m³、6.0434×10^{11} m³。

3.3.2 人均基准值核算结果

2017年我国人口数据为13亿9008万人[16]，各环境影响类别的人均基准值计算公式：

$$b_n = \sum_{i=1}^{q} \frac{a_{ni} \times p_{ni}}{r} \tag{3-5}$$

式中　b_n——环境影响类型n对应的人均基准值，n分别为致癌作用、细颗粒物形成、气候变化、水资源消耗、光化学臭氧形成、生态毒性、酸化、富营养化、土地利用、矿产资源、化石燃料；

　　　a_{ni}——环境影响类别n对应的污染物（资源或能源）i在2017年的排放量(或产量)；

　　　p_{ni}——环境影响类别n对应的污染物（资源或能源）i对应的损害因子；

　　　r——2017年中国人口数据。

人均基准值核算结果如表3-7所列。

表3-7　人均基准值核算结果

终点损害类别	影响类别	人均基准值	
		值	值（终点类型）
人体健康	致癌作用	4.03×10^{-5} DALY	0.019 DALY
	细颗粒物形成	1.08×10^{-2} DALY	
	气候变化	7.62×10^{-3} DALY	
	水资源消耗	9.65×10^{-4} DALY	
	光化学臭氧形成	1.32×10^{-5} DALY	
生态系统	气候变化	2.30×10^{-5} species	6.08×10^{-5} species
	水资源消耗	5.87×10^{-6} species	
	生态毒性	5.90×10^{-9} species	
	酸化	5.77×10^{-6} species	
	富营养化	1.56×10^{-7} species	
	光化学臭氧形成	1.99×10^{-6} species	
	土地利用	2.41×10^{-5} species	

续表

终点损害类别	影响类别	人均基准值	
		值	值（终点类型）
资源	矿产资源	4.45×10^2 MJ	2467.42 MJ
	化石燃料	2.02×10^3 MJ	

2017年我国人类健康、生态环境和资源人均基准值分别为0.019 DALY、6.08×10^{-5} species、2467.42 MJ。其中，在人体健康损害方面，细颗粒物形成的人均负载最大；在生态系统损害方面，气候变化和土地利用的人均负载较大；在资源耗竭方面，化石燃料的人均负载最大。

3.4　计算环境影响潜值

基于损害因子和人均基准值，按一定的权重比例对影响类别进行加权分析，构建终点损害类生命周期环境影响评价模型方法，计算环境影响潜值，计算公式：

$$E = \sum_{n=1}^{k} \sum_{i=1}^{q} \frac{a_i \times p_i}{b_n} \times w_n \tag{3-6}$$

式中　E——环境影响潜值；
　　　a_i——污染物（资源、能源）i的排放量（消耗量）；
　　　p_i——污染物（资源、能源）i对应的破坏因子；
　　　b_n——环境影响类别n对应的人均基准值；
　　　w_n——环境影响类别n对应的权重。

模型可以将不同污染物、资源、能源消耗类型对应到各自的环境影响类别，并通过标准化、加权的形式，最终通过一个单一数值来表征环境影响。不仅可实现对单一产品体系内部的比较，识别环境影响较大的环节，还可以实现对不同产品系统间的相互比较，通过优胜劣汰推动企业开展绿色设计、降低环境影响。

为了更好地比较各环境影响类型的相对重要性，笔者所在课题组采用层次分析法对权重进行了问卷调研，结果发现人体健康、生态环境、资源的权重分别为60%、25%、15%[34]。

从问卷调研所得权重来看，虽然在人体健康方面的人均基准值较大，可能会导致标准化结果中人体健康的环境影响较低，但通过权重加权后，对这一结果进行了很好的修正，说明现阶段大众更希望生态环境保护工作的重点是减少污染物对人体健康的影响。

3.5 模型不确定性

该研究模型参数信息的不确定性主要来自排放因子和活动水平数据。活动水平数据主要来自各类统计数据、公报或文献，部分排放因子早于笔者研究基准年（如VOCs、NH_3），存在一定的不确定性。核算大气中重金属排放量直接采用了煤粉炉（占比90%以上）燃烧时重金属的释放比例，以及使用电除尘、湿法脱硫技术对重金属协同去除率作为核算因子，虽然目前多数地区在全面推进超低排放改造，但覆盖率未达100%，核算结果偏低。此外，由于社会经济地位的差异，各国规避环境风险和卫生保健机制不同，不同群体间和个体间暴露于环境污染风险中的概率不同，发展中国家25%的死亡归因于环境因素，但发达国家仅为17%[35]，即环境污染对发展中国家影响较大。该研究通过国外的Eco-Indicator 99和ReCiPe2016方法，确定中国各污染物排放和资源能源消耗对终点损害类别的损害因子存在一定的不确定性。

参考文献

[1] 杨建新，王如松，刘晶茹.中国产品生命周期影响评价方法研究[J].环境科学学报，2001, 21(2): 234-237.

[2] Li J G, Mei M Y, Han Y L, et al.Life cycle cost assessment of recycled paper manufacture in China[J]. Journal of Cleaner Production, 2020, 252: 119868.

[3] 侯萍，王洪涛，朱永光，等.中国资源能源稀缺度因子及其在生命周期评价中的应用[J].自然资源学报，2012, 27(9): 1572-1579.

[4] Goedkoop M, Spriensma R. The eco-indicator 99: A damage oriented method for life cycle impact assessment:methodology report[R]. 3rd ed. Netherlands: PRé Consultants, 2001.

[5] 孙启宏.生命周期评价在清洁生产领域的应用前景[J].环境科学研究，2002(04): 4-6.

[6] Huijbregts M A J, Steinmann Z J N, Elshout P M F, et al. ReCiPe2016: A harmonised life cycle impact assessment method at midpoint and endpoint level[J]. The International Journal of Life Cycle Assessment, 2017, 22(2): 138-147.

[7] 国家统计局.中国统计年鉴—2018[M].北京：中国统计出版社，2018.

[8] 国务院办公厅.第二次全国污染源普查公报[EB/OL].北京：中华人民共和国中央人民政府，2020-06-10 [2021-03-13]. http://www.gov.cn/xinwen/2020-06/10/content_5518391.htm.

[9] World Resources Institute. Climate watch historical GHG emissions: 2021[EB/OL]. Washington, DC: Climate Watch, 2021-03-10[2021-07-20]. https://www.climatewatchdata.org/data-explorer/historical-emissions?page=1.

[10] 中国有色金属工业协会.2017年1-12月有色金属产品产量汇总表[EB/OL].北京：中国有色金属报社，2018-03-12 [2021-03-14]. http://www.chinania.org.cn/html/hangyetongji/tongji/2018/0312/31639.html.

[11] 国家统计局.2017年经济运行稳中向好、好于预期[EB/OL].北京：中国统计出版社，2018-01-18[2021-03-14]. http://www.stats.gov.cn/tjsj/zxfb/201801/t20180118_1574917.html.

[12] 朱志刚.2017年中国电解锰工业回顾及未来展望[J].中国锰业，2018, 36 (1): 1-5.

[13] 高海亮.2017年全球钼市场回顾及展望[J].中国钼业，2018, 42(2): 56-60.

[14] 中华人民共和国自然资源部. 中国矿产资源报告2018[R]. 北京：地质出版社，2018.

[15] Peng H, Wang B F, Yang F L, et al.Study on the environmental effects of heavy metals in coal gangue and coal combustion by ReCiPe2016 for life cycle impact assessment[J]. Journal of Fuel Chemistry and Technology, 2020, 48(11): 1402-1408.

[16] 国务院关于印发2030年前碳达峰行动方案的通知[EB/OL]. (2021-10-24). http://www.gov.cn/zhengce/content/2021-10/26/content_5644984.htm.

[17] 国家市场监督管理总局. GB/T 2589—2020 综合能耗计算通则[S/OL]. 北京：全国能源基础与管理标准化技术委员会，2020-09-29[2021-03-14]. http://www.szguanjia.cn/article/1189.

[18] Tian H Z, Cheng K,Wang Y, et al. Temporal and spatial variation characteristics of atmospheric emissions of Cd, Cr, and Pb from coal in China[J]. Atmospheric Environment, 2012, 50: 157-163.

[19] 姚琳，焦荔，廖欣峰，等. 杭州市燃煤废气中重金属排放清单建立[J]. 中国环境监测，2015,31(5): 115-119.

[20] Suh S, Lenzen M, Treloar G J, et al. System boundary selection in life-cycle inventories using hybrid approaches [J]. Environmental Science & Technology, 2004, 38(3): 657-664.

[21] Sha Q E, Lu M H, Huang Z J, et al.Anthropogenic atmospheric toxic metals emission inventory and its spatial characteristics in Guangdong province, China[J]. Science of the Total Environment, 2019, 670: 1146-1158.

[22] 王运泉，任德贻，雷加锦，等. 煤中微量元素分布特征初步研究[J]. 地质科学，1997(1): 65-73.

[23] 张义函，牛然. 河南省陕渑煤田煤中有害元素含量情况研究[J]. 能源与环保，2018, 40(5): 59-63.

[24] Leontief W W. Environmental repercussions and the economic structure: An input-output approach [J]. Review of Economics and Statistics, 1970, 52(3): 262-271.

[25] 中华人民共和国工业和信息化部. 工业和信息化部关于印发《"十四五"工业绿色发展规划》的通知[EB/OL]. (2021-11-15). http://www.gov.cn/zhengce/zhengceku/2021/12/03/content_5655701.htm.

[26] 环境保护部. 中国环境统计年鉴2018[M]. 北京：中国环境科学出版社，2018.

[27] 魏巍. 中国人为源挥发性有机化合物的排放现状及未来趋势[D]. 北京：清华大学，2009.

[28] 贺克斌. 城市大气污染物排放清单编制技术手册[EB/OL]. 北京：清华大学，2015-4-25 [2021-3-14]. https://www.doc88.com/p-3337324265982.html.

[29] Evan V, Leif-Patrick B, Catherine B, et al. Guidelines for Social Life Cycle Assessment of products[M]. UNEP/Earthprint, 2009.

[30] 王文兴，卢筱凤，庞燕波，等. 中国氨的排放强度地理分布[J]. 环境科学学报，1997(01): 3-8.

[31] Klöpffer W. Life cycle sustainability assessment of products [J]. The International Journal of Life Cycle Assessment, 2008, 13(2): 89-95.

[32] Azevedo L B, Van Zelm R, Elshout P M F, et al. Species richness-phosphorus relationships for lakes and streams worldwide[J]. Global Ecology & Biogeography, 2013, 22(12): 1304-1314.

[33] 孙庆瑞，王美蓉. 我国氨的排放量和时空分布[J]. 大气科学，1997(05): 79-87.

[34] 谢明辉，阮久莉，白璐，等. 太阳能级多晶硅生命周期环境影响评价[J]. 环境科学研究，2015, 28(02): 291-296.

[35] PRÜSS-ÜSTÜN A,CORVALÁN C. Preventing disease through healthy environments towards an estimate of the environmental burden of disease[EB/OL]. Switzerland:World Health Organization.2006-1-20 [2021-3-3]. http://extranet.who.int/iris/restricted/bitstream/handle/10665/43375/9241594209_eng.pdf;jsessionid=6F82A4F6B490A5CEE4EE20D7315ED55F?sequence=1.

第4章
碳足迹

- 碳足迹概述
- 国外碳足迹核算方法介绍
- 国内碳足迹核算方法介绍
- 碳足迹应用

4.1 碳足迹概述

碳足迹是指人类生产和消费活动过程中产生的温室气体量,用CO_2当量表示[1]。碳足迹最早起源于Rees[2]提出的"生态足迹",后经Wackernagel等[3]补充完善。可以说,生态足迹的出现为后续碳足迹的研究奠定了理论基础。2007年,英国专家学者组织学术会议对碳足迹进行探讨[4],总结出碳足迹这一概念,并在2008年正式提出,即碳足迹是衡量人类活动直接和间接产生的或产品在其生命阶段累积产生的CO_2总量的唯一标准[5,6]。随着科学研究不断进步和发展,大家对于碳足迹的理解也在不断发展,美国学者[7,8]提出碳足迹是一个人、一项活动所产生的碳重量,同时指出,碳足迹是生态足迹的一部分,也可以被认为是化石燃料足迹。而欧盟[9]表示碳足迹是一个产品或服务的整个生命周期中所排放的CO_2和其他温室气体的总量。根据不同研究尺度,碳足迹分为个人碳足迹、产品碳足迹、家庭或组织碳足迹、城市和国家碳足迹等,其中产品碳足迹应用最为广泛[10]。

4.2 国外碳足迹核算方法介绍

在产品碳足迹方面,目前全球受到公认并且应用相对广泛的国际标准和技术规范有《商品和服务生命周期温室气体排放的评价规范》(PAS 2050: 2011)[11]、《温室气体核算体系:产品寿命周期核算与报告标准》[12]以及《温室气体 产品碳足迹量化和信息交流的要求和指南》(ISO 14067)[13]三个。从整个产品碳足迹标准和技术规范的发展历程来看,PAS 2050首先在2008年提出专门针对产品碳足迹核算的技术规范,可视作产品碳足迹标准的始祖。温室气体核算体系则是在前者的基础上,完善补充了前者一些定义方式和概念的不足,同时细化了产品碳足迹的核算流程,更加针对性地服务于企业的商业目标,为企业核算产品碳足迹提供了详细指导和规范。在前面碳足迹标准的基础上,国际标准化组织于2013年发布了ISO 14067,其步骤和结构基本与LCA一致,内容上部分参考了前面的两套标准。

4.2.1 PAS 2050系列规范

《商品和服务生命周期温室气体排放的评价规范》(PAS 2050: 2008)是2008年由英国标准协会发布的第一个应用生命周期评价方法对产品碳足迹进行量化的方法标准,用于核算产品在整个生命周期内的温室气体排放量。英国政府基于此标准建立完善的碳标签制度，将产品碳足迹数据标注在商品包装上，方便消费者选择低碳排放的产品，从消费端来促进企业碳减排。2011年，修订版《商品和服务生命周期温室气体排放的评价规范》（PAS 2050: 2011）正式发布，相较于2008年的首版，其更具有针对性，同时适用范围更加广泛。

PAS 2050规范中计算产品碳足迹的基本流程主要包括以下5个步骤。

（1）绘制流程图

绘制流程图是产品碳足迹评价的第一步也是基础，流程图包含了产品全生命周期的系统边界。

（2）检查边界并确定优先顺序

通过排放量在产品预期排放总量中所占的比重可以反映各排放源的重要性，同时进一步反馈给第一步，以完善流程图。明确排除的排放源对应的排放量之和不得超过预期排放总量的5%。

（3）收集数据

计算产品碳足迹需要收集活动水平数据和排放因子数据。活动水平数据是指产品全生命周期内所涉及的所有材料及能源的数量。排放因子是对应于某种活动水平的。PAS 2050规定原则上收集的数据应尽可能是初级数据，当无法获得初级数据时采用次级数据也是可行的。

（4）计算产品碳足迹

产品碳足迹是该产品全生命周期内所有活动的碳足迹之和，PAS 2050规范中，计算产品碳足迹是以"质量平衡"为基本原则，以确保物料的输入、输出和废弃物等过程均被计入，不造成遗漏。

（5）检查不确定性

为提高碳足迹计算结果的可信度，需要进行数据的不确定性分析，这是衡量碳足迹评价结果重复性和可靠性的指标。

4.2.2 温室气体核算体系

温室气体核算体系（GHG Protocol）是由世界资源研究所制定的针对企业、项目、产品等层面进行温室气体核算的标准化方法体系，其中《温室气体核算体系：产品寿命周期核算与报告标准》于2011年10月正式发布。温室气体核算体系借鉴了PAS 2050的相关内容，同时还细化并强调了一些被PAS 2050忽视的概念阐述，如关于产品"功能单位"以及"基准流"详细定义方式和概念等。温室气体核算体系对于产品层面的温室气体核算是基于生命周期评价,涵盖直接排放(范围一)、外调电力热力的间接排放(范围二)、产业链生产过程的排放(范围三),如图4-1所示。

图4-1 范围一、二、三关系图

在关于碳足迹核算的规定、要求和指导等方面,温室气体核算体系是最为详细和清晰的,它将产品碳足迹的核算工作分为11个步骤:步骤1～4分别为商业目标的制定、检查原则与框架、范围定义、边界设定,也就是生命周期评价中的目标与范围的确定;步骤5～7为数据收集和质量评估、分配、不确定性分析,即生命周期评价中的清单分析;步骤8为清单结果计算,等同于生命周期评价中的影响评价;步骤9～11为保证、报告清单结果、设定减排目标,对应生命周期评价中的结果解释。温室气体核算体系中每一个步骤配有具体的规定和详细的图例进行阐述和指导,该体系核算流程如图4-2所示。

4.2.3 ISO 14067产品碳足迹标准

《温室气体 产品碳足迹量化和信息交流的要求和指南》(ISO 14067)是国际标准化组织(ISO)在2013年发布的关于产品层面开展碳核算的标准,它从最初构建到正式出台历时4年,是国际标准化组织依据PAS 2050标准发展而来的。ISO 14067核算范围是

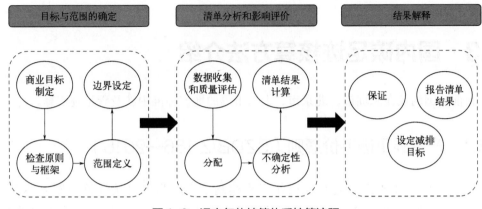

图4-2 温室气体核算体系核算流程

产品或者服务在全生命周期内的温室气体排放量。该标准是基于生命周期评价的方法量化一个产品或服务在整个生命周期的温室气体排放量，为产品碳足迹的量化提供详细的原则、要求以及指南。

ISO 14067核算步骤与生命周期评价的四个基本步骤保持一致，但是在各步骤的具体内容上有一定的调整。

（1）目标和范围界定

ISO 14067特别强调产品种类规范（PCR），即针对每一类产品，应当依据或建立专门的PCR进行目标和边界界定。边界界定方面ISO 14067仅规定应包括所有在定义系统边界内的、可能对温室气体排放和清除有显著贡献的单元过程，这与PAS 2050规定的至少占到预期排放总量95%略有不同。

（2）清单分析

ISO 14067针对碳足迹计算，在《环境管理 生命周期评估 原则与框架》（ISO 14040）和《环境管理 生命周期评估 要求和准则》（ISO 14044）的基础上增添了相关特殊碳排放过程的处理规定，例如清单中是否应当包含生物碳、化石碳和土壤碳，以及如何具体核算。

（3）影响评价

将之前计算得到的温室气体排放乘以相应的全球增温潜能值（GWP）以得到各种温室气体排放的二氧化碳当量，然后将所有温室气体排放的二氧化碳当量进行加和，得到最终的碳足迹。

（4）结果解释

ISO 14067这一步骤基本上与生命周期评价的第四步骤内容一致。主要是识别生命周期内重点排放阶段，评估结果完整性，说明结论、局限性并提出建议。

4.3 国内碳足迹核算方法介绍

目前，国内仅在深圳市、北京市、上海市等的地方标准中涉及碳足迹核算。

4.3.1 产品碳足迹评价通则（SZDB/Z 166—2016）

深圳市标准技术研究院在2016年牵头编制了《产品碳足迹评价通则》（SZDB/Z 166—2016）[14]，是国内首个通则类产品碳足迹核算的地方标准。该标准采用生命周期评价的方法，明确产品碳足迹核算的要求，推进了电子产品、纺织服装、食品等10类产品碳足迹评价工作。

按照产品碳足迹评价通则，产品碳足迹核算工作分以下几步进行。

① 确定产品碳足迹评价目标和内容。

② 明确所评价产品系统的功能单位：主要目的是为输出和输入提供有关参考，最终的评价报告中应以每功能单位的二氧化碳当量来记录产品碳足迹核算的结果。

③ 确定系统边界：它决定了产品碳足迹核算所涵盖的单元过程，需要与产品碳足迹评价目标相一致。

④ 数据收集：选取能满足评价目标和内容的初级数据和次级数据，该标准规定了衡量数据优先级的原则，数据收集方面尽可能获取具有最高质量的数据，以减少最终结果的偏向性和不确定性。

⑤ 分配和计算：分配参照《环境管理 生命周期评价 原则与框架》（GB/T 24040—2008）及《环境管理 生命周期评价 要求与指南》（GB/T 24044—2008）的相关要求，计算方面考虑温室气体排放到大气中的量以及从大气中清除的量。

⑥ 产品碳足迹通报：该标准规定了产品碳足迹评价结果有效期一般不超过三年。

从内容形式上来看，该标准的核算过程基本与生命周期评价的核算过程是一致的。

4.3.2 电子信息产品碳足迹核算指南（DB11/T 1860—2021）

北京市市场监督管理局在2021年发布了《电子信息产品碳足迹核算指南》（DB11/T 1860—2021）[15]，提出电子信息产品制造阶段、使用阶段的温室气体排放核算方法，具体的核算步骤主要为：功能单位确定、系统边界界定、数据收集与处理、产品碳足迹核算、结论和不确定性说明。需要注意的是该标准的系统边界界定仅涵盖产品制造阶段、使用阶段的温室气体排放，产品系统在原料获取、储存销售、废弃处置等阶段的温室气体排放并未列入核算范围内。

4.4 碳足迹应用

4.4.1 碳标签

在完成碳足迹核算后通常将结果以报告的形式发送至利益相关方，但对于终端消费者来说只需要了解产品的碳排放量，没有必要查看详细的碳足迹核算报告，因此，产品碳标签制度应运而生[16]。碳标签制度体现了生态环境多元共治理念，不仅创造了对节能减排行为进行经济回报的市场机制，激励企业或组织在产品全生命周期内减少碳排放，还可以赋予消费者知情权，促使消费者选择低碳排放技术与产品，对加快形成节约资源和保护环境的生产生活方式具有积极的促进作用，有效促进温室气体减排。

碳标签用量化指数标示商品在全生命周期过程中的温室气体排放信息，并以产品标签的形式告知消费者[17]。根据标示信息的不同，碳标签主要有两种表现形式：一种是标注商品的碳足迹，核算并公布商品在全生命周期内的碳排放量具体数值；另一种是标注商品的碳排放水平，将商品在全生命周期内的碳排放量与同行业水平比较，确定其在行业中所处的等级，对优于某个既定标准的商品发放碳标签。部分国家的碳标签样式如图4-3所示。

图4-3 部分国家的碳标签样式

实施碳标签制度具有如下重大意义：

① 顺应国际趋势，维护贸易竞争力的重要保障。商品的低碳化将成为世界贸易准则的新标准，如《美国清洁能源安全法案》通过碳关税（2020年起实施）对进口的排放密集型产品征收特别的碳排放关税贸易保护、隐形强迫国内出口产品的碳足迹认证。因此，对国际贸易商品的碳足迹进行统一测度、核算是必然趋势。

② 有利于推进减污降碳，缓解气候变化。通过实施碳标签制度，建立生产企业和消费者参与的激励机制，通过市场手段引导企业转变高耗能、高排放的生产模式，推动企业碳减排，实现减污降碳协同效应。

③ 引导消费者选购低碳产品，推动消费结构低碳转型。碳标签可提供直观准确的评估信息，帮助消费者判断购买行为是否有利于碳减排，推动全社会消费行为与消费结构的绿色低碳转型。

4.4.2 碳普惠

碳普惠是碳足迹的另一种应用方式。为培养广大民众低碳理念，践行低碳行为，我国利用碳减排机制来普惠那些践行低碳行为的大众，由此产生了碳普惠机制。碳普惠机制的关键在于利用碳足迹量化居民的低碳行为，例如居民日常生活中选用碳足迹较低的产品，由此就可以获得碳减排量对应的权益。总体而言，碳普惠机制是一种综合利用互联网、大数据、碳金融等方式调动社会各主体积极参与减排行动的创新机制，是二氧化碳强制减排市场的重要补充。

碳普惠基于个人碳足迹的计算和认证低碳产品应用，对个人或家庭的低碳行为给予奖励。碳普惠机制目前主要有两大类，其中一类是政府主导的碳普惠机制。政府主导的碳普惠机制是由各地政府部门推动建立，以政府平台和企业合作用户减排场景以及激励模式的碳普惠机制，例如，北京2022冬奥会"低碳冬奥"、泸州市"绿芽积分"、北京市"绿色生活季"、山西省"三晋绿色生活"等地方级和大型活动碳普惠平台。这类机制的特点是公益性强、有公信力、理论基础强，包括政府顶层设计碳普惠体系建设工作方案和管理办法、相关方法学和标准、促进碳普惠减排量的交易等。另一类是企业主导的碳普惠机制。以企业主导的碳普惠机制是指单一企业发起、以企业自身或合作企业的用户低碳行为作为减排场景和激励的碳普惠机制。例如，蚂蚁集团"蚂蚁森林"，用户通过低碳行为产生权益也就是绿色能量，用能量给虚拟植物进行浇水灌溉获得真的树，还有京东物流"青流计划"、美团"青山计划"等。

实施碳普惠意义重大：

① 碳普惠是我国碳排放交易市场的重要补充。我国碳市场主要涵盖电力、钢铁、水泥等高污染高耗能行业，由于准入门槛的设置，导致部分中小企业和个人无法被纳入，碳市场机制也无法对其发挥减排促进作用。而碳普惠机制则将碳交易的核心理念应用于公众的日常生活，通过建立一套长期有效的碳信用体系，将控排企业以外的减排增汇行为进行量化并予以激励，以市场化手段调动全社会践行低碳减排的积极性，提升我国减碳机制的完整性和灵活度，对碳市场形成有益补充。

② 有利于缓解气候变化和推进"双碳"战略。积极应对气候变化、推动绿色低碳发展是当今时代的主旋律。随着我国经济快速发展，人均碳排放呈增长态势，小微企业和社区家庭的生活端碳排放逐步成为制约我国"双碳"目标实现的重要领域。碳普惠通过消费端低碳需求带动生产端自愿减排，进而又促进消费端碳减排，推动全社会绿色低碳发展。

参考文献

[1] 王秋，施阳. 认识"碳足迹"倡导低碳生活[J]. 化学教育，2009, 30(3): 5-7.

[2] Rees W E. Ecological footprints and appropriated carrying capacity: What urban economics leaves out[J]. Focus, 1992,6(2):121-130.

[3] Wackernagel M, Rees W E. Our ecological footprint: Reducing human impact on the earth[M]. Gabriola Island: New Society Publishers, 1996.

[4] 武琪. 云制造模式下产品碳足迹的生命周期评价研究[D]. 天津：河北工业大学,2019.

[5] 卞晓红，张绍良. 碳足迹研究现状综述[J]. 环境保护与循环经济，2010, 30(10): 16-18.

[6] Carbon Trust. Carbon footprint measurement methodology[R]. Versionl.1, 2007.

[7] Hammond G. Time to give due weight to the 'carbon footprint' is sue [J]. Nature, 2007, 445(7): 256.

[8] GFN. Ecological footprint glossary[R]. Global Footprint Network, Oakland, CA, USA, 2007.

[9] European Commission. Carbon footprint—What it is and how to measure it [Z], 2007.

[10] 李楠. 产品碳足迹标准对比及其供应链上的影响研究[D]. 北京：北京林业大学，2019.

[11] BSI. PAS 2050: Specification of project and service life cycle greenhouse gas assessment[S], 2008.

[12] WRI, WBCSD. GHG Protocol: Product Life Cycle Accounting and Reporting Standard[S], 2011.

[13] ISO. ISO 14067: Carbon footprint of products-requirements and guidelines for quantification and communication[S], 2013.

[14] 深圳市市场监督管理局. 产品碳足迹评价通则[S], 2016.

[15] 北京市市场监督管理局. 电子信息产品碳足迹核算指南[S], 2021.

[16] 汪军. 碳管理从零通往碳中和[M]. 北京：电子工业出版社，2022.

[17] 余运俊，王润，孙艳伟，等. 建立中国碳标签体系研究[J]. 中国人口·资源与环境，2010, 20(5): 9-13.

第5章
环境影响货币化研究

- 环境影响货币化概述
- 环境影响货币化方法学
- 环境影响货币化应用案例

5.1 环境影响货币化概述

生命周期环境影响评价货币化是将生命周期评价的中间类型或终点类型的各种环境影响均以货币形式表征，并进行加总，以得到各种环境影响类别对经济社会造成的总经济损失[1]。将环境影响通过货币化形式表征，可以在环境和经济之间建立更加紧密的联系，有利于公共部门、企业和公众切实地感受到环境污染对经济社会造成的损失；有利于相关部门进行环境成本效益分析，并将其与其他方面的成本效益进行比较，从而利于环境经济评价以及相关决策的制定和实施。

清洁的空气、多样的生物、茂盛的森林等环境要素具有非市场商品的特征，既具备直接使用价值，也具备间接使用价值，同时还具备丰富的非使用价值，如存在价值和遗赠价值等，因此对其价值进行货币化估值十分困难。非市场商品的货币化估值与福利经济学中的外部性概念密切相关。外部性是指一个主体的经济活动对另一个主体产生影响的未计算的成本和收益，可以分为正外部性和负外部性。外部性是市场失灵的典型例子，为了纠正市场失灵，实现经济学中最优的资源配置，外部性必须内部化，即在经济体系里反映在商品和服务的价格中。这里的关键问题是外部性如何量化，货币化估值即是解决这一问题的重要手段。

在生命周期评价中使用货币化估值的优势在于可以将不同中间类别或终点类别的环境影响转化成用货币表示的数值，便于加总得到总的环境影响。但是货币化估值在LCA中应用所面临的一个挑战是，LCA中的环境影响具有高度的抽象性。这意味着环境影响并不涉及具体情况，而是具有普遍性。首先，LCA考虑的是"潜在的"而不是"实际的"环境影响。不同过程或活动的污染物排放及其环境影响在时间和空间上都是累计的，因此，对潜在环境影响的货币化估值具有广泛适用性。其次，LCA同时考虑中间类型和终点类型的环境影响。前者（气候变化、臭氧消耗和酸化）通常与污染物排放具有明确的因果关系，而后者（对人类福祉的损害、对生态系统质量的损害等）则代表影响特定目标的复杂过程。因此，中间类别的环境影响评估通常是自下而上进行的，即侧重于排放与其中间类别环境影响之间的定量关系。相反，终点类别的环境影响评估通常是自上而下的，强调污染物排放对终点类别的影响，并通过分解端点来进行。在中间类别和终点类别进行货币化估值可能需要不同的、不一定是可互换的方法，既可以侧重于特定污染物排放与其环境影响之间的联系，也可以通过将其分解为不同的特征或属性来适应终点类别的复杂性。总之，在LCA的背景下，货币化估值的应用面临着较大的挑战，需要在全生命周期及其影响链的不同点上分别使用恰当的货币化估值方法。

5.2 环境影响货币化方法学

5.2.1 疾病成本法

疾病成本法（cost of illness approach），也称人力资本法[2]。该方法通过建立污染状态与影响终端的剂量-反应关系来开展环境经济评估。基于劳动力的边际产量和工资相等原则，每个人的总价值可以用经过贴现的总工资表示。环境污染对健康造成损害，这一价值由疾病造成的工资收入损失和医药费用表示。健康损害涉及患病和过早死亡，损害价值的计量由医疗开销、因病导致损失的工资收入、早逝导致损失的未来收入共同构成。环境质量改善的健康效益即因环境质量改善所避免的疾病成本损失。

应用该方法很容易获得疾病成本的相关数据，在研究中资金的使用以及时间的花费都较少。但是，使用该方法开展评估的一个关键在于建立环境污染暴露与健康的反应关系，而我国针对不同地区、不同人群开展的相关研究较为缺乏，且工资受当地经济影响程度比较大，以工资表示价值存在时间、地域等方面的差异。另外，无法评价疾病带来的无形损失，使用该方法得到的结果会偏低。

5.2.2 预防性支出法

预防性支出法（defensive expenditure approach），也称防护成本法。该方法通过研究环境污染的防护支出或者愿意采取的预防行动来估计公众的支付意愿。其原理是利用了使用价值的概念，假设某种被消费的物品与环境质量之间能够完全替代，则环境质量改善的健康效益可以用由环境改善而省下的预防环境污染对健康损害的费用来表示。

使用预防性支出法的优点是该方法的原理及计算均比较简单。但是，这种方法建立在人们的微观行为基础上，完整的数据采集很困难。而且这种方法只能捕捉到部分健康信息，适合对小范围内已经发生或一定会发生的预防性支出进行评估。我国主要使用污染物的治理成本来代替公众的防护成本，这使得计算结果并非是实际预防性支出值。

5.2.3 内涵资产定价法

内涵资产定价法（hedonic pricing method），也称享乐价格法。该方法主要利用环境状况变化对产品价格的影响来评估环境质量对健康的影响，主要适用于房地产市场。该方法的原理是商品和服务的价格中包含了消费者对它各种效用的综合评价，有些商品和服务如土地、房屋、食品等的价格包含了环境资源的价值，因而可以使用这些有价格的市场商品间接表示环境污染给居民健康造成的经济影响。

应用该方法的优点是通过消费者在市场中的实际购买行为数据反映环境经济估值比较客观。但是这种方法要求所研究地区的房地产行业市场化程度很高，模型计算时所需要的数据量较大，不仅数据获取较困难，而且无法从所得到的环境经济估值中分离出环境改善给健康带来的经济效益。

5.2.4 条件价值评估法

条件价值评估法（contingent valuation method，CVM），也称意愿调查法。CVM是对受访者描述一个假想市场，通过问卷调查的方式让受访者陈述出愿意为生态环境改善而支付一定数额货币的支付意愿（willingness to pay，WTP），或者接受由于生态环境恶化而得到一定数额货币的补偿意愿（willingness to accept，WTA）。CVM和其他方法的不同在于，该方法并不是基于市场中可观测到的价格，而是基于受访者对所描述的生态环境改善或恶化进行评估后的报价，可以全面地反映受访者的真实意愿。

使用这一方法，人们能通过描述的假想市场全面评价环境质量改善给人体健康带来的经济效益。但是，通过问卷调研得到的价值评估结果容易受到问卷设计缺陷的影响，因而使用这一方法需要精心设计问卷，引导被调查者说出自己真实的支付意愿，这样才能得到较为确切的估值结果。

5.3 环境影响货币化应用案例

本研究聚焦当前京津冀地区主要空气污染物，构建了基于条件价值评估法的环境空气质量改善的健康效益评价模型，运用多边界离散选择诱导技术，探究京津冀地区居民为环境空气质量改善从而使自身健康免受损害的支付意愿，解析了支付金额，并将支付金额与环境健康风险变化量和伤残调整生命年相联系，通过计算统计寿命价值和单位伤残调整生命年的货币化值，评价京津冀地区环境空气质量改善的健康效益，进而得到人体健康终点类别的环境影响货币化值[3]。

5.3.1 模型构建

以人体健康终点类别为例，环境影响货币化模型构建的核心思想是将环境对人体健康造成的总经济损失与总环境影响相除，得到单位环境健康影响的货币化值。模型构建主要分为三步：第一步是通过条件价值评估法设计问卷调研居民对空气质量改善的支付意愿，第二步是解析居民的支付金额，第三步是将支付金额与环境健康影响相除，得到单位环境健康影响的货币化值。具体模型构建如下：

(1) 基于条件价值法的问卷设计与调研

为了获得居民对空气质量改善的支付意愿，本研究通过条件价值法设计了如表5-1所列的包括四部分内容的调研问卷。在核心问题设计时，诱导技术的选择十分关键。传统的诱导技术主要有开放式、二分式、支付卡式三种。随着研究的深入，基于二分式和支付卡式诱导技术发展出了多边界离散选择（multiple bounded discrete choice，MBDC）诱导技术，该诱导技术向受访者展示了二维量表，纵向列出各个给定金额，横向询问受访者的支付确定性，研究表明MBDC诱导技术解析得到的支付金额的准确性更高。

在核心问题设计时，向受访者描述的假定场景为：假设公共部门在空气污染严重的地方安装一种可以使$PM_{2.5}$和O_3在"十四五"期间达标的设备，从而使您的健康免受空气污染的损害，但是这种设备需要每月进行更换，您是否愿意为此付费？

表5-1 调研问卷结构

问卷结构	具体内容
第一部分	基本信息：性别、年龄、职业、文化程度、收入、未来收入预期等
第二部分	态度题：对大气污染的态度、对大气污染知识的了解以及对自身健康的评价
第三部分	核心问题：假设公共部门在空气污染严重的地方安装一种可以使$PM_{2.5}$和O_3在"十四五"期间达标的设备，从而使您的健康免受空气污染的损害，但是这种设备需要每月进行更换，您是否愿意为此付费？
第四部分	受访者对问卷的理解程度与完善意见

(2) 支付金额解析模型

假设V_i表示受访者的支付意愿，这是一个具有累积分布函数$F(t)$的随机变量，则有：

$$V_i = \mu_i + \varepsilon_i \tag{5-1}$$

式中　μ_i——V_i的均值；

　　　ε_i——均值为0的随机项。

受访者i了解自身的支付意愿分布情况，在给定初始金额t_j的条件下，假定λ_i服从正态分布，其愿意支付的概率表示为：

$$P_{ij} = \text{prob}(V_i \geq t_{ij}) = 1 - F(t_{ij}) + \lambda_i \tag{5-2}$$

其中，t_{ij}为受访者i内心愿意支付的金额。

假设受访者的支付意愿服从均值为μ_i、标准差为σ_i的正态分布，上式可变为：

$$P_{ij} = 1 - \Phi\left(\frac{t_{ij} - \mu_i}{\sigma_i}\right) + \lambda_i \tag{5-3}$$

式中　σ_i——V_i的标准差。

根据受访者i对不同支付金额t_j的支付意愿，建立个人对数似然函数[4]：

$$\log L_i = \sum_{j=1}^{J} \lg \phi \left[\frac{P_{ij}-1+\Phi\left(\frac{t_{ij}-\mu_i}{\sigma_i}\right)}{\delta} \right] \tag{5-4}$$

其中 δ 为参数。

定义：

$$f_{ij}=\Phi^{-1}(1-P_{ij}) \tag{5-5}$$

则式（5-3）可转换为

$$f_{ij}=\frac{1}{\sigma_i}t_{ij}-\frac{\mu_i}{\sigma_i}+\eta_{ij} \tag{5-6}$$

其中 η_{ij} 是一个服从均值是 0 且方差是 τ^2 的误差项，η_{ij} 是由 λ_i 和转换函数 $\Phi^{-1}(\cdot)$ 所决定的。再令：

$$\frac{1}{\sigma_i}=\xi_0+x_i'\xi \tag{5-7}$$

$$-\frac{\mu_i}{\sigma_i}=\omega_0+x_i'\omega \tag{5-8}$$

式中　　x_i'——个体平均支付金额；

$\zeta,\ \xi_0,\ \omega,\ \omega_0$——参数。

式（5-6）可转换为

$$f_{ij}=(\xi_0+x_i'\xi)t_{ij}+(\omega_0+x_i'\omega)+\eta_{ij} \tag{5-9}$$

上式（5-9）可通过调研得到的受访者在每个给定金额下支付确定性水平的面板数据估计出参数值，进而得到支付金额均值 μ_i（即 WTP）和标准差 σ_i。

$$\mu_i=-\frac{\omega_0+x_i'\omega}{\xi_0+x_i'\xi} \tag{5-10}$$

$$\sigma_i=\frac{1}{\xi_0+x_i'\xi} \tag{5-11}$$

在解析支付金额时，将非常愿意的概率设定为 0.999、可能愿意的概率设定为 0.75、不确定的概率设定为 0.5、可能不愿意的概率设定为 0.25、完全不愿意的概率设定为 0.001，并将给定金额按支付确定性的概率升序排列。依照上述公式编程解析得到的 μ_i 即每个受访者的 WTP_i，对区域内所有样本的 WTP_i 求和取平均值，同时结合所调研区域的人口数量 N 和愿意支付金额的人数占比 p，可得到该区域总支付金额 WTP。

$$WTP=\sum WTP_i \times N \times p \tag{5-12}$$

（3）环境影响货币化模型

以人体健康终点类别为例，环境影响货币化的表征主要有两种方法：一种是用经济学研究中常用的统计寿命价值（value of statistical life, VSL）来表征；另一种是用环境科学和医学研究中常用的伤残调整生命年（disability adjusted life year, DALY）的货币价值来表征。

1）统计寿命价值

统计寿命价值是在评估环境对健康的损害或效益时使用单位疾病死亡风险降低的支出金额来表征生命价值的一种表征方式[5]。因其在经济学中具有边际替代率含义，所以被广泛应用于交通安全、职业风险、生态环境等领域的经济评估中。由统计寿命价值得到的结果并非某人的具体价值，而是一种疾病致死率降低的价值，本质是一种预防疾病造成死亡的边际成本，其计算公式是：

$$VSL = \frac{WTP}{\Delta R} \tag{5-13}$$

式中　WTP——京津冀地区居民的支付金额；

　　　ΔR——由于环境空气质量改善带来的疾病死亡风险的降低量，例如环境空气质量改善前每年会导致每万人中有30人死亡，环境空气质量改善后每年每万人中死亡10人，则死亡风险的降低量是万分之二十。

2）伤残调整生命年

伤残调整生命年是用于评估由环境污染引起的过早死亡和伤残造成的健康生命年的损失。1993年，WHO为了度量由于疾病造成的负担，提出了DALY指标，并被各个国家广泛使用。当环境空气质量改善引起健康状况改善时，会减少DALY的损失。DALY的计算分为疾病使人过早死亡而损失的生命年（YLL）和因疾病导致人伤残失去健康的生命年（YLD）两部分[6]。两部分均用如下公式计算：

$$YLL = \int_{x=\alpha}^{x=\alpha+L} Dcxe^{-\beta x}e^{-\gamma(x-\alpha)}dx \tag{5-14}$$

$$DALY = YLL + YLD \tag{5-15}$$

式中　D——伤残的权重；

　　　c——连续调整系数，一般取值0.1658；

　　　x——年龄；

　　　α——患病时的年龄；

　　　L——疾病造成损失的时长；

　　　β——年龄权重；

　　　γ——贴现率。

上述公式计算得到的是各种因素影响下的DALY数值，聚焦到因环境损害造成的DALY，可以使用生命周期评价中污染物降低总量与伤残调整生命年降低总量相联系的方法，结合污染物破坏因子，得到由于环境影响造成的DALY数值，具体计算公式是：

$$\Delta DALY_i = \Delta Q_i \times F_{e,i} \tag{5-16}$$

$$\Delta DALY = \sum \Delta DALY_i \tag{5-17}$$

式中 $\Delta DALY_i$ ——污染物 i 在环境空气质量改善前后导致的伤残调整生命年的变化量；

　　　ΔQ_i ——污染物 i 在环境空气质量改善前后排放量的变化量；

　　　$F_{e,i}$ ——污染物 i 对人体健康的破坏因子。

在计算出 DALY 数值后，将其与居民的支付金额相联系，得到每单位 DALY 的货币化数值，表征环境空气质量改善的健康效益，计算公式是：

$$C_{DALY} = \frac{WTP}{\Delta DALY} \tag{5-18}$$

式中 C_{DALY} ——每单位 DALY 的货币化数值；

　　　WTP ——环境空气质量改善过程中的总支付金额；

　　　$\Delta DALY$ ——环境空气质量改善前后导致的总伤残调整生命年的变化量。

5.3.2 结果分析

在探究京津冀地区居民为空气污染治理设备的支付意愿时，共发放问卷932份，回收有效问卷839份，其中网络调研有效问卷736份、现场调研有效问卷103份，回收问卷有效率为90.02%。京津冀地区愿意为空气污染治理设备带来的健康效益而支付金额的问卷有633份，占有效问卷总数的75.45%；不愿意为空气污染治理设备带来的健康效益而支付金额的问卷有206份，占有效问卷总数的24.55%。问卷信度和效度分析结果表明本次调研问卷的代表性较好。

分地区看，北京市、天津市、河北省回收得到有效问卷数量分别为283份、273份、283份。北京市愿意为空气污染治理设备带来的健康效益而支付金额的问卷有204份，占有效问卷总数的72.08%；天津市愿意为空气污染治理设备带来的健康效益而支付金额的问卷有211份，占有效问卷总数的77.29%；河北省愿意为使用空气污染治理设备带来的健康效益而支付金额的问卷有218份，占有效问卷总数的77.03%。

利用基于MBDC数据估算受访者个体支付意愿的方法解析本次调研京津冀地区居民对环境空气质量改善的健康效益的支付金额均值为285.50元/（人·月）。

具体分地区看，北京市有支付意愿的受访者占比72.08%，支付金额均值为336.46元/（人·月）；天津市有支付意愿的受访者占比77.29%，支付金额均值为281.09元/（人·月）；河北省有支付意愿的受访者占比77.03%，支付金额均值为242.10元/（人·月）。三地有支付意愿的受访者占比由高到低排序依次为天津市、河北省、北京市，支付金额由高到低排序依次为北京市、天津市、河北省。与京津冀地区整体相比，在支付意愿方面，天津市和河北省受访者支付意愿占比高于京津冀地区整体水平，北京市低于京津冀地区的整体水平；在支付金额方面，北京市受访者的支付金额高于京津冀地区整体水平，天津市和河北省低于京津冀地区整体水平。

（1）VSL表征的货币化结果

在使用VSL表征环境空气质量改善的健康效益时，需确定空气质量改善带来的疾病死亡风险的降低量，现有研究使用CVM计算VSL时对疾病死亡风险的降低量均是在核心问题中进行假设，与实际存在一定差异。为使研究结果更接近实际值，在研究中基于近期研究成果确定疾病死亡风险降低量[7]，这一研究预测我国如果能在2025年实现$PM_{2.5}$和O_3达标，因两种污染物对健康的损害将分别导致128.88万人和18.02万人死亡，较2018年因$PM_{2.5}$和O_3污染导致的死亡人数136.82万人和20.76万人分别下降7.94万人和2.74万人，因两种空气污染物导致死亡的总人数将降低10.68万人。2018年，我国人口数量是14.05亿，到2025年，已有研究预测我国人口数量将达到14.13亿[8]，可计算2018年时我国因$PM_{2.5}$和O_3污染导致的死亡风险分别为97.4/100000和14.8/100000，2025年空气质量达到国家二级标准后，我国因$PM_{2.5}$和O_3污染导致的死亡风险分别降至91.2/100000和12.8/100000，降幅分别为6.2/100000和2/100000，因此疾病死亡风险降低量为8.2/100000。结合本研究解析的支付金额，计算得到"十四五"期间在京津冀地区由空气污染治理设备带来健康效益的统计寿命价值为20890万元，平均每年的统计寿命价值为4178万元。

将本研究结果与国外近年的研究结果进行比较，Dennis[9]研究得到意大利和英国居民为避免空气污染给自身健康造成损害的统计寿命价值分别为640万欧元和210万欧元，且居住在空气污染越严重地区居民的VSL会更高。将这一研究结果转换成人民币表示的金额，得到意大利和英国的VSL分别为4838万元和1587万元。Banzhaf[10]通过Meta分析对环境、健康和交通领域的VSL进行分析，得到了更广泛适用的VSL值，为800万美元，90%的置信区间为240万～1400万美元，将这一研究结果转换成人民币表示的VSL值为5497万元，90%的置信区间为1649万～9620万元。国外在疾病死亡风险降低量确定时主要基于各国实际死亡率进行测算，结合我国实际死亡风险降低量，基于空气污染治理设备情景的京津冀地区VSL为4178万元，与国外研究相比处于合理区间内。

（2）单位DALY货币化表征的健康效益

使用单位DALY货币化值表征环境空气质量改善的健康效益时，由于用原始公式计算所有因素对健康损害的DALY不能有针对性地体现出因环境因素对人体健康的损害，且相关医疗数据难以获取，因此本研究使用生命周期评价中常用的将"十四五"期间空气污染物达标所需削减的污染物总量与对应的环境健康破坏因子相乘，得到空气污染物达标可以减少的DALY损失量，并结合本研究中的支付金额计算出单位DALY货币化值的方法。

使用此方法的关键是解决空气污染物达标所需减排的污染物总量问题，但现有研究较少涉及"十四五"时期空气质量达标所需减排的污染物总量。参考已有研究成果[11]，若使京津冀地区$PM_{2.5}$达标，所需要实现的减排量为$71.44×10^4$t。结合$PM_{2.5}$损害健康的破坏因子$1.7×10^{-3}$a/kg[12]，京津冀地区空气质量达标所减少的健康损害是$121.45×10^4$DALY，京津冀地区空气污染治理设备情景所带来的健康效益是117.16万元/年。

此外，有学者在研究中使用了一种将过早死亡风险与DALY相联系的方式，即每例过早死亡相当于损失10DALY[13]。参考已有研究成果，"十四五"末期（2025年）若使$PM_{2.5}$和O_3两种空气污染物达标，将减少10.68万人因空气污染导致的过早死亡[7]，按每例过早死亡等于损失10DALY计算，环境空气质量达标将减少$106.8×10^4$DALY损失，这与通过破坏因子计算得到的京津冀地区空气污染物达标时会减少$121.45×10^4$DALY损失相近，说明上述健康效益结果具有一定的可信度，即京津冀地区因环境空气质量改善使得每少损失1DALY的货币值为100万元/年左右。

在我国，目前尚无本地化的DALY货币化值研究。肖汉雄等[14]、陈娴等[15]均使用国外每单位DALY的货币化值6万美元/年作为我国环境污染对健康影响的单位DALY货币化值，根据我国经济发展水平对其进行调整，2022年每个DALY的货币化值是113.62万元/年，本研究得到的单位DALY货币化值与这一结果相近。

综上所述，本章介绍了生命周期环境影响评价货币化的概念与理论基础，梳理了生命周期环境影响评价货币化的方法学，并以人体健康终点影响类别为例，运用条件价值评估法对其进行货币化表征。由于环境价值的确定存在困难，加之生命周期的环境影响机制复杂，需要评估包括中间类型和终点类型在内的多种类别的环境影响评价货币化值，因此国内外环境影响评价货币化的发展均较为缓慢。在美丽中国建设的大背景下，为了更好地将环境的经济影响纳入到政策制定中，对环境影响评价进行货币化表征十分重要。今后需加强多学科合作，以形成完整的生命周期环境影响评价货币化体系。

参考文献

[1] Pizzol M, Weidema B, Brandão M, et al. Monetary valuation in life cycle assessment: A review[J]. Journal of Cleaner Production, 2015,86(01)：200-242.

[2] 马中. 环境与自然资源经济学概论[M]. 北京：高等教育出版社，2019.

[3] 满贺诚. 京津冀地区环境空气质量改善的健康效益评价[D]. 北京：中国环境科学研究院，2023.

[4] Wang H, He J. Estimating individual valuation distributions with multiple bounded discrete choice data[J]. Applied Economics, 2011,43(21):2641-2656.

[5] Schelling T C. The life you save may be your own[C]. Problems in Public Expenditure Analysis, 1968, 127-162.

[6] Murray C J. Quantifying the burden of disease: The technical basis for disability-adjusted life years [J]. Bulletin of the World Health Organization,1994, 72(03):429-445.

[7] 郭云,蒋玉丹,黄炳昭,等.我国大气$PM_{2.5}$及O_3导致健康效益现状分析及未来10年预测[J].环境科学研究,2021,34(04):1023-1032.

[8] 张车伟,林宝."十三五"时期中国人口发展面临的挑战与对策[J].湖南师范大学社会科学学报,2015,44(04):5-12.

[9] Dennis G, Anna A. Can property values capture changes in environmental health risks? Evidence from a stated preference study in Italy and the United Kingdom[J]. Risk analysis,2015,35(03):507-517.

[10] Banzhaf H S. The value of statistical life: A meta-analysis of meta-analyses[J]. Journal of Benefit-Cost Analysis,2022,13(02):182-197.

[11] 王传达.北京及其周边城市空气质量达标规划方案研究[D].北京:北京工业大学,2020.

[12] Van Z R, Preiss P, Van G T, et al. Regionalized life cycle impact assessment of air pollution on the global scale: damage to human health and vegetation[J]. Atmospheric Environment,2016,134:129-137.

[13] Lvovsky K, Hughes G, Maddison D, et al. Environmental costs of fossil fuels: A rapid assessment methodology with application to six cities[R]. World Bank Washington DC, 2000.

[14] 肖汉雄,杨丹辉.基于产品生命周期的环境影响评价方法及应用[J].城市与环境研究,2018(01):88-105.

[15] 陈娴,黄蓓佳,王翔宇,等.太阳能光伏组件环境成本的货币化核算研究[J].复旦学报(自然科学版),2019,58(01):120-126.

实践篇

第6章
太阳能级多晶硅生命周期评价

□ 功能单位和系统边界界定
□ 清单分析
□ 影响评价
□ 结果分析

太阳能电池行业近年来发展迅速，2022年我国太阳能电池装机容量达到392.6 GW，增速达到59%，这也直接带动了产业链上游太阳能级多晶硅的发展，2022年我国太阳能级多晶硅产量达80万吨以上，占全球的85%[1]。但由于太阳能级多晶硅生产过程中的尾气含有大量$SiCl_4$，处理不当会造成污染，危及人体健康，因此长期以来，太阳能级多晶硅生产备受争议，还被冠以"高污染"的名号[2]。随着行业技术工艺进步和落后工艺淘汰，我国企业通过技术引进和技术研发，在太阳能级多晶硅生产过程尾气端研发了氢化工序，将尾气中的$SiCl_4$转化成$SiHCl_3$并返回到生产工艺过程中，从而实现高纯多晶硅生产工艺的闭路循环，困扰行业发展的尾气问题被彻底解决[3,4]。

随着包含太阳能电池行业在内的光伏行业被列为国家战略性新兴产业，国内开始对太阳能电池行业的环境影响进行研究，而这些研究更多地集中在能源回收期方面[5-10]，从全生命周期环境影响角度进行的研究较少[11-15]，更鲜有针对太阳能级多晶硅生产过程环境影响的研究。而生命周期评价作为一种可量化评价环境影响的方法，是目前在世界范围内较为认可的一种环境影响评价方法，应用范围广泛[16-18]。因此，笔者采用生命周期评价对太阳能级多晶硅生产过程环境影响进行识别和评估，以期为我国太阳能级多晶硅的环境管理提供参考。

6.1 功能单位和系统边界界定

6.1.1 功能单位

功能单位为采用改良西门子法（冷氢化）生产的1t太阳能级多晶硅。改良西门子法是目前国际上生产硅基太阳能电池的主流技术，全球总产量85%的太阳能级多晶硅均采用该技术。其原理是在西门子法的基础上加入氢化技术，将太阳能级多晶硅生产过程中的副产物$SiCl_4$转化为$SiHCl_3$，从而实现$SiCl_4$在整个生产过程中的全循环和零排放，降低成本，减少环境污染。

6.1.2 系统边界

改良西门子法（冷氢化）生产工艺首先用液氯和氢气合成无水氯化氢（HCl），然后把工业硅粉碎并与无水HCl反应，在流化床反应器中生成三氯氢硅（$SiHCl_3$），同时形成气态混合物（H_2、HCl、$SiHCl_3$、$SiCl_4$、Si）；将产生的气态混合物进一步分离提纯，Si粉过滤返回到原料体系中，H_2、HCl返回到工艺中或排放到大气中，$SiHCl_3$、$SiCl_4$通过氢化工序得到高纯的$SiHCl_3$；最后采用高温还原工艺，将高纯$SiHCl_3$在H_2气氛中还原沉积而生成高纯多晶硅。生产工艺如图6-1所示，系统边界也基于该生产工艺过程。

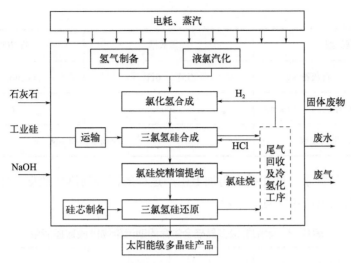

图6-1 太阳能级多晶硅生产工艺及生命周期评价的系统边界

6.2 清单分析

太阳能级多晶硅生产过程生命周期清单数据主要通过现场走访和问卷调研获取,调研方式采用先向企业发放调研问卷获取数据,然后走访企业生产现场并与一线生产工人讨论数据一致性,最后与企业技术人员座谈确定前景数据。走访企业遍及江苏、浙江、河南、新疆等地,调研总样本量覆盖我国目前采用改良西门子法(冷氢化)生产太阳能级多晶硅产量占80%的企业,最后通过规模加权平均得到资源能源消耗清单和"三废"排放清单。背景数据清单先以国内数据查找为主,例如电、工业硅、铁路运输等,部分国内没有的数据清单通过Ecoinvent[19]数据库获取。各类数据来源如表6-1所列,考虑到数据保密需求,书中仅给出了调研数据区间。

表6-1 太阳能级多晶硅生命周期评价的清单数据来源

数据类型		前景数据	背景数据来源
能源消耗	电/(kW·h)	95333～102310	文献[20, 21]
	蒸汽/MJ	16530～19840	Ecoinvent数据库
资源消耗	工业硅/t	1.31～1.54	文献[22]
	氯气(液态)/kg	198～231	Ecoinvent数据库
	氢气(液态)/kg	48.6～63.2	Ecoinvent数据库
	NaOH/kg	330～378	Ecoinvent数据库

续表

数据类型		前景数据	背景数据来源
资源消耗	石灰石/kg	557～611	Ecoinvent数据库
	铁路运输/(t·km)	800	文献[23]
生产过程污染物排放			现场取样和实测

将前景数据与背景数据相乘，再加上生产过程的污染物排放数据，即可得到高纯多晶硅生产过程的数据清单（见表6-2）。

表6-2 太阳能级多晶硅全生命周期污染物排放数据清单

气体污染物	CO_2	SO_2	CH_4	NO_x	$PM_{>10}$	$PM_{2.5}$	HCl	CO	NMVOC	Si	HF
排放量/(kg/t)	$1.17×10^5$	816	709	386	110	64.5	25.3	77.5	10.3	10.3	2.94
水体污染物	氯化物	Si	Ca^{2+}	Na^+	Al	Mg	K^+	COD	BOD_5	TOC	DOC
排放量/(kg/t)	909	766	296	274	173	168	132	58.5	53.5	17.8	17.5

注：NWVOC指非甲烷挥发性有机化合物。

6.3 影响评价

影响评价方法基于Eco-Indicator 99生态指数法[24]，选择了致癌、呼吸系统影响、气候变化、生态毒性、酸化和富营养化、矿产资源、化石燃料7个影响类型，建立评价模型。基于Eco-Indicator 99建立影响评价方法是因为其为目前欧洲应用最广泛且被国际环境毒理学和化学学会（SETAC）共同推荐的一种生命周期评价方法，而且作为终点（endpoint）方法，Eco-Indicator 99可以将不同类型的环境影响经过标准化过程归总为一个指标值，即环境影响潜值（单位为Pt），并指向最终影响的破坏受体，使结果更直观地作用于环境管理中；而EDIP97和CML2001等都是中点（midpoint）方法[25, 26]，并且更偏重对化学品的评价。

考虑到太阳能级多晶硅生产过程能耗较大，为了使评价结果更接近国情，因此先对评价模型资源基准值进行了本地化研究。基于"品位-能源"模型[27]，根据2004～2010年的中国有色金属工业年鉴中主要有色金属开采量和原矿品位，拟合得到累计开采量和品位的关系曲线，并通过露采和坑采比例计算出各种矿产对资源的破坏因子；再乘以2010年产量并除以2010年人口数，核算出以2010年为基准年、以我国为基准区域的矿产资源标准化基准值。化石燃料基准值计算过程同上，将矿产资源和化石燃料的基准值加权后得到资源的基准值。

基于上述研究建立了适用于我国的终点破坏类影响评价模型CEDM，模型对应的终点分别是人体健康（包括致癌、呼吸系统影响、气候变化3个影响类别）、生态质量（包括生态毒性、酸化和富营养化2个影响类别）、资源（包括矿产资源、化石燃料2个影响类别），对应的人均年度基准值分别为 1.51×10^{-2} DALY/（a·p）、1.19×10^3 PDF/（a·p）、4.33×10^5 MJ/（a·p）（PDF：potentially disappeared fraction，指潜在消失比例）。

在权重方面，采用层次分析，通过设计专家打分表格，选择环境领域、能源领域、经济领域、政府管理职能部门共计50位专家进行打分，计算出对各破坏受体的权重值，结果如图6-2所示。之所以针对破坏受体进行赋权而没有选择对影响类别进行赋权是考虑到降低模型的不确定性，这也是国外在进行赋权时常用的方法。从图6-2中可以看出，权重打分主要集中在人体健康（60%～70%）、生态系统（20%～30%）、资源能源（10%～20%）3个方面，因此对人体健康、生态系统和资源能源选择的权重分配分别为60%、25%、15%。

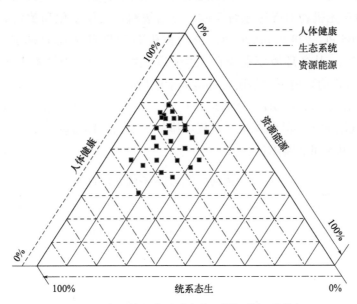

图6-2　太阳能级多晶硅生命周期评价权重分布

将模型代入SimaPro[28]软件，并在SimaPro软件中处理太阳能级多晶硅生产过程中的物耗、能耗和环境外排量，得出相应的环境影响潜值，进行生命周期影响评价和结果解释。

6.4 结果分析

太阳能级多晶硅生产过程生命周期评价结果如表6-3、表6-4所列。表中"其他"为太阳能级多晶硅生产过程中氢气制备、氯气制备、石灰石消耗、运输过程及污泥处置的环境影响，由于以上各类环境影响所占比例均＜0.5%，故加和统一称为"其他"。

表6-3　太阳能级多晶硅生命周期环境影响类别评价结果　　　　　单位：Pt

环境影响类别		工业硅	NaOH	电	蒸汽	其他	合计
人体健康	致癌	28.23	10.83	852.12	10.29	4.86	906.33
	呼吸系统影响	141.73	12.23	4135.85	68.07	10.26	4368.14
	气候变化	47.84	4.55	784.18	84.81	6.63	928.01
生态质量	生态毒性	6.09	1.88	70.10	3.11	1.05	82.23
	酸化和富营养化	9.62	0.63	198.74	4.72	0.67	214.34
资源	矿产资源	2.80	1.46	6.63	2.33	0.65	13.87
	化石燃料	275.94	18.34	769.82	957.31	43.16	2064.57
合计		512.25	49.92	6817.45	1130.64	67.24	8577.49

从表6-3中可以看出，生产1t高纯多晶硅带来的环境影响潜值为8577 Pt，其环境影响主要集中在无机物对呼吸系统影响、化石燃料、气候变化和致癌4个方面，分别为4368 Pt、2065 Pt、928 Pt和906 Pt，依次占生命周期环境影响的50.93%、24.07%、10.82%和10.57%。从各环境要素来看（表6-4），由于我国电力结构主要以火力发电为主，因此耗电带来的环境影响是所有环境要素中最高的，为6817 Pt（占79.48%）；其次是蒸汽消耗、工业硅和NaOH，分别是1131 Pt、512 Pt和50 Pt，依次占13.18%、5.97%和0.58%，而太阳能级多晶硅在生产过程中排放污染物对环境影响不足全生命周期环境影响的0.01%，基本可忽略不计。

表6-4　太阳能级多晶硅环境影响终点评价结果　　　　　单位：Pt

终点破坏类型	工业硅	NaOH	电	蒸汽	其他	合计
人体健康	217.80	27.60	5772.15	163.17	21.75	6202.47
生态质量	15.717	2.51	268.85	7.83	1.68	296.58
资源	278.73	19.81	776.45	959.64	43.81	2078.44
合计	512.25	49.92	6817.45	1130.64	67.24	8577.49

从太阳能级多晶硅生产过程对终点受体的破坏来看（表6-4），在人体健康、生态系统和资源衰竭产生的影响依次为6202 Pt、297 Pt和2078 Pt，分别占72.31%、3.46%和24.23%，可以看出高纯多晶硅生产过程对环境的影响主要集中在人体健康方面。

6.4.1 敏感性分析

从表6-4可知,太阳能级多晶硅生产的环境影响主要集中在电、蒸汽和工业硅这3个因子,NaOH和其他资源消耗的环境影响较小,因此选择耗电、蒸汽、工业硅、辅料（NaOH、石灰石、氢气、氯气等其他资源）作为敏感性分析的4个因子,对太阳能级多晶硅生产过程生命周期环境影响进行敏感性分析。

分别依次对这4个因子的数值增大和减少10%,其余3个因子数值保持不变,计算其对应的太阳能级多晶硅生产的环境影响潜值,并与基准结果（8577 Pt）进行比较,得出电、蒸汽、工业硅、辅料在自身数据浮动±10%后,对结果的影响依次是±8.0%、±1.3%、±0.6%、±0.1%。

敏感性分析结果表明,电对于太阳能级多晶硅生产过程生命周期环境影响最为敏感,其次是蒸汽和工业硅,辅料对于太阳能级多晶硅生产过程生命周期环境影响最不敏感。因此,对于太阳能级多晶硅生产过程环境管理而言,降低其环境影响应首先从降低能耗开始,其次考虑原材料的削减。

6.4.2 与国外水平的比较

由于国内对太阳能级多晶硅环境影响研究较少,仅有对整个全产业链（高纯多晶硅、硅片切割、电池片生产、组件安装）的环境影响研究。因此,仅将该研究的国内太阳能级多晶硅生产水平与目前已公布欧洲太阳能级多晶硅生产的生命周期清单数据[29]进行比较（系统边界和研究范围与该研究一致）,欧洲水平的生命周期环境影响（3857 Pt）不到国内的1/2（见表6-5）,这主要由国内电力原料结构决定。欧洲普遍采用清洁能源如核能、氢能、天然气等发电,因此即使生产过程耗能较大,但由耗电带来的环境影响为2640 Pt,仅占全生命周期环境影响（3857 Pt）的68.45%;而国内电力原料主要是燃煤,由此带来的空气颗粒物对呼吸系统的影响要远高于欧洲,仅电带来的环境影响就达到了6817 Pt,占全生命周期环境影响（8577 Pt）的79.48%。

如果将欧洲的电力清单换成国内电力清单数据,其环境影响略高于国内（8880 Pt）,说明国内企业在污染防治水平方面与欧洲发达国家水平基本一致,甚至在气体污染防控方面要优于欧洲水平。

表6-5 我国太阳能级多晶硅生产生命周期环境影响与欧洲对比结果　　　　单位：Pt

环境影响类别		欧洲水平	我国水平	采用我国电力清单的欧洲水平
人体健康	致癌	69.11	906.33	1020.35
	呼吸系统影响	390.56	4368.14	4880.36
	气候变化	291.86	928.01	978.44

续表

环境影响类别		欧洲水平	我国水平	采用我国电力清单的欧洲水平
生态质量	生态毒性	16.48	82.23	92.44
	酸化和富营养化	34.32	214.34	240.46
资源	矿产资源	13.91	13.87	17.14
	化石燃料	3040.36	2064.57	1650.86
合计		3856.60	8577.49	8880.05

综上所述：

① 建立了适用于我国的终点破坏类影响评价模型CEDM，模型对应的终点分别是人体健康（包括致癌、呼吸系统影响、气候变化3个影响类别）、生态质量（包括生态毒性、酸化和富营养化2个影响类别）、资源（包括矿产资源、化石燃料2个影响类别），对应的人均年度基准值和权重分别为 1.51×10^{-2} DALY/（a·p）、1.19×10^3 PDF/（a·p）、4.33×10^5 MJ/（a·p）和60%、25%、15%。

② 采用CEDM模型对太阳能级多晶硅生产的环境影响潜值进行核算：从环境影响的最终破坏终点来看，太阳能级多晶硅生产过程生命周期环境影响主要集中在对人体健康损害方面，占整个影响的72.31%，其中又以无机物对呼吸系统损害方面影响最大，占整个影响的50.93%；其次是气候变化和致癌，依次占10.82%和10.57%；资源衰竭影响位列第2，占整个影响的24.23%，其主要集中在化石燃料方面（24.07%）；而对生态系统的损害最小，仅占整个影响的3.46%。

③ 在所有环境要素中，电的环境影响最高，占79.48%；其次是蒸汽消耗、工业硅，二者分别占13.18%、5.97%。因此，节能降耗是降低太阳能级多晶硅生命周期环境影响的关键所在，也是其环境管理的重点所在。

④ 我国太阳能级多晶硅生命周期环境影响和欧洲先进水平相比差距较大，这主要由我国电力结构决定，以煤电为主的电力能源结构导致太阳能级多晶硅生产过程环境影响主要集中在火力发电过程，又以空气污染对人体健康的损害尤为显著。但我国太阳能级多晶硅生产过程的整体污染防治水平要优于欧洲先进水平。

参考文献

[1] 刘译阳. 新型能源体系下光伏发电的重要作用及发展建议[EB/OL]. 中国光伏行业协会CPIA，2023-08-09.

[2] 顾列铭. 污染和耗能：多晶硅的软肋[J]. 广东科技，2008(15): 91-93.

[3] 张正国，欧昌洪，陈广普，等. 国内多晶硅冷氢化技术应用研究[J]. 化工技术与开发，2013, 42(2): 28-30, 3.

[4] 谢明辉，白卫南，乔琦. 我国晶体硅太阳能电池行业环境问题及对策研究[C]//中国环境科学学会2013年学术年会论文集. 昆明：中国环境科学学会，2013.

[5] 胡润青. 我国多晶硅并网光伏系统能量回收期的研究[J]. 太阳能，2009, (1): 9-14.

[6] 朱群志，司磊磊，蒋挺燕. 不同安装方式建筑光伏系统的经济性及环境效益[J]. 太阳能学报，2012, 33(1): 24-26.

[7] Fthenakis V, Alsema E. Photovoltaics energy payback times, greenhouse gas emissions and external costs: 2004-early 2005 status[J]. Progress in Photovoltaics: Research and Applications, 2006, 14(3): 275-280.

[8] 胡润青. 太阳能光伏系统的能量回收期有多长？[J]. 太阳能，2008(3): 6-10.

[9] Alsema E A. Energy pay-back time and CO_2 emissions of PV systems[J]. Progress in Photovoltaics: Research and Applications, 2000, 8(1): 17-25.

[10] Fthenakis V. Update of PV energy payback times and life-cycle greenhouse gas emissions[C]//the 24th European Photovoltaic Solar Energy Conference and Exhibition, Germany. Hamburg: WIP-Renewable Energies, 2009.

[11] 傅银银. 中国多晶硅光伏系统生命周期评价[D]. 南京：南京大学，2013.

[12] 刁周玮，石磊. 中国光伏电池组件的生命周期评价[J]. 环境科学研究，2011, 24(5): 271-279.

[13] Meijer A. Life-cycle assessment of photovoltaic modules: Comparison of mc-Si, InGaP and InGaP/mc-si solar modules[J]. Progress in Photovoltaics: Research and Applications, 2003, 11(4): 275-287.

[14] Fthenakis V M, Kim H C, Alsema E. Emissions from photovoltaic life cycles[J]. Environmental Science and Technology, 2008, 42(6): 2168-2174.

[15] Jungbluth N, Bauer C, Dones R, et al. Life cycle assessment for emerging technologies: Case studies for photovoltaic and wind power[J]. The International Journal of Life Cycle Assessment, 2004, 10: 1-11.

[16] 谢明辉，李丽，黄泽春，等. 食用油聚酯包装的生命周期评价[J]. 环境科学研究，2010, 23(3): 288-292.

[17] 刘娜，李丽，闫大海，等. 水泥窑共处置低品质包装废物的生命周期评价[J]. 环境科学研究，2012, 25(6): 724-730.

[18] 谢明辉，李丽，闫大海，等. 北京市衍生燃料法处置低品质塑料包装的环境影响[J]. 环境科学研究，2010, 23(10): 1284-1290.

[19] Swiss Centre for Life Cycle Inventories. Ecoinvent database[EB/OL]. Swiss: Swiss Centre for Life Cycle Inventories, 2010. [2012-07-25]. http:www.Ecoinvent.ch.

[20] 狄向华，聂祚仁，左铁镛. 中国火力发电燃料消耗的生命周期排放清单[J]. 中国环境科学，2005, 25(5): 632-635.

[21] 刘夏璐，王洪涛，陈建，等. 中国生命周期参考数据库的建立方法与基础模型[J]. 环境科学学报，2010, 30(10): 2136-2144.

[22] 叶宏亮. 工业硅生产过程生命周期评价研究[D]. 昆明：昆明理工大学，2008.

[23] 杨洁，王洪涛，周君. 铁路运输生命周期评价初探[J]. 环境科学研究，2013, 26(9): 1029-1034.

[24] Pre Consultants. The Eco-indicator 99 A damage oriented method for life cycle impact assessment manual for designers[M]. Amersfoort: Pre Consultants, 2001.

[25] Dreyer L C, Niemann A L. Life cycle assessment of UV lacquers and comparison of three life cycle assessment methods[R]. Lyngby Denmark: Department of Manufacturing Engineering and Management,

Technical University of Denmark, 2001.

[26] Dreyer L C, Niemann A L, HAUSCHILD M Z, et al. Comparison of three different LCIA methods: EDIP97, CML2001 and Eco-indicator 99. does it matter which one you choose[J]. International Journal of LCA, 2003, 8: 191-200.

[27] Müller-wenk R. Depletion of abiotic resources weighted on the base of 'virtual' impact of lower grade deposits in future[R]. IWÖ Diskussionsbeitrag: Universität St. Gallen, 1998.

[28] Goedkoop M, Schryver A D, OELE M.Introduction to LCA with SimaPro 7[M]. Amersfoort: Pre Consultants, 2007.

[29] Jungbluth N. Life cycle assessment of crystalline photovoltaics in the Swiss ecoinvent database[J]. Progress in Photovoltaics: Research and Applications, 2005, 13(8): 429-446.

第7章
以晶体硅太阳能电池产业为例的产业生命周期评价

□ 功能单位和系统边界界定
□ 清单分析
□ 影响评价

生命周期评价自20世纪90年代引入我国以来，在工业产品（例如水泥[1]、离心机[2]、塔吊[3]、洗衣机[4]等），废物管理（例如录放机回用[5]、复合包装循环利用[6]、工业危废处理处置[7]等），技术评估（例如生产工艺选择[8]、处理处置技术评估[9]），能源管理（例如新能源管理[10]、火电管理[11]），碳排放（例如交通方式碳排放[12]、耕作碳排放[13]）等领域开展了大量研究，但这些研究都集中在单一产品、单一活动上。如果同一污染物来自不同的工艺单元，在数据收集过程中这一污染物将被合并在一起，导致最终其产生的环境影响无法识别来源于何种工艺单元。

面对日益复杂的环境问题和精细化的环境管理需求，一方面，这种合并式的数据收集方式不利于评价结果中关键环节的识别；另一方面，在对某个产业进行环境影响定位时，由于基础数据缺失，往往采用单一企业样本的生命周期评价结果表征行业环境影响，这降低了决策的科学性。因此，本章提出产业生命周期评价的概念，即通过一定的拆解原则和一定样本量的数据收集，进行"碎片化"核算全产业链的生命周期环境影响，实现产业环境影响的可识别和可表征。因此，参考《环境管理 生命周期评价 要求与指南》（ISO 14044）中的理论，对产业生命周期评价进行初探，并以晶体硅太阳能电池产业为例进行应用，以期为产业结构调整、发展方式转变等工作提供科学的决策支持。

7.1 功能单位和系统边界界定

7.1.1 功能单位

根据晶体硅太阳能电池产业特征，按照产业上下游产品关系，将其分为高纯多晶硅、硅片、电池片和组件4个产品，同时根据产品生产工艺，细分了11个工艺单元。对4个产品的功能单位依次界定如下：高纯多晶硅生产过程的功能单位为1 t，硅片生产过程的功能单位为10^4片，电池片生产过程的功能单位为$1m^2$，组件生产过程的功能单位为$1m^2$。对整个产业的功能单位定义为$1m^2$晶体硅太阳能电池组件。

7.1.2 系统边界

系统边界没有考虑组件使用废弃后的处理处置，因为目前这一阶段工艺技术尚不成熟，国内也尚无开展处理处置的企业，见图7-1。

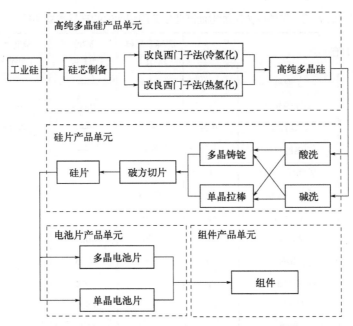

图7-1 晶体硅太阳能电池产业生命周期评价的系统边界

7.2 清单分析

清单数据首先对重点企业进行调研（包括现场调研和问卷调研），现场调研的企业在其主要产污节点布设监测点位进行监测分析，最终获得单个企业样本的数据清单。4个产品单元的调研企业数、样本量及覆盖度如表7-1所列，可以看出所有产品的调研企业产量之和占比都在40%以上，数据覆盖度较好。

表7-1 调研企业样本描述

产品	调研企业数量/家	样本量/个	调研企业产量占当年全国产量比例/%
高纯多晶硅	18	524	100
硅片	40	1012	40
电池片	18	569	52
组件	17	317	42

将产品数据清单与产品系数加乘后，即可得到产业的数据清单，考虑到篇幅有限，此处仅列出了产品数据清单（见表7-2），工艺数据清单不再详列。晶体硅太阳能电池产业的产品系数和工艺系数见表7-3。

表7-2 晶体硅太阳能电池产业生命周期评价的产品数据清单

项目			单位	高纯多晶硅（1t）	硅片（10⁴片）	电池片（1m²）	组件（1m²）
投入	原辅材料	工业硅	t	1.39	—	—	—
		高纯多晶硅	t	—	0.204	—	—
		硅片	10⁴片	—	—	0.0041	—
		电池片	m²	—	—	—	0.903
		氯气（液态）	t	0.2	—	—	—
		氢气（液态）	kg	53.58	—	—	—
		石灰石	kg	580	—	—	—
		NaOH	kg	350	0.5	—	—
		坩埚	kg	—	43.3	—	—
		氩气（液态）	kg	—	78.6	—	—
		切割线	kg	—	85.47	—	—
		砂浆	kg	—	61.08	—	—
		玻璃	kg	—	11.41	—	—
		乙酸	kg	—	5.39	—	—
		盐酸（36%）	kg	—	1.2	0.0405	—
		氢氟酸	kg	—	2.4	0.333	—
		硝酸（50%）	kg	—	7.8	0.527	—
		银浆	kg	—	—	0.00575	—
		铝浆	kg	—	—	0.0562	—
		氨气（液态）	kg	—	—	0.0126	—
		三氯氧化磷	kg	—	—	0.0036	—
		硅烷	kg	—	—	0.00390	—
		硫酸	kg	—	—	0.0998	—
		KOH	kg	—	—	0.0207	—
		氧气（液态）	kg	—	—	0.00759	—
		铝合金	kg	—	—	—	1.86
		焊带	kg	—	—	—	0.118
		钢化玻璃	kg	—	—	—	5.41
		EVA	kg	—	—	—	0.795
		PVDE（背板）	kg	—	—	—	0.102
		PET（背板）	kg	—	—	—	0.344
	能源消耗	电	kW·h	97310	6 859	19.846	7.12
		蒸汽	MJ	184000	—	—	—

续表

项目		单位	高纯多晶硅（1t）	硅片（10⁴片）	电池片（1m²）	组件（1m²）
排放	大气污染物					
	氯化氢	kg	0.088	—	0.000892	—
	NO$_x$	kg	0.20	0.33	0.00855	—
	氟化氢	kg	0.0074	0.002	0.000186	—
	氨气	kg			0.00261	
	NMVOC	kg	—	—	0.000117	
	水体污染物					
	COD	kg	2.04	11.9	0.00293	0.0000152
	氯化物	kg	77		—	
	氟化物	kg	0.48	0.62	0.000984	
	SS	kg	1.44	3.45	0.00777	
	氨氮	kg	0.0267			
	TN	kg			0.0212	
	TP	kg			0.0000863	
	固体废物					
	硅粉（硅废料）	kg	2.32	0.13	—	—
	废坩埚	kg		38		
	废切割线	kg		85.47		
	废玻璃	kg	—	9.69	—	—

表7-3 晶体硅太阳能电池产业生命周期评价产品系数和工艺系数

产品	功能单位	产品系数	工艺单元	工艺系数
高纯多晶硅	1 t	0.000804	硅芯制备	1
			冷氢化	0.67
			热氢化	0.33
硅片	10⁴片	0.0039	酸洗	0.5
			碱洗	0.5
			单晶拉棒	0.35
			多晶铸锭	0.65
			切片	1
电池片	1 m²	0.903	单晶电池片生产	0.2
			多晶电池片生产	0.8
组件	1 m²	1	组件生产	1

7.3 影响评价

影响评价选择了致癌、呼吸系统影响、气候变化、生态毒性、酸化和富营养化、矿产资源、化石燃料7个影响类型，基于Eco-Indicator 99生态指数法[14]建立了适用于我国晶体硅太阳能电池产业生命周期评价的终点破坏类影响评价模型[15]，模型对应的终点分别如下。

（1）人体健康

包括致癌、呼吸系统影响、气候变化3个影响类别。

（2）生态质量

包括生态毒性、酸化和富营养化2个影响类别。

（3）资源

包括矿产资源、化石燃料2个影响类别。

根据选用的模型，以1m²组件为单位，对晶体硅太阳能电池产业生命周期环境影响进行评价，结果如图7-2、图7-3所示。

从图7-2可以看出，晶体硅太阳能电池产业生命周期环境影响主要集中在呼吸系统影响、化石燃料、致癌和气候变化4个环境影响类别，依次占产业生命周期环境影响的41.94%、25.20%、14.89%和8.80%，这主要由于整个产业在高纯多晶硅、硅片、电池片生产过程耗电较多（见下文详解），而我国的电力结构又以火力发电为主，发电过程排放的颗粒物对人体健康影响较大。组件生产过程由于消耗了焊带（主要成分为锡和铜）和铝合金边框，因此在矿产资源方面影响也较大，占产业生命周期环境影响的5.39%。酸化和富营养化及生态毒性类别的环境影响较低，仅占2.07%和1.70%。

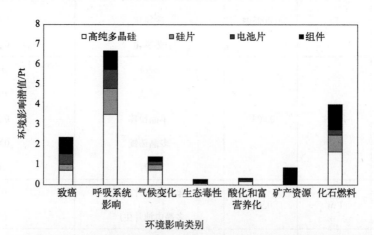

图7-2 晶体硅太阳能电池产业生命周期各产品环境影响类别评价

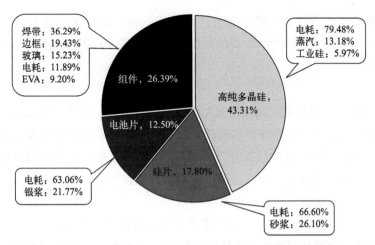

图7-3 晶体硅太阳能电池产业主要产品及其生产要素环境影响占比

从图7-3可以看出，高纯多晶硅产品是整个产业生命周期环境影响最大的产品环节，占全产业环境影响的43.31%，其次是组件产品，占比26.39%，硅片和电池片产品占比较小，分别为17.80%、12.50%，因此降低高纯多晶硅产品环境影响是降低产业整体环境影响的关键。通过对各产品生产要素生命周期环境影响评估结果可以看出，电耗是高纯多晶硅、硅片、电池片产品环境影响的主要因素，依次占比79.48%、66.60%和63.06%，更是影响整个产业生命周期环境影响的最大因素，其约占整个产业环境影响的56%，因此减少高纯多晶硅、硅片、电池片产品的电耗是降低晶体硅太阳能电池产业环境影响的首要选择。此外，组件产品中焊带消耗、硅片产品中的砂浆消耗、组件产品的铝合金边框也是晶体硅太阳能电池产业环境影响的重要因素，依次约占整个产业环境影响的9.6%、4.6%和5.1%，减少这些辅料的消耗是降低晶体硅太阳能电池产业环境影响的另一途径。

对结果的不确定性分析也是评估结果的重要途径，在此采用蒙特卡洛分析来进行不确定性分析，结果如图7-4所示。

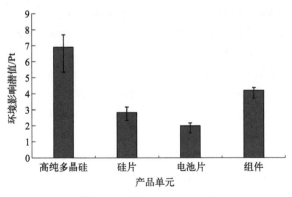

图7-4 蒙特卡洛分析结果

由图7-4可以看出，高纯多晶硅、组件、硅片、电池片的标准误差依次为0.084、0.036、0.032、0.019，说明高纯多晶硅产品生命周期环境影响评价结果的不确定性较高，这与晶体硅太阳能电池产业的数据清单质量评估结果一致，也与Huang[16]的研究较为一致，这是因为高纯多晶硅产品生产中电耗的数据精准度略低（相对标准偏差0.41）导致了其评价结果的不确定性较大。

综上所述：

① 面对日益复杂的环境问题和精细化的环境管理需求，对产业生命周期评价方法进行了初探，即在产品生命周期评价的基础上，将功能单位和系统边界设定基于"可拆解可组合"生态设计理念充分"碎片化"；数据收集过程增加质量评估和数据整合；增加不确定性分析来验证数据合理性。开展产业生命周期评价将更好地有助于生命周期评价在结构调整、方式转型中提供科学支撑。

② 选择晶体硅太阳能电池产业进行了产业生命周期评价的案例应用，结果显示：晶体硅太阳能电池产业可划分为4个产品单元和11个工艺单元，生命周期环境影响主要集中在呼吸系统影响、化石燃料、致癌和气候变化4个环境影响类别，主要是由耗电较多所致；节能降耗是降低环境影响的主要途径，其中精准化降低环境影响的途径是减少高纯多晶硅、硅片、电池片产品的电耗，组件产品中焊带消耗，硅片产品中的砂浆消耗和组件产品的铝合金边框消耗。

③ 通过蒙特卡洛分析评估了晶体硅太阳能电池产业生命周期评价结果的不确定性，结果显示高纯多晶硅生命周期评价结果的不确定性较高，这与数据质量评估的结果较为一致。

参考文献

[1] Li C, Cui S P, Nie Z R, et al. The LCA of ortland cement production in China[J]. The International Journal of Life Cycle Assessment, 2015, 20(1): 117-127.

[2] Peng S T, Li T, Dong M M, et al. Life cycle assessment of a largescale centrifugal compressor: A case study in China[J]. Journal of Cleaner Production, 2016, 139: 810-820.

[3] Wen B, Jin Q, Huang H, et al. Life cycle assessment of Quayside Crane: A case study in China[J]. Journal of Cleaner Production, 2017,148: 1-11.

[4] Yuan Z W, Zhang Y, Liu X. Life cycle assessment of horizontal-axis washing machines in China[J]. The International Journal of Life Cycle Assessment, 2016, 21(1): 15-28.

[5] CHEUNG C W, BERGER M, FINKBEINER M. Comparative life cycle assessment of re-use and replacement for video projectors[J]. The International Journal of Life Cycle Assessment, 2017, 22: 1-13.

[6] Xie M H, Bai W N, BAI L, et al. Life cycle assessment of the recycling of Al-PE (a laminated foil made from polyethylene and aluminum foil) composite packaging waste[J]. Journal of Cleaner Production, 2016, 112: 4430-4434.

[7] Hong J L, Han X F, Chen Y L, et al. Life cycle environmental assessment of industrial hazardous waste incineration and landfilling in China[J]. The International Journal of Life Cycle Assessment, 2017, 22(7): 1054-1064.

[8] Wu H J, Gao L M, Yuan Z W, et al. Life cycle assessment of phosphorus use efficiency in crop production system of three crops in Chaohu Watershed, China[J]. Journal of Cleaner Production, 2016, 139: 1298-1307.

[9] 谢明辉，李丽，闫大海，等. 北京市衍生燃料法处置低品质塑料包装的环境影响[J]. 环境科学研究，2010, 23(10): 1284-1290.

[10] 刁周玮，石磊. 中国光伏电池组件的生命周期评价[J]. 环境科学研究，2011, 24(05): 571-579.

[11] Wu X C, Wu K, Zhang Y X, et al. Comparative life cycle assessment and economic analysis of typical flue-gas cleaning processes of coalfired power plants in China[J]. Journal of Cleaner Production, 2016, 142: 3236–3242.

[12] Duan H B, Hu M W, Zuo J, et al. Assessing the carbon footprint of the transport sector in mega cities via streamlined life cycle assessment: A case study of Shenzhen, South China[J]. The International Journal of Life Cycle Assessment, 2017,22(5):683-693.

[13] Xue J F, Liu S L, Chen Z D, et al. Assessment of carbon sustainability under different tillage systems in a double rice cropping system in Southern China[J]. The International Journal of Life Cycle Assessment, 2014, 19(9): 1581-1592.

[14] Pre Consultants. The Eco-indicator99: A damage oriented method for life cycle impact assessment manual for designers[M]. Amersfoort: Pre Consultants,2001.

[15] 谢明辉，阮久莉，白璐，等. 太阳能级多晶硅生命周期环境影响评价[J]. 环境科学研究，2015, 28(02):291-296.

[16] Huang B J, Zhao J, Chai J Y, et al. Environmental influence assessment of China's multi-crystalline silicon (multi-Si) photovoltaic modules considering recycling process[J]. Solar Energy, 2017, 143: 132-141.

第8章
多晶硅光伏产品生命周期评价

- □ 功能单位和系统边界界定
- □ 清单分析
- □ 影响评价

中国光伏产业全球化程度高且产能占比大，2015年中国太阳能级硅、硅片、电池片和光伏组件产量分别占世界总产量的47.8%、79.6%、85.3%和72.1%[1]。然而，尽管中国光伏产业发展迅速，前景广阔，但仍然存在一些问题，例如环境污染、支撑环境管理的环境影响效益评估数据缺乏等。

生命周期评价作为一种能够解决上述问题的环境管理工具，近年来得到了迅速发展。早在20世纪70年代，光伏使用量增加以及由此导致的温室气体排放的减少等问题就得到了人们的关注[2]。近年来，对光伏系统生命周期能耗与环境影响的研究越来越多，特别是对能源回收期和温室气体的分析。刁周玮等[3]在2009年基于主流和最佳技术方法评估了中国光伏组件的生命周期环境影响，分析了能源回报时间和全球变暖潜力。Fu等[4]对中国多晶硅光伏系统进行了生命周期评价，主要考虑了一次能源需求、能源回收期和环境影响。Chen等[5]和Hong等[6]对中国多晶硅光伏电池进行了环境影响评价。于志强等[7]计算了冶金路线多晶硅光伏发电系统并网发电的能源回收期和环境影响。

然而，现有文献中对中国光伏产品生命周期研究的数据清单都来自单个工厂或者之前的文献，这些小的数据样本很难代表中国光伏产品的实际情况，同时，之前对光伏产品生产过程的污染物影响研究较少。因此，建立一种从单个工厂收集的数据整合为行业级数据的方法；在此基础上采用终点类损害模型和生命周期评价方法，对中国光伏生产的实际环境负荷进行评估，并计算中国光伏产品的污染物回收期，以期为中国光伏产业环境管理决策提供科学依据。

8.1 功能单位和系统边界界定

8.1.1 功能单位

选取的功能单元为：1t太阳能级硅，10^4片多晶硅片，$1m^2$多晶硅太阳能电池，$1m^2$多晶硅光伏组件。

8.1.2 系统边界

系统边界包括太阳能级硅原料的运输，另外因多晶硅片、太阳能电池和光伏组件大多情况下在一个工厂生产，故这三者生产的原材料运输没有考虑在系统边界内。主要的生产过程涉及4种类型的产品如图8-1所示，表8-1展示了光伏产品的参数和规格。

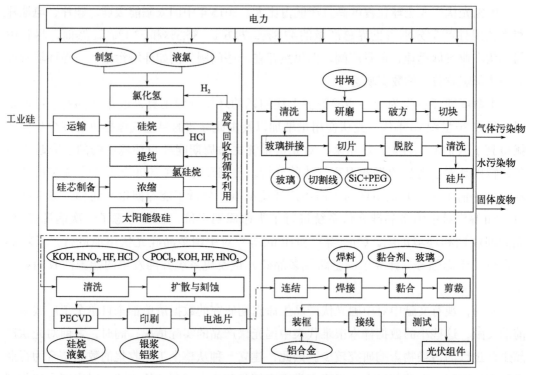

图 8-1 系统边界

表 8-1 光伏产品的参数和规格

产品		参数
太阳能级多晶硅	生产技术	改良西门子法
	尾气回收技术	冷氢化技术
多晶硅片	厚度	0.18mm
	尺寸	156mm × 156mm
	重量	10.21g
多晶硅电池片	功率	4.2Wp
	$1m^2$ 多晶电池片功率	$172.58W/m^2$
多晶硅光伏组件	尺寸	1956mm × 992mm
	电池片数量	72（6×12）片
	转换效率	17.2%
	有效面积比	90.3%
	使用寿命	25年
	$1m^2$ 多晶组件功率	$150W/m^2$

注：Wp 指太阳能电池峰值功率。

8.2 清单分析

首先，选择位于不同地区、生产规模和加工工艺水平都不同的工厂，通过现场调研和问卷调研获取清单数据。在实地调研时，逐一走访每家工厂，咨询厂长及员工，确定其目前技术状况，其中原材料和能源消耗数据来源于现场咨询和工厂年度统计数据；污染物排放数据由环境监测机构进行监测，各污染物的取样、制样和测定方法均符合国家标准。这些数据旨在尽可能准确地反映中国光伏产品的情况，调查样本情况见表8-2。

表8-2 调查样本情况

产品	样本工厂数量/个	样本数量/个	调研占全国总产量比重/%	
			现场调研	问卷调研
太阳能级硅	18	524	80	20
多晶硅片	40	1012	20	40
多晶硅太阳能电池片	18	569	12	40
多晶硅光伏组件	17	317	12	40

因4种光伏产品的样本太多，尤其是太阳能电池和光伏组件，因此在确定清单数据前，需要采用相对标准偏差法分析输入数据的准确性。如果相对标准偏差＜0.3，我们假设数据可以使用，否则需要检查数据源并确定数据是否可靠。结果显示，95%的数据相对标准偏差＜0.3，较大标准偏差的物质均为石灰石、氢氧化钠等次要辅助材料。主要输入数据的相对标准差如表8-3所列。

表8-3 主要输入物质的相对标准差和数据范围

产品	主要输入物质	相对标准差	数据范围	
			最小值	最大值
太阳能级硅	工业硅	0.11	1.35	1.47
	电	0.41	75000	138000
多晶硅片	太阳能级硅	0.19	191.02	225.07
	玻璃	0.17	10.70	13.27
	钢丝	0.14	79.65	97.23
	电	0.27	6342	8800
多晶硅太阳能电池片	多晶硅片	0.05	1.04	1.09
	银浆	0.28	0.00525	0.00817
	铝浆	0.16	0.0545	0.0726
	电	0.19	19.436	23.506

续表

产品	主要输入物质	相对标准差	数据范围	
			最小值	最大值
多晶硅光伏组件	电池片	0.04	0.900	0.910
	焊料	0.31	0.115	0.141
	铝合金	0.15	1.78	1.98
	玻璃	0.24	5.25	6.12
	黏合剂	0.21	0.412	0.515
	电	0.16	7.00	7.32

在进行准确性评估之后，为了将单个工厂的数据整合为行业级别的数据，采用生产加权平均法，数据分析过程如图8-2所示。

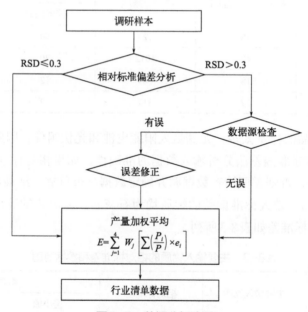

图8-2 数据分析流程

在此基础上，分别得到太阳能级硅、多晶硅片、多晶硅太阳能电池片和多晶硅光伏组件的生命周期清单数据，见表8-4～表8-7。

表8-4 1t太阳能级硅生命周期清单

输入/输出	类别	单位	数量
输入	工业硅	t	1.39
	液氯	t	0.2
	液氢	kg	53.58
	氢氧化钠	t	0.35

续表

输入/输出	类别	单位	数量
输入	生石灰	t	0.58
	电	kW·h	97310
	蒸汽	t	92
输出	硅尘	kg	2.72
	HCl	kg	0.088
	NO	kg	0.20
	HF	kg	0.0074
	COD	kg	2.04
	氯化物	kg	77
	氟化物	kg	0.48
	悬浮物	kg	1.44
	氨氮	kg	0.0267
	硅粉	kg	2.32

表8-5 10^4片硅片生命周期清单

输入/输出	类别	单位	数量
输入	太阳能级硅	kg	204.09
	陶瓷坩埚	kg	43.3
	氩气，液态	kg	78.6
	钢丝	kg	85.47
	碳化硅	kg	61.08
	聚乙二醇	kg	264.41
	胶黏剂（丙烯酸黏合剂）	kg	0.46
	清洁剂（DPM）	kg	6.4
	氢氧化钠	kg	0.5
	盐酸，质量分数36%	kg	1.2
	氢氟酸	kg	2.4
	硝酸，质量分数50%	kg	7.8
	醋酸	kg	5.39

续表

输入/输出	类别	单位	数量
输入	平板玻璃	kg	11.41
	电	kW·h	6859
	HF	kg	0.002
	NO	kg	0.33
	COD	kg	11.9
	氟化物	kg	0.62
	悬浮物	kg	3.45
	废硅料	kg	0.13
	废坩埚	kg	38
	废钢丝	kg	85.47
	废玻璃	kg	9.69

表8-6　1 m² 多晶硅太阳能电池片生命周期清单

输入/输出	类别	单位	数量
输入	多晶硅片	m²	1.06
	银浆	kg	0.00575
	铝浆	kg	0.0562
	液态氨	kg	0.0126
	五氯化磷	kg	0.0036
	硅烷	kg	0.00390
	硫酸	kg	0.0998
	盐酸，质量分数36%	kg	0.0405
	氢氟酸	kg	0.333
	硝酸，质量分数50%	kg	0.527
	氢氧化钾	kg	0.0207
	液态氧	kg	0.00759
	电	kW·h	19.846
输出	氢氟化物	g	0.186
	HCl	g	0.892
	NO_x	g	8.55

续表

输入/输出	类别	单位	数量
输出	氯	g	0.00328
	氨	g	2.61
	硅尘	g	0.995
	NMVOC	g	0.117
	COD	g	2.93
	氟化物	g	0.984
	悬浮物	g	7.77
	TN	g	21.2
	TP	g	0.0863

表8-7 1m² 多晶硅光伏组件生命周期清单

输入/输出	类别	单位	数量
输入	多晶硅电池片	m²	0.903
	铝合金	kg	1.86
	焊带，锡	kg	0.0236
	焊带，铜	kg	0.0944
	玻璃	kg	5.41
	黏合剂	kg	0.795
	PVDE	kg	0.102
	PET	kg	0.344
	电	kW·h	7.12
输出	COD	g	0.0152

分别使用不同的功能单元来评估太阳能级硅、多晶硅片、多晶硅太阳能电池片和多晶硅光伏组件4种不同的产品。同时，为了对我国多晶硅光伏产品的环境影响进行全面评估，需要一个适用于上述4种产品的过程系数，根据《2013—2014年中国光伏产业年度报告》，选择了物质平衡法计算过程系数，如下：

① 1 m² 光伏组件需要 0.903 m² 多晶硅太阳能电池；

② 1 m² 的多晶硅太阳能电池需要 1.06 m² 多晶硅片；

③ 1 m² 的多晶硅片相当于 41.09 片硅片；

④ 10^4 片多晶硅片需要 204.09kg 的太阳能级硅。

因此，1m² 的多晶硅光伏组件需要 0.903m² 多晶硅太阳能电池材料；0.903m² 的多晶硅太阳能电池需要 39.33 片（156mm×156mm=0.0243 m²/片）硅片材料；39.33 片（0.957 m²）多晶硅片需要 0.804 kg 太阳能级硅材料。

8.3 影响评价

8.3.1 环境影响

采用终点损害类别影响评价模型，考虑了人体健康、生态系统和资源3种损害类别，并调查了7种影响类型：致癌作用（CA）、呼吸系统损害（RI）、气候变化（CC）、生态毒性（ET）、酸化和富营养化（AE）、矿产资源消耗（MI）及化石能源消耗（FF）[8]。最后，将不同类型的环境影响经过标准化过程归总为一个指标值，即环境影响潜值（单位为Pt）来量化环境影响的结果。

生命周期环境影响评价结果如图8-3所示。其中图8-3（a）表示1t太阳能级硅的生命周期环境影响潜值；图8-3（b）表示10^4片多晶硅片（包括太阳能级硅和硅片工艺）生命周期环境影响潜值；图8-3（c）表示$1m^2$的多晶硅太阳能电池（包括太阳能级硅、硅片和电池工艺）生命周期环境影响潜值；图8-3（d）表示$1m^2$多晶硅光伏组件（包括太阳能级硅、硅片、电池片和光伏组件工艺）生命周期环境影响潜值。

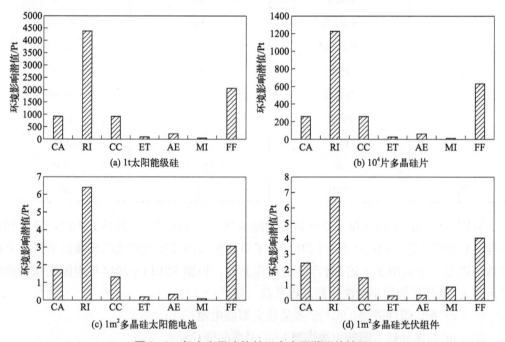

图8-3 每个产品功能单元生命周期评价结果

由图8-3分析可知，太阳能级硅、多晶硅片、多晶硅太阳能电池和多晶硅光伏组件各功能单元的环境影响值分别为8577 Pt、2470 Pt、12.97 Pt和15.91 Pt。在上述4种生产工艺过程中呼吸系统影响贡献较高，占多晶硅光伏产品生命周期环境影响的79.48%。这主要是由于太阳能级硅生产过程中需要消耗大量电力，而我国大部分电力主要是燃煤发电，发电过程排放的颗粒物对人体健康影响较大，因此多晶硅光伏产品生产过程中大量使用的电力导致了呼吸系统影响潜值较高。该类影响占太阳能级硅、多晶硅片、多晶硅太阳能电池和多晶硅光伏组件生命周期环境影响的比重分别为50.93%、49.54%、49.10%和41.94%。化石燃料的影响次之，原因同样是燃煤发电导致大量的空气污染，化石燃料影响占太阳能级硅、多晶硅片、多晶硅太阳能电池和多晶硅光伏组件生命周期环境影响的比重分别为24.07%、25.67%、23.52%和25.20%。致癌作用和气候变化2个环境影响潜值略小于化石燃料影响，其中致癌作用影响潜值分别占4种功能单元生命周期环境影响潜值的10.57%、10.55%、13.18%和14.89%，气候变化分别占10.82%、10.36%、10.05%和8.80%。其余3个影响类别生态毒性、矿产资源消耗和酸化和富营养化的影响较低。此外，由于光伏组件生产过程中使用了许多金属，例如铝合金、锡和铜，因此矿产资源消耗占光伏组件环境影响的比例（5.39%）明显高于太阳能级硅（0.16%）、硅片（0.39%）和太阳能电池生产（0.44%）3个产品。

对每个工艺参数如原材料、电耗、焊料、铝合金和玻璃等进行±10%范围内的环境影响综合值敏感性分析，结果如表8-8所列。

表8-8 敏感性分析结果　　　　　　　　　　　　　　单位：%

工艺参数	太阳能级硅工艺①	多晶硅片工艺②	太阳能电池工艺③	光伏组件工艺④
工业硅（±10%）	±0.60	—	—	—
太阳能级硅（±10%）	—	±7.08	—	—
多晶硅片（±10%）	—	—	±8.30	—
多晶硅太阳能电池（±10%）	—	—	—	±7.36
电（±10%）	±7.95	±1.94	±1.07	±0.31
蒸汽（±10%）	±1.32	—	—	—
焊带（±10%）	—	—	—	±0.96
铝合金（±10%）	—	—	—	±0.51
玻璃（±10%）	—	—	—	±0.40

① 太阳能级硅工艺是指从镁硅到太阳能级硅的生产。
② 硅片加工是指从太阳能级硅到多晶硅片的加工过程。
③ 多晶硅太阳能电池工艺是指从多晶硅片到电池的生产过程。
④ 光伏组件工艺是指从电池到光伏组件的生产过程。

从表8-8可以看出，原材料和用电量是最敏感的因素。因此，减少原材料消耗是降低多晶硅光伏产品生命周期环境影响的主要途径。此外，考虑到各种产品生产均产生能源消耗，特别是太阳能级硅生产消耗大量能源，因此，节能也是减少环境影响的重要途径。据测算，4个生产工艺过程用电量对环境的总影响占多晶硅光伏产品生命周期环境影响的56%。

多晶硅光伏产品生产系统包括太阳能级硅生产、硅片生产（无太阳能级硅输入）、太阳能电池生产（无硅片输入）和光伏组件生产（无太阳能电池输入），基于此，对光伏产品生产系统的环境影响进行了评价，结果如图8-4所示。

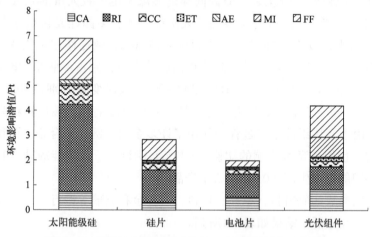

图8-4 多晶硅光伏产品生产的4个过程对环境的影响

太阳能级硅生产工艺（6.90Pt）的环境影响最大，占光伏产品生产系统环境影响的43.3%，原因是该工艺能耗较大；光伏组件生产工艺（4.20 Pt, 26.4%）环境影响次之；最后是硅片工艺（2.83 Pt, 17.8%）和太阳能电池工艺（1.99 Pt, 12.5%）。

8.3.2 污染物回收期

污染回收期（pollution payback time，PPBT）是指生产等量电力，国家电力结构的电力系统产生与光伏生产系统排放量相同的污染物（例如COD、氨氮、二氧化硫、一氧化氮等）所需的时间。在污染回收期后，光伏系统开始对环境有益，污染回收期可由下式计算：

$$PPBT = \frac{i_{光伏}}{i_{电力}} \tag{8-1}$$

式中 $i_{光伏}$——制造1 m² 光伏系统全生命周期污染物总量，g；

$i_{电力}$——实现1 m² 光伏系统年度发电量的火电污染物排放量，g/a；

以多晶硅光伏系统的年发电量193kW·h/（m²·a）为例，我们计算了燃煤发电系统193kW·h/a时的排放量。燃煤发电系统的水污染物COD、氯和氟年排放量分别为36g/a、1.38g/a和1.31g/a，燃煤发电系统大气污染物氨、一氧化氮、二氧化硫、氯化氢、氟化氢和二氧化碳年排放量分别为0.849g/a、704g/a、1.54kg/a、49.7g/a、4.43g/a和189kg/a。多晶硅光伏系统生命周期COD、氯、氟、氨气、一氧化氮、二氧化硫、氯化氢、氟化氢和二氧化碳排放量分别为184g、1.41g、32.9g、6.8g、585g、1.21kg、35.6g、

4.95g和167kg。根据污染回收期计算公式，对上述污染物的回收时间进行计算，结果见表8-9。

表8-9 光伏发电污染物回收期

污染物		污染回收期/年
水污染物	COD	184/36.0=5.11
	Cl	1.41/1.38=1.02
	F	32.9/1.31=25.1
空气污染物	NH_3	6.8/0.849=8.01
	NO	585/704=0.831
	SO_2	1.21/1.54=0.784
	HCl	35.6/49.7=0.716
	HF	4.95/4.43=1.12
	CO_2	167/189=0.884

污染物回收期结果表明，水污染物氟的回收期最高，多晶硅光伏系统需要25.1年才能偿还氟污染，获得环境效益，COD和NH_3的污染回收期分别为5.11年和8.01年，氯、一氧化氮、二氧化硫、氯化氢、氟化氢和二氧化碳的污染回收期基本相同，分别为1.02年、0.831年、0.784年、0.716年、1.12年和0.884年。整体来看，只有水中氟的污染回收期超过了光伏系统的预期寿命（25年）。光伏系统生命周期水中氟的排放量为32.9g，其中硅片工艺贡献最大，占生命周期氟排放量的59.9%。硅片生产过程中的废水处理占该排放量的40.7%。因此，减少废水处理中的氟排放是光伏系统污染预防的一个关键。尽管如此，与中国以燃煤发电为基础的电力结构相比，光伏发电系统总体上较短的污染回收期在减排方面，尤其是空气排放方面产生了显著的环境效益。

综上所述：

① 通过大量现场调研、问卷调查和现场监测获得光伏产品生命周期数据清单。调研样本的光伏产品总产量占2013年全国产量的66%，此外，建立了数据采集流程，进行准确性评估，并将数据集成到行业级数据库中，使得结果能够较为准确地反映中国光伏产品的实际环境负荷。

② 光伏产品生命周期评价结果显示，光伏产品生命周期环境影响主要集中在呼吸系统影响和化石燃料2个环境影响类别，主要是因为在4种产品的生产过程中需要消耗大量的电力。敏感性分析结果表明，减少原材料消耗和节约能源是降低光伏产品环境影响的重要途径。

③ 污染物回收期计算结果表明，只有水中氟排放的污染物回收期超过了光伏系统的预期寿命（25年）。因此，减少废水处理中的氟排放是光伏产业污染防治的关键。

参考文献

[1] 中国光伏行业协会. 2015-2016年中国光伏产业年度报告[R], 2016.

[2] Hunt L P. Total energy use in the production of silicon solar cells from raw materials to finished product [J]. 12th IEEE PV Specialists Conference, 1976: 347-352.

[3] 刁周玮, 石磊. 中国光伏电池组件的生命周期评价[J]. 环境科学研究, 2011, 24(05): 571-579.

[4] Fu Y Y, Liu X, Yuan Z W. Life-cycle assessment of multi-crystalline photovoltaic (PV) systems in China[J]. Journal of Cleaner Production, 2015, 86: 180-190.

[5] Chen W, Hong J L, Yuan X L, et al. Environmental impact assessment of monocrystalline silicon solar photovoltaic cell production: A case study in China[J]. Journal of Cleaner Production, 2016, 112: 1025-1032.

[6] Hong J L, Chen W, Qi C C, et al. Life cycle assessment of multi-crystalline silicon photovoltaic cell production in China[J]. Solar Energy, 2016, 133: 283-293.

[7] 于志强, 马文会, 魏奎先, 等. 冶金法多晶硅光伏系统能量回收期与碳足迹分析[J]. 太阳能学报, 2018, 39(02): 520-528.

[8] 谢明辉, 阮久莉, 乔琦, 等. 基于生命周期评价的多晶硅片环境影响研究[J]. 环境工程技术学报, 2016, 6(01): 72-77.

第9章
新能源汽车环境效益生命周期评价

□ 功能单位和系统边界界定

□ 清单分析

□ 新能源汽车影响评价

□ 燃油汽车影响评价

□ 新能源汽车与燃油汽车环境影响对比

□ 结果分析

□ 情景分析

□ 我国新能源汽车行业发展政策建议

近年来随着汽车工业的发展，机动车保有量不断增加，以机动车为主的移动源逐渐成为城市空气污染的主要来源之一，特别是氮氧化物、挥发性有机物占据了较高的比重，而这两种物质也是导致雾霾天气的主要污染物。因此，积极发展新能源汽车就成为了解决城市空气污染和化石燃料消耗的重要手段。一方面新能源汽车可以减少汽车燃料消耗过程的污染物排放，从而改善空气质量；另一方面，新能源汽车消耗的是清洁能源（无论是电能还是氢能），也可以减少对石油资源的依赖。因此，顺应生态环境保护需求和能源发展战略，发展新能源汽车已经成为解决环境、能源问题的重要手段。

虽然新能源汽车在行驶过程中可以做到清洁、低碳、无污染，但从全生命周期的视角来看，新能源汽车在生产制造、行驶、报废拆解等过程的环境影响是否足以抵消传统化石燃料汽车对燃料消耗产生的环境影响呢？以特斯拉Model S为例，根据Winton测算[1]，在美国行驶15万千米需要的电力，在其发电过程中会有13t的二氧化碳排放，汽车电池制造还会产生14t的二氧化碳排放，其他配件生产和废弃后的拆解还会导致7t的二氧化碳排放，合计34t二氧化碳排放，这与一辆柴油动力的奥迪A7在生产制造、行驶15万千米、废弃拆解过程合计产生的二氧化碳排放（35t）基本是一致的。同时，基于香港特别行政区电力结构下行驶的Model S每千米碳排放为137g，也与美国本地行驶的汽油车每千米碳排放相当（140g）。

目前，我国煤电在电力构成中占比将近70%，发电过程中产生大量二氧化碳、氮氧化物等污染物，从而使得新能源电动汽车在其使用阶段的环境影响被转移到了前期发电的过程中。因此，纯电动汽车全生命周期环境绩效究竟几何？是否能够较传统的化石燃料汽车更环保更低碳？这都需要从全生命周期角度，对汽车生产制造（包括电池、车架等）、行驶、报废处置等阶段进行全面系统的分析，同时基于中国的电力结构发展情景，进行科学合理的测算，从而为我国新能源汽车产业发展的政策制定提供支撑。

9.1 功能单位和系统边界界定

9.1.1 功能单位

功能单元因涉及的生命周期阶段不同而有所差异，原料获取和制造装配、报废回收阶段均以1辆车为功能单元，运行使用以150000km为功能单元，在进行各阶段的比较分析和车型比较分析时，都量化为行驶1km的全生命周期环境影响进行比较。

9.1.2 系统边界

新能源汽车生命周期评价研究将以4个阶段进行，分别为原材料获取阶段、制造装配阶段、运行使用阶段和报废回收阶段。具体的系统边界如图9-1所示。

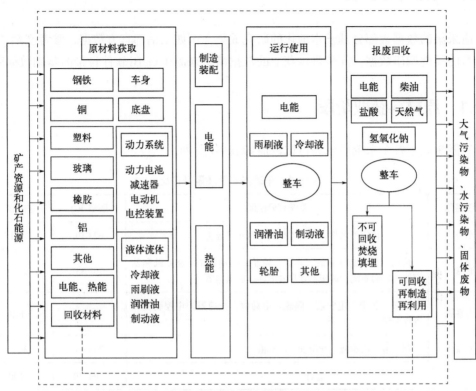

图9-1 新能源汽车全生命周期评价系统边界

（1）原材料获取阶段

主要包括整车底盘、车身、车用液体流体和动力系统，其中，动力系统又细分为动力电池、电动机、电控装置、减速器四部分进行研究，其他质量较小的非主要部件不予考虑。

（2）制造装配阶段

此阶段是汽车零部件经过加工并组成新能源汽车的过程，该阶段主要消耗电能和热能。

（3）运行使用阶段

主要包括制动液、冷却液、玻璃水等液体流体的使用和全生命周期运行期间所消耗的电能。

（4）报废回收阶段

主要考虑钢、铁、铝、铜四种主要金属的回收。

9.2 清单分析

所采集的数据大部分基于本地化的研究成果，例如工信部官方数据、参考文献[2, 3]和大量的实地调研数据，部分难以获取的数据清单来源于GaBi软件自带的基础数据库。

9.2.1 原材料获取阶段

新能源汽车各个系统质量和占比数值如表9-1所列。

表9-1 车辆各系统质量及占比

系统名称	系统划分说明	质量/kg	占比/%
车身	车身本体内外饰件、车身附件及车身电子器件	623.10	30.15
底盘	传动系统、悬架系统、车架、轮胎、制动系统、驱动轴和差速器、转向系统、焊接毛坯和紧固件、底盘电器	708.83	34.30
动力系统	正极、负极、电解液、隔膜、电动机、减速器、电控装置和管理系统	25.98	1.26
液体流体	制动液、雨刷液、润滑油、冷却液	708.48	34.29
合计		2066.39	100

（1）车身

新能源汽车车身体积庞大，含有各类零部件数目众多，一般的车身主体主要由前盖总成、前围零件、地板总成、左/右侧围总成、后围总成、行李舱搁板总成和顶盖总成等零部件组成。若更细节化分，则所包含的零部件数量繁多，质量难以统计，进行全面的全生命周期评价过程变得非常烦琐。因此，合理地忽略质量较小的零部件，也是开展生命周期评价常用的取舍原则。通过数据收集，得到车身材料分布质量数据如表9-2所列。

表9-2 车身组成部分材料及质量

部件名称	材料	质量/kg	占比/%
白车身	100%钢	296.69	40.53
车身面板	100%钢	97.76	13.36
前/后保险杠	100%塑料	11.84	1.62
车身金属构件	89.8%塑料、5.3%钢、2.3%橡胶、2%铜、0.6%玻璃	11.84	1.62
玻璃	100%玻璃	47.38	6.47

续表

部件名称	材料	质量/kg	占比/%
焊接毛坯和紧固件	50%钢，50%塑料	23.69	3.24
油漆	100%油漆	14.00	1.91
外饰件	93.6%塑料，4.3%钢，1.5%橡胶，0.6%有机物	11.84	1.62
车身密封塑料/隔声材料	100%橡胶	2.15	0.29
外部电器	59%塑料，41%铜	11.84	1.62
仪表盘	46%钢，47%塑料，4%有机物，1%锻造铝，1%橡胶，1%镁	28.54	3.90
装饰件和阻隔件	67.2%塑料，29.5%钢，3.2%有机物，0.1%锻造铝	26.38	3.60
车门	65.3%塑料，32.6%有机物，1.8%钢，0.3%玻璃	29.61	4.05
座椅	58%钢，39%塑料，3%有机物	71.07	9.71
空调系统	56.2%钢，21.5%锻造铝，16.7%铜，2.4%塑料，2%橡胶，0.5%锌，0.7%其他	23.69	3.24
内部电器	59%塑料，41%铜	11.84	1.62
焊接毛坯和紧固件	50%钢，50%塑料	11.84	1.62

汽车车身制造的主要工艺为冲压、焊接、涂装和总装，在汽车制造业中为四大核心技术。从结构上看，轿车属于无骨架车身，它的生产工艺流程大致为钢板冲压—子总成装焊—骨架总成装焊—蒙皮装焊—涂饰—内外装饰—成品车身—入库。此外，也将车身玻璃件纳入考虑范围。通过查阅资料，得到车身玻璃件生产过程单位能耗如表9-3所列，车身玻璃件共46.54kg，经计算，整个车身生产制造过程玻璃件所需电能129.85MJ，消耗工艺水52.59kg。参考文献得到车身的生产制造能耗数据如表9-4所列[4-6]。

表9-3 车身玻璃件生产工艺能耗

项目	玻璃生产	平板玻璃	玻璃件成品
电能/（MJ/kg）	35.54	46.37	2.79
工艺用水/（kg/kg）	97.31	83.78	1.13

表9-4 车身主要部件制造及装配能耗

车身部件	电能/（MJ/kg）	车身部件	电能/（MJ/kg）
前盖总成	1.4787	电池支架总成	1.00612
顶盖总成	1.1936	前围总成	1.14528
翼子板及侧围	5.07587	后围总成	1.14528

续表

车身部件	电能/（MJ/kg）	车身部件	电能/（MJ/kg）
行李箱盖总成	3.17803	地板总成	4.28929
前侧面车门总成	1.97488	车辆总装	0.73594
后侧面车门总成	1.97488		

（2）底盘

新能源汽车底盘结构主要由传动系、转向系、行驶系和制动系组成，其具体部件组成及质量分布如表9-5所列。

表9-5 底盘组成部件材料及质量

部件名称	材料	质量/kg	占比/%
传动系统	100%钢	161.47	19.43
悬架系统	100%钢	66.53	10.73
制动系统	60%铁，35%钢，5%摩擦材料	62.06	10.01
车架	100%钢	48.79	7.87
车轮	100%钢	67.27	10.85
轮胎	67%橡胶，33%钢	66.53	10.73
转向系统	80%钢，15%锻造铝，5%橡胶	36.21	5.84
底盘电器	59%塑料，41%铜	16.24	2.62
控制器/逆变器	5.0%钢，47%铸造铝，8.2%铜，3.7%橡胶，23.8%塑料，12.3%有机物	79.05	12.75
焊接毛坯和紧固件	100%钢	16.24	2.62

底盘包含零部件众多，制造工艺也各不相同，以悬架为例，其制造工艺流程一般为：下料—材料检验—绕制—去应力退火—超声波探伤—喷丸—会火—热强压—负荷分选—包装入库。车轮的制造过程则分为轮辋和轮辐两个独立工艺制造，最后再将轮辋和轮辐压配到一起，通过合成焊接完成最终车轮的生产制造工艺。

根据参考文献[7]，得到悬架弹簧的制造工艺能耗为0.21MJ/kg的电能和2.77MJ/kg的热能；车轮的轮辋、轮辐制造过程和车轮装配过程的电耗分别为2.68MJ/kg、1.26MJ/kg和0.084MJ/kg；轮胎的制造能耗为2.35MJ/kg。

（3）液体流体

一般说来，传统汽车上的流体与液体是俗称的"五油三水"，即燃油、机油、变速箱油、刹车油、转向助力油，以及冷却水、玻璃水、电瓶水这八种液体。新能源汽车的原理构造与传统汽车大有不同，因此液体与流体部分也有一定差别。将纯电动汽车的液体和流体分为刹车油、变速箱油、冷却水、玻璃水四部分，其他液体暂不考虑，具体内容如表9-6所列。液体流体默认只使用电能。数据源于文献资料[8,9]，计算得到液体流体的生产制造过程总能耗如表9-7所列。

表9-6 汽车液体类型及组成

流体类型	主要成分	质量/kg	占比/%
刹车油	丙二醇，环氧丙烷，乙二醇，氢氧化钾，草酸，添加剂	0.94	3.61
变速箱油	润滑油基础油（矿物基础油、合成基础油），添加剂	0.84	3.23
冷却水	乙二醇，水，添加剂	7.39	28.42
玻璃水	蒸馏水，酒精，乙二醇，缓蚀剂，表面活性剂	2.80	10.77
黏合剂	环氧树脂类、PVC类、聚丙烯酸酯类	14.03	53.96

表9-7 液体流体生产制造阶段总能耗

种类	电能消耗/MJ	种类	电能消耗/MJ
变速箱油	43.9	黏合剂	1486.7
刹车油	18.2	冷却水	144.7
玻璃水	46.5	总计	1739.9

（4）动力系统

1）动力电池

选取的纯电动汽车配备磷酸铁锂电池，电池总电压可以达到633.6V，容量为75Ah，共有198个单体电池，每个单体电池的标称电压是3.2V。磷酸铁锂电池主要由正极材料（磷酸铁锂）、负极材料（石墨）、隔膜（PE/PP）、电解液（$LiPF_6$有机溶液）、壳体（金属铝/PP）、电池管理系统（BMS）六大部分组成。

磷酸铁锂电池正极材料采用磷酸铁锂材料，电池采用的电极材料及电解质材料的结构和性能是决定电池电化学性能的重要原因，并且电池电极材料的选择和质量的优异直接决定着磷酸铁锂电池的性能和成本，因此低成本、高性能的电极材料一直是科研工作者重点研究的方向。锂离子电池的正极材料是电池非常重要的组成部分，电池在充放电循环过程中，正极材料要提供锂离子在正负极之间嵌入/脱出所需要的锂，一部分还要用于负极表面形成固体电解质界面膜（SEI）膜的锂，因此，关于锂离子电池正极材料研发出低成本、高性能的新材料已成为电池快速发展的关键所在，这是国内外众多科研工作者达成的共识。对于正极材料近几年的研究开发中，能够成为锂离子电池正极材料的要求是主要由含锂的过渡金属氧化物组成，这些含锂的过渡金属氧化物结构可分为3种：

① 具有层状结构的 $LiMO_2$ 材料，$LiMO_2$ 中 M 一般指 Co、Ni、Mn、$Mn_xCo_yNi_z$；

② 具有尖晶石结构的 $LiMn_2O_4$ 材料和具有橄榄石结构的 $LiMPO_4$ 材料，M 一般指 Fe、Mn、Co；

③ 目前正处于研发中的一些新型纳米正极材料。

通过文献查阅发现，磷酸铁锂主要采用颗粒吸附剂结合固定床的生产工艺，工艺流程一般如图9-2所示。

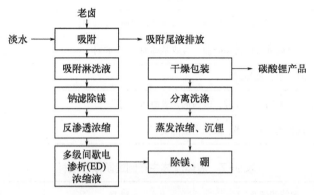

图9-2 吸附法盐湖提锂工艺流程

因此，最终选取的正极材料制备路线为吸附法盐湖提锂技术和高温固相法制备磷酸铁锂材料工艺，于GaBi平台构建包含盐湖提锂工艺过程在内的磷酸铁锂正极材料制备过程的方案计算模型。磷酸铁锂动力电池原材料获取阶段模型中所用到的各部分材料组成和质量具体数据如表9-8所列。

表9-8 磷酸铁锂电池材料[10-12]

电池部件	材料	质量/kg	占比/%
正极	磷酸铁锂（$LiFePO_4$）	106.0	22
	聚偏氟乙烯（PVDF）	14.5	1
	N-甲基吡咯烷酮（NMP）	4.8	3
	铝基体	24.1	5
负极	石墨	48.2	10
	聚偏氟乙烯（PVDF）	4.8	1
	N-甲基吡咯烷酮（NMP）	9.6	2
	铝基体	38.6	8
电解液	六氟磷酸锂（$LiPF_6$）	9.6	2
	碳酸乙烯酯（EC）	19.3	4
	二甲基酸酯（DMC）	19.3	4

续表

电池部件	材料	质量/kg	占比/%
隔膜	聚丙烯（PP）	7.2	2
	聚乙烯（PE）	7.2	2
壳体	聚丙烯（PP）	19.3	4
	铝	135.0	28
电池管理系统	钢	4.8	1
	铜	4.8	1
	电路板	4.8	1

动力电池作为纯电动车的关键部件，自身结构复杂，零部件繁多，细致地对每一步制造过程进行数据收集困难较大。因此，综合多方数据，选取单位动力电池制造工艺的能耗数据[13,14]，并计算得到磷酸铁锂电池制造过程所需的能耗数据，共需要天然气能4241.6kW·h和电能5639.4kW·h；电池装配阶段，美国阿贡实验室（ANL）的研究结果表明，电动汽车锂离子动力电池装配过程的能耗与质量成正比，约为2.67MJ/kg[15]，且装配过程中默认所需能耗来源为电能。

2）驱动电机

驱动电机是纯电动车的动力源头，相当于传统汽车的发动机，将动力电池提供的电能转化为车辆运行使用过程的动能。所配备的电动机为广泛应用于纯电动乘用车的永磁同步式电机。总功率为160kW，电机总扭矩为310N·m，材料组成及质量如表9-9所列。

表9-9 驱动电机材料组成及质量[16]

部件	材料	质量/kg	占比/%
定子绕组	铜丝	15.32	16.45
铁心	钢	20.16	21.65
永磁转子	钕铁硼	12.20	13.10
电机轴	钢	9.09	9.76
电机壳体	铝合金	22.62	24.29
电机底座	铝合金	13.73	14.74

驱动电机的生产制造阶段包含了定子、转子、电机轴、壳体基座和电机总装配的过程。定子生产制造包含了铜丝缠绕出的绕组，硅钢片压得到的铁心以及两者的组装过程；转子一般是永磁转子，需要设计、熔炼、铸锭以及热处理等一系列过程；电机轴通常需要钢坯经过粗车、精车、热处理、打磨等处理过程；壳体与基座为铝质铸造，再经过系列机械加工工艺处理。驱动电机各部件制造阶段能耗情况如表9-10所列，装配整个驱动电机的过程还要消耗约52.94 MJ电能，热能部分采用煤炭发热，总计电机的生产制造阶段消耗电能468.62MJ，热能169.33MJ[17]。

表9-10 驱动电机部件制造过程能耗

部件	电能/MJ	热能/MJ
定子绕组	91.68	31.12
铁心	12.87	—
定子的制造	26.46	—
永磁转子	89.20	62.25
驱动电机轴	44.28	—
驱动电机壳体和基座	151.20	75.96
电机装配	52.94	—
总计	468.62	169.33

3）减速器

采用的是单级齿轮式减速器，主要由轴、齿轮、同步器和箱体四种主要部件组成。通常轴和齿轮主要由钢材料构成，同步器由铜构成，箱体则采用较为轻质的铝合金。减速器的具体材料构成数据如表9-11所列。

表9-11 减速器的主要材料组成及质量

部件	材料	质量/kg	占比/%
轴、齿轮	钢	25.83	58.70
同步器	铜	3.56	8.10
箱体	铝合金	14.61	33.20

减速器的制造工艺流程一般包括减速器箱体的制造、齿轮及轴的制造以及减速器的装配过程。结合参考文献，得到减速器生产制造阶段能耗如表9-12所列。

表9-12 减速器生产制造阶段能耗

项目	减速器箱体	齿轮和齿轮轴	装配	总能耗
电能/（kW·h）	35.54	46.37	2.79	84.69
热能/MJ	97.31	83.78	1.13	182.22
柴油/kg	0.02	0.07	1.13	1.22

4）电控装置

电控装置是用来控制新能源汽车中电池向电机转化的能量控制器，是电机驱动及控制系统的核心，主要包含IGBT功率半导体模块、关联电路等硬件部分和电机控制算法及逻辑保护等软件部分。电动机控制装置中所含的电路板基本材料为塑料和铜线；电控装置一般含有散热器，散热器主要材料为铸铝；IGBT功率半导体模块主要材料为硅和铜材料的基板，其间含有绝缘层，成分为硅脂一类。由于电机控制装置生产制造过程数据较少不易获取，根据参考文献[18]假设其制造装配过程只消耗电能，假设共消耗电能30kW·h。根据材料清单表，电控装置的材料组成部分数据如表9-13所列。

表9-13 电控装置的主要材料组成及质量

材料名称	质量/kg	占比/%	材料名称	质量/kg	占比/%
钢	3.95	5.00	塑料	18.80	23.80
铸铝	37.13	47.00	橡胶	2.92	3.70
铜	6.48	8.20	有机物	9.72	12.30

9.2.2 制造装配阶段

整车装配也是一个异常繁杂的过程，其中许多工艺是无法量化的，对于整车装配而言，除了各部件制造装配过程能耗和物耗外，组装过程还包括焊接、胶接、涂漆、供暖等工艺过程。因此，假设活性气体保护焊接（MAG焊接）的焊缝为8m，暂不考虑胶接数量，螺栓等标准件连接过程消耗电能180kW·h，设定涂装过程中整车油漆的能耗为303MJ[19]，供暖部分采用燃煤释放的热能，其余部分为电能。

9.2.3 运行使用阶段

运行使用阶段主要包括电力消耗，以及零部件更换、润滑油等流体液体更换，这些都要追溯到上游生产端的能耗、物耗和环境排放。

电力消耗方面，工信部对纯电动汽车的电耗数据为13kW·h/100km，计算得到纯电动汽车生命周期内行驶150000km消耗的电力为19500kW·h。此外，假定新能源汽车的流体液体为40000km更换一次，则在该车辆生命周期范围内全部更换流体液体3次，消耗制动液2.57kg、润滑油2.29kg、冷却液20.57kg和雨刷液7.71kg[20]。

9.2.4 报废回收阶段

整车经过使用后，一般会产生锈蚀、磨损或丢失部分零部件的情况，因此，报废回收过程假设整车折旧损失2%，即整车质量仅剩新车的98%。车体组成复杂，不同部件和材料回收工艺各不相同，考虑到数据的可得性，仅对车体钢、铁、铝、铜四种主要金属进行回收；对于钕铁硼等贵重金属，目前还没有成熟的系统回收工艺，暂不予考虑。目前，钢的回收主要在电弧炉中进行，一般再生损耗率为5%；废铁一般放入冲天炉，随后在模具中进行冷却得到铸铁，目前废铁的回收率为80%；铝的回收是将废铝材料进行高温熔化，再进行铝锭的铸造，实现铝的再生；铜一般采用直流铜电解方法，一般再生损耗率为5%，具体见表9-14。

表9-14 金属材料回收步骤、回收率与回收量

金属材料	回收步骤	回收率/%	回收量/kg
钢	废料—电弧炉（EAF）	90	793.59
铁	废料—冲天炉—模具冷却	80	34.15
铝	废料—熔化—铝锭铸造	92	36.70
铜	废料—铜电解	90	32.19

回收单位钢、铁、铝、铜产品所需要的能耗数据可由参考文献[21]获得，计算得到回收金属材料能耗情况，如表9-15所列。

表9-15 不同金属材料总能耗情况

类别	钢材	铸铁	铝材	铜材
煤/kg	—	7.35	—	—
柴油/kg	—	—	6.00×10^{-3}	—
汽油/kg	—	—	9.00×10^{-3}	—
天然气/m³	2.34	—	8.68	—
电力/kW·h	4.17×10^2	1.46×10	4.09×10	1.24×10^2

9.3 新能源汽车影响评价

将清单分析数据在GaBi软件中逐一建模，进行生命周期评价，通过特征化、标准化和加权三个步骤后，将新能源汽车生命周期资源、能源消耗和污染物排放数据归到不同的影响类型，全生命周期影响评价结果见表9-16和图9-3。

表9-16 全生命周期环境影响量化结果　　　　　　　单位：Pt

影响类型	原材料获取	制造装配	运行使用	报废回收	全生命周期
致癌	19.2952	0.6347	6.9816	−0.6997	26.2118
呼吸系统影响	251.3537	28.2123	370.9570	−23.8232	626.6998
气候变化	68.8937	4.9140	64.3593	−11.4910	126.6760
生态毒性	34.6740	3.3653	45.0369	−4.4800	78.5962
酸化和富营养化	12.9004	1.0560	13.2670	−1.6514	25.5720
矿产资源	162.3613	0.0100	0.0723	−43.9354	118.5082
化石燃料	260.6736	5.2080	32.2472	−11.8889	286.2399
合计	810.1519	43.4003	532.9213	−97.9696	1288.5039

第9章 新能源汽车环境效益生命周期评价

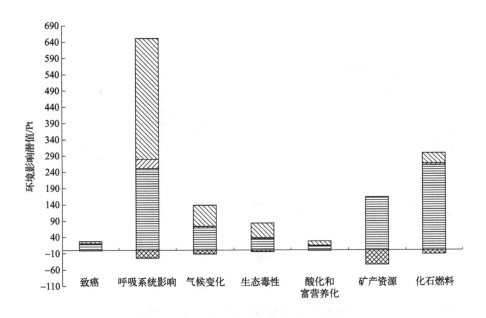

图9-3 新能源汽车全生命周期评价结果

从以上结果可以看出，1辆纯电动新能源汽车从生产到报废的环境影响总值为1288.50Pt，所带来的环境影响主要集中在呼吸系统影响、化石燃料、矿产资源和气候变化4个方面，分别达626.70Pt、286.224Pt、118.51Pt和126.68.Pt，在新能源汽车全生命周期环境影响中分别占比48.64%、22.21%、9.20%和9.83%。

通过对4个阶段的分析，得出新能源汽车生命周期评价结果如图9-4所示。其中原材料获取和运行使用阶段占据了各影响类别的绝大部分，达810.15Pt和532.92Pt，分别占全生命周期环境影响的62.88%和41.36%。对应到7类影响类型中，原材料获取和运行使用阶段对呼吸系统影响类型的贡献值分别为251.35Pt和370.96Pt；对化石燃料影响类型贡献值分别为260.41Pt和32.25Pt；对矿产资源类型影响潜值分别为162.36Pt和0.07Pt；对气候变化的影响潜值分别为68.89Pt和64.36Pt。可以看出，原材料获取阶段的环境影响分布在化石燃料、呼吸系统影响、矿产资源三方面，而运行使用阶段则主要集中在呼吸系统影响类型，这主要是运行使用阶段的电力主要来自火力发电导致的。

综上，原材料获取阶段因其涉及部件较多，且阶段性环境影响类型结果较为分散，各组件对应的环境影响值得进一步探讨。该阶段由车身、底盘、动力系统和液体流体4个部分组成，所对应的环境影响评价结果如图9-5所示。

由图9-5可知，动力系统占据了整车原材料获取环境影响的绝大部分，占比73.31%，达573.01Pt；其次为车身和底盘的组成，分别为103.91Pt和99.59Pt，均占原材料获取阶

117

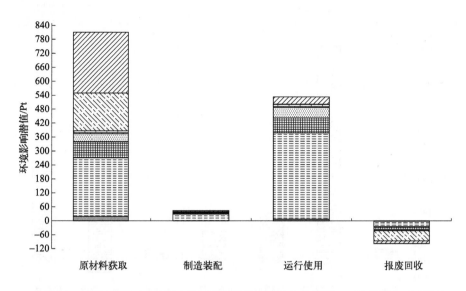

图9-4 四个阶段对应环境影响类型比较

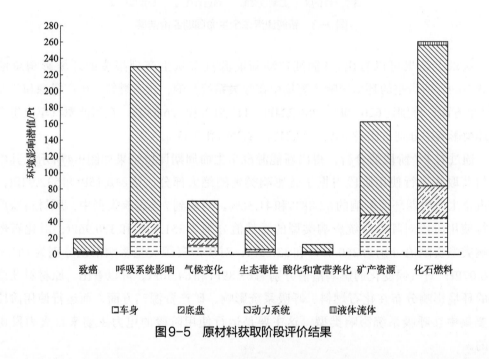

图9-5 原材料获取阶段评价结果

段的13%左右；液体流体主要为制动液、制冷液等使用，仅占0.65%。这主要是因为新能源汽车动力系统生产需要电解液六氟磷酸锂，还需要大量金属铝作为包箱体和基底，且为了保证续航里程，电池系统往往重量较大。同时，本阶段电耗占比也较高，占原材料获取阶段总环境影响的15.5%。综上，实现可持续发展需要重视新能源汽车动力系统的轻量化和高效化。

通过进一步对新能源汽车生产、装配和使用阶段的分析，各要素在报废回收阶段前的环境影响占比如图9-6所示。

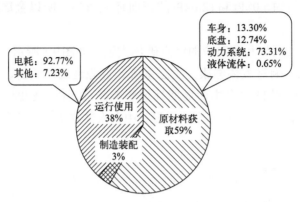

图9-6 新能源汽车生产、装配、使用阶段环境影响占比

报废回收阶段将抵消部分车辆在前期从生产加工到装配使用的环境影响，因此，从报废回收前各阶段的环境影响结果来看，原材料获取阶段仍占据绝大部分环境影响（59%），制造装配阶段产生的环境影响最少，仅占3%，运行使用阶段由于消耗了大量电能（92.77%），占报废回收前总环境影响的38%。即原材料获取阶段仍是降低环境影响的重点，同时，因为火电在新能源汽车全生命周期中的大量使用，清洁电网也将是减少整车环境影响的重要路径之一。报废回收阶段主要要素环境正效益如图9-7所示。

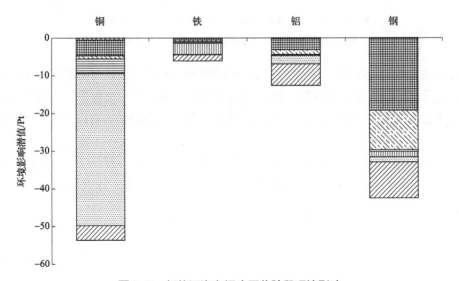

图9-7 新能源汽车报废回收阶段环境影响

由图9-7可知，报废回收阶段四类金属主要贡献的正向环境影响类别主要集中在矿产资源、呼吸系统影响和化石燃料三方面，分别占比38.26%、23.07%和18.13%。值

得注意的是，金属铜的回收量最少（32.19kg），却贡献了最多的正向环境影响潜值（53.67Pt），相比于钢材回收的794.59kg（仅贡献42.49Pt），铁、铝元素各回收34.15kg和36.7kg，仅分别贡献约6.08Pt和12.64Pt的正向环境影响，所以金属铜的回收利用十分重要。

将各环境影响类别加和到对应的终点破坏类别，如图9-8所示，计算出的新能源汽车全生命周期环境影响对人体健康、生态系统和资源衰竭产生的影响依次为779.59Pt、104.17Pt和404.75Pt，分别占全生命周期环境影响的60.50%、8.08%和31.41%。可以看出新能源汽车全生命周期对环境的影响主要集中在人体健康和资源衰竭方面。

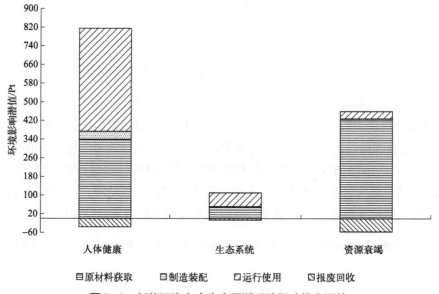

图9-8　新能源汽车全生命周期环境影响终点评价

为推动汽车行业实现"双碳"目标，利用中国本地化模型，对新能源汽车全生命周期的二氧化碳排放也进行了分析，按照2020年中国电力协会年度报告，2020年中国电网度电碳排放为565g/（kW·h）的原则，新能源汽车全生命周期各阶段二氧化碳排放量如图9-9所示。

新能源汽车整车碳排放为25022.06kg，行驶150000km的百公里碳排放为166.81g/km。其中，原材料获取阶段和运行使用阶段占据绝大部分，分别释放11996.42 kg和13991.61 kg二氧化碳，占报废回收前总二氧化碳产生量的44%和52%。报废阶段因避免矿产资源开采、冶炼等诸多常规生产环节带来的碳排放2003.91kg。由前文分析可知，运行使用阶段主要为电耗带来的二氧化碳排放，而原材料获取阶段各要素产生的二氧化碳占比需要进一步分析，如图9-10所示。

结果显示，动力系统的生产占据原材料获取阶段二氧化碳排放的绝大部分，达8668.36kg，占比72.26%；其次为车身的生产，共排放二氧化碳1942.86kg，占比16.20%；底盘的获取排放约1326.90kg二氧化碳，占比11.06%；而液体流体获取仅占比

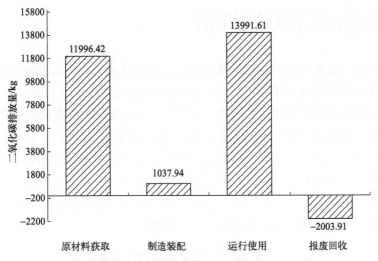

图9-9 新能源汽车全生命周期各阶段二氧化碳排放量

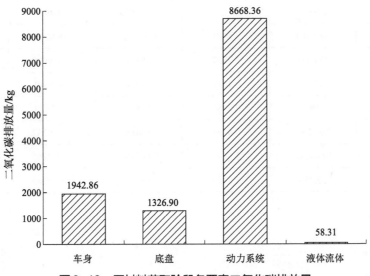

图9-10 原材料获取阶段各要素二氧化碳排放量

0.49%，二氧化碳排放量为58.31kg。可以看出，原材料获取阶段各要素的二氧化碳排放量与其环境影响潜值对应占比基本保持一致，生产动力系统轻量化生产是未来汽车行业减少碳排放的重点。

综上，对各阶段产生的环境影响分析可知，原材料获取阶段产生的环境影响占除报废回收阶段的58.44%，虽然此阶段对全生命周期环境影响最大，但是综合特征化量化结果，此阶段产生的二氧化碳占全生命周期碳排放的44%。而在运行使用阶段，虽然新能源汽车运行时是"零排放"，但是以煤为动力在发电过程中产生大量二氧化碳，所以此阶段的碳排放量占比最大，为52%。因此，改善我国电能结构、降低火电度电碳排放是新能源汽车行业污染防治的重点环节。

9.4 燃油汽车影响评价

为了更好地评价新能源汽车的环境绩效，选取传统燃油汽车以相同的系统边界和功能单元开展生命周期评价原料获取、制造装配阶段的数据获取方式与新能源汽车一致，主要通过收集燃油汽车相关材质的质量，并结合参考文献和数据库数据获取。

运行使用阶段参考《中国汽车低碳行动计划研究报告（2021）》和《乘用车燃料消耗量评价方法及指标》（GB 27999—2019）[22, 23]，百公里油耗设定为6.9L/100km，碳排放量转换系数为2.37kg/L，生产的碳排放因子为0.487kg/L，行驶里程按150000km计算。报废回收阶段与新能源汽车一致，仅考虑钢、铁、铝和铜四种金属的回收。

燃油车整车全生命周期评价结果见表9-17和图9-11。

表9-17 燃油汽车全生命周期环境影响量化结果　　　　　　　　　　单位：Pt

影响类型	原材料获取	制造装配	运行使用	报废回收	全生命周期
致癌	3.0373	0.1045	105.5840	−0.4925	108.2334
呼吸系统影响	48.5910	2.6921	868.3925	−8.6265	911.0491
气候变化	23.8593	1.2937	162.1724	−10.9020	176.4235
生态毒性	5.7172	0.1012	4.3758	−1.4640	8.7302
酸化和富营养化	3.6015	0.2380	153.8927	−1.2919	156.4403
矿产资源	29.6154	0.0021	0.0486	−24.9232	4.7428
化石燃料	104.6282	1.3440	993.0587	−23.7265	1075.3044
合计	219.0501	5.7755	2287.5247	−71.4265	2440.9238

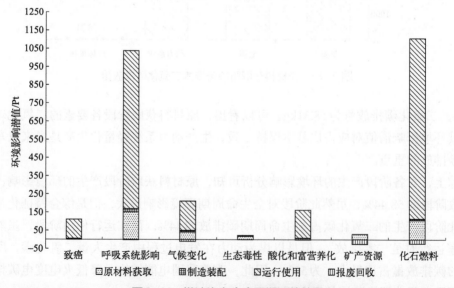

图9-11 燃油汽车生命周期评价结果

可以看出，燃油车的环境影响主要集中在运行使用阶段，其次是原材料获取和制造装配，报废回收阶段对环境总影响产生了正效益。运行使用阶段的环境影响占据了化石燃料、呼吸系统影响、气候变化、致癌、酸化和富营养化五种影响类型的绝大部分，对应的环境潜值分别为993.01Pt、868.39 Pt、162.17 Pt、105.58 Pt和153.89 Pt，占报废回收阶段前各影响类别总值的90.36%、94.42%、86.57%、97.11%和97.57%。分阶段影响结果如图9-12所示。

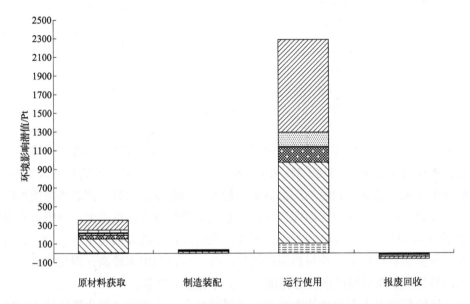

图9-12 燃油汽车各阶段生命周期评价结果

由于车辆使用期间需要使用大量的汽油，而汽油的获取和使用均会对环境造成影响，运行使用阶段消耗的汽油造成的环境影响约占报废回收前的90%。由于燃油汽车车身主要由金属构成，主要消耗矿产资源，报废回收阶段产生的正效益基本上可抵消原材料获取阶段产生的环境影响。矿产资源在原材料获取阶段的影响潜值为29.62Pt，而在报废回收阶段达−24.92Pt，可见报废回收阶段产生的正效益较高。

将各环境影响类别加和到对应的终点破坏类别，计算出的生命周期环境影响在人体健康、生态系统和资源衰竭方面的影响如图9-13所示。

通过计算，燃油车全生命周期对应的三类终点影响类型潜值分别为1195.71 Pt、165.17 Pt和1080.05 Pt。主要集中在对人体健康和资源衰竭的影响，分别占全生命周期环境影响的48.99%和44.25%。而对生态质量方面破坏较小，仅占6.77%。

综上，通过分析燃油汽车各阶段要素的生命周期环境影响，运行使用阶段占据环境影响的主要部分为2287.52Pt。原材料获取、制造装配和报废回收三个阶段对全生命周期环境影响贡献较小，分别为219.05Pt、5.78Pt和−71.43Pt。原材料获取阶段主要消耗化石能源，因为车辆的制造需要铁、铜、铝等大量金属作为原材料，导致大量的金属矿产被

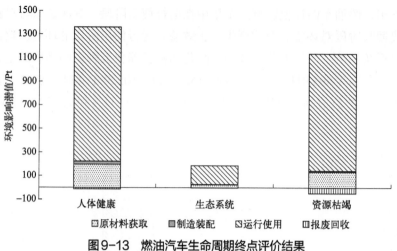

图9-13 燃油汽车生命周期终点评价结果

开采、消耗,矿产、原煤等开采过程也需要消耗大量原油,所以该阶段在资源衰竭和人体健康两类破坏类别分别占比5.5%和3.09%。汽车在整个使用阶段消耗了大量的汽油,石油从油田开采、运输再到炼油厂都需要消耗大量的能量。同时,汽油燃烧使用时会释放大量污染物,环境影响的传递性导致呼吸系统影响类别占比也很大,分别占三类终点破坏类别的46.55%、6.48%和40.69%。报废回收阶段在资源衰竭类绝对值较大,因为车辆的大部分金属材料相对其他材料来说较易回收,且再利用率较高,因此车辆的报废回收对车辆的整车生命周期矿产资源耗竭产生了可观的正效益。

为了比较新能源汽车和燃油汽车全生命周期的环境影响和二氧化碳排放,来确定哪种动力系统更有利于实现"双碳"目标,以期为汽车行业碳减排提供依据。燃油车全生命周期二氧化碳排放结果如图9-14所示。

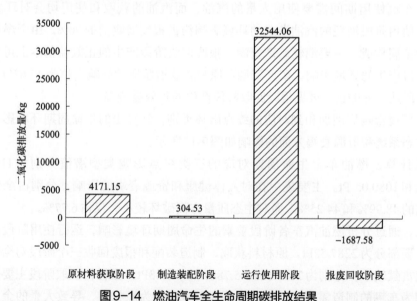

图9-14 燃油汽车全生命周期碳排放结果

从碳排放的角度来看，燃油汽车运行使用过程碳排放显著高于其他过程。原材料获取、制造装配、运行使用三个过程的碳排放分别占报废回收阶段前总排放量的11.27%、0.82%和87.91%。全生命周期二氧化碳排放量为35332.16kg，按150000km行驶里程计算，平均单位行驶里程碳排放为235.55g/km。报废回收前各个阶段碳排放占比情况如图9-15所示。

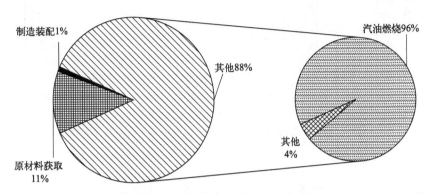

图9-15 燃油汽车主要阶段碳排放占比

由图9-15可知，原材料获取阶段的环境影响仅占整车报废回收前环境影响总值的8.72%却贡献了该情景11%的二氧化碳排放，达4171.15 kg；燃油车制造装配阶段与新能源汽车类似，仅消耗少量电能与热能；在运行使用阶段，整车消耗13350L汽油，排放约29569.95 kg二氧化碳，由汽油燃烧产生的二氧化碳占此阶段排放总值的96%。考虑到汽油本身组成元素的特殊性，燃烧时一定会产生二氧化碳，原油的开采、加工和运输所产生的碳排放已较低，减排空间较小，所以降低百公里油耗将是燃油车碳减排的必由之路。

9.5 新能源汽车与燃油汽车环境影响对比

9.5.1 环境影响对比

为统一比较功能单元，新能源汽车与燃油汽车均选取150000km为生命周期行驶里程，七类环境影响类别间的比较如图9-16所示。

通过分析可得，新能源汽车与燃油汽车全生命周期产生的环境影响分别为1288.50Pt和2440.92Pt，后者是前者的1.89倍。由图9-16可知，燃油汽车仅在生态毒性和矿产资源两类产生的环境影响低于新能源汽车，其他对环境的影响值均高于新能源汽车，特别是在酸化和富营养化、致癌和化石燃料这三类环境影响中，分别高出前者5.12倍、3.13倍和2.76倍，在呼吸系统影响、气候变化两类型中也分别高出新能源汽车所产生环境影响的0.45倍和0.39倍。各阶段环境影响结果如图9-17所示。

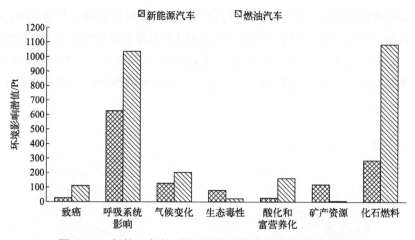

图 9-16 新能源汽车和燃油汽车全生命周期环境影响对比

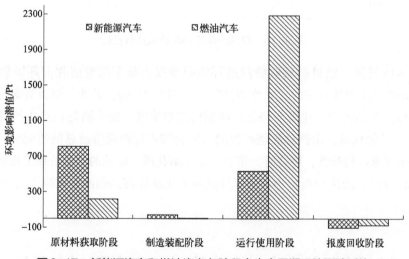

图 9-17 新能源汽车和燃油汽车各阶段全生命周期环境影响对比

由图 9-17 对比结果可知，新能源汽车原材料获取阶段和制造装配阶段的环境影响潜值均大于燃油汽车，分别高出 2.7 倍和 6.5 倍，但是在运行使用阶段燃油车环境影响远远高于新能源汽车，高出 3.3 倍。而在报废回收阶段，两者产生的环境效益基本持平，这是因为两车除了电池的重量差异，车体重量大致相同，即回收的主要金属元素重量也基本相同。值得注意的是，新能源汽车的电池使用了大量铝元素，而铝元素的回收将产生较高环境正效益。综上，车体材料的供应链绿色化和电动汽车电池的回收是减少汽车环境影响的关键。

由以上分析可知，新能源汽车环境影响主要发生在原料获取阶段和运行使用阶段。一方面是因为新能源汽车的动力系统电池自重较重，新能源汽车整车重量比燃油汽车重约 700kg，意味着制造一辆新能源汽车需要消耗更多的矿产资源。另一方面，纯电动汽车动力系统构造较为复杂，仅磷酸铁锂动力电池制作过程就消耗了大量的天然气和电能，因此原料获取和装配阶段的能耗比燃油汽车高。其次，报废回收阶段对原材料进行回收最直接的影响在于减少动力系统生命周期的矿产资源的消耗，与钢、铝等金属材料易回收且回收率高的特点相比，磷酸铁锂电池的回收技术尚不太成熟，导致对其进行报废回收所得到的再生材料较少。由此可见在矿产资源耗竭方面燃油汽车动力系统更具优势。

9.5.2 二氧化碳排放量对比

两种不同动力系统汽车各个阶段碳排放比较如图9-18所示。

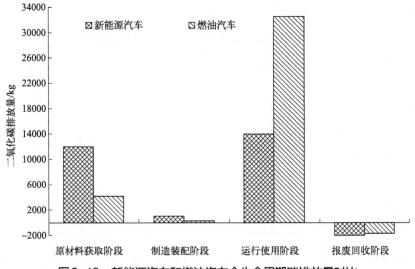

图9-18 新能源汽车和燃油汽车全生命周期碳排放量对比

新能源汽车和燃油汽车全生命周期碳排放总量分别为25022.06kg和35332.16kg，后者是前者的1.4倍。按全生命周期行驶150000km计算，新能源汽车原材料获取、制造装配、运行使用和报废回收阶段对应的百公里碳排放分别为79.98g/km、6.92g/km、93.28g/km和-13.36g/km。而燃油汽车这4个阶段对应的百公里碳排放分别为27.81g/km、2.03g/km、216.96g/km和-11.25g/km。由图9-18可知，新能源汽车仅在运行使用阶段碳排放比燃油车低，在原材料获取阶段、制造装配阶段均比燃料汽车高，分别高出1.88倍和2.41倍。这是因为原材料获取阶段主要表现在部分轻金属零部件材料和动力电池材料的获取上，轻金属、稀有金属、贵金属获取比较困难，产生的能耗较高；生产阶段新能源车和燃油车主要生产工艺基本相同，主要是动力电池生产比发动机的生产较复杂、较高能耗的影响。值得注意的是，在报废回收阶段，虽然燃油车比新能源汽车轻约700kg，仍实现了1687.58kg的碳减排，而新能源汽车碳减排为2003.91kg。在运行使用阶段，燃油车该阶段的碳排放是新能源汽车的2.33倍，也是燃油车全生命周期碳排放的主要过程。结果显示，新能源纯电动汽车全生命周期百公里碳排放为166.81g/km，燃油车为235.55g/km。

9.6 结果分析

9.6.1 敏感性分析

新能源汽车运行使用阶段环境影响潜值与百公里电耗、度电碳排放有关，报废回收阶段主要金属元素回收也贡献了环境正效益，是影响上述两阶段的主要因素。因此，选取动力电池百公里电耗、度电碳排放和主要金属回收率为敏感性分析的主要因素，针对前两种敏感因素进行 ±10% 范围内的环境影响综合值敏感性分析，主要金属回收率采取 ±5%，得到敏感性分析结果如表9-18所列。

表9-18 新能源汽车整车环境影响敏感性分析结果

因子	敏感因素值	变动率/%	变动后敏感因素值	对结果的影响/%
度电碳排放/[g/(kW·h)]	565	±10	508.5 / 621.5	±6.0
百公里电耗/(kW·h/100km)	13	±10	11.7 / 14.3	±5.1
钢回收率/%	90	±5	95 / 85	±2.03
铁回收率/%	80	±5	85 / 75	±0.10
铝回收率/%	92	±5	97 / 87	±0.42
铜回收率/%	90	±5	95 / 85	±3.37

结果表明，在度电碳排放和百公里电耗同时上下浮动10%的情况下，度电碳排放因子敏感性更强，环境影响潜值波动达 ±6.0%，百公里电耗因素也较敏感，综合变化为 ±5.1%。在纯电动汽车全生命周期过程中，电耗占据了除报废回收的55.57%，这两个敏感性因素直接关系到了整车运行使用阶段的耗电量。因此，对于纯电动汽车全生命周期环境管理而言，降低其环境影响首先应该从优化电力结构和降低百公里电耗入手。

报废回收阶段能产生一定的环境效益，虽然占整车生命周期过程资源环境影响的比重不是很高，但是其回收得到的可利用原材料却是减少矿产资源消耗的有效手段。对纯电动汽车可回收利用的四种主要金属材料——钢、铝、铁和铜的回收率进行敏感性分析，分析不同回收率下这四种材料对整车生命周期过程矿产资源消耗影响的敏感度。假设敏感性因素的变化范围为 ±5%，结果如图9-19所示。

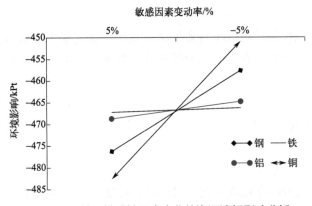

图9-19　基于敏感性因素变化的资源消耗影响分析

可以看出，矿产资源的消耗随着原材料回收率的提高均有所降低。铜的回收率对整车生命周期矿产资源的消耗影响最为敏感，其次为钢，而铁的回收率和铝的回收率的敏感度相对很小。因此在当今工艺水平下，应注重提高铜回收的技术工艺，提高资源利用率来降低环境负荷，同时也应该注重寻找新型环保材料来进行原料替代。

9.6.2　不确定性分析

受到现阶段生命周期评价理论、方法、数据等方面的限制，主要不确定性如下。

（1）数据质量存在不确定性

由于国内的基础数据匮乏，部分原材料的清单数据采用了德国或者欧盟数据。汽车所对应的零部件颇多，Ecoinvent和GaBi数据库中未更新所有零部件的最新数据，因此输入端部分数据参考的是系统内早期数据。此外，受到数据获取的限制，存在一些假设和估算，这可能与实际情况存在差异。

（2）未考虑电池充放电效率

一方面，纯电动汽车电池充放电效率将随着使用时间变长而降低，蓄电能力下降，这可能导致运行使用阶段总电耗与实际情况存在差异；另一方面，未把物流运输、维修等阶段纳入生命周期评价体系，如加强对这部分数据的搜集统计，有望得到更为准确的评价结果。

（3）车辆运行使用场景假设单一

城市拥堵区域与高速行驶区域的汽车能耗不同，燃油车普遍高速能耗较低，新能源汽车则相反。由于使用场景难以分别量化，仅使用平均能耗数据进行计算。

9.7 情景分析

为了评估不同减排路径对汽车行业的减排效果,研究基于一系列权威报告、行业信息、学术研究及内部分析,设定了三种低碳减排情景,即电力清洁化、动力系统使用能效和使用强度。

9.7.1 清洁电网情景

我国电力结构的调整以及可再生能源发电占比的提升对汽车行业的低碳化发展有着至关重要的作用。随着汽车电动化的全民推进,传统燃油车被逐步取代,汽车燃料周期的碳排放将逐渐从使用端向能源供应侧转移,因此,电力排放因子将直接决定新能源汽车的碳排放。目前我国电网平均碳排放因子相较于欧美等发达国家还比较高,主要是因为我国煤电占比较高,这也是由我国多煤、贫油、少气的资源储量特点决定的。从能源安全的角度出发,煤电是我国电力安全的保障,但出于碳减排的需求,煤电在降低排放的过程中需要逐步限制,并提升可再生能源的发电比例,同时加强电网建设,提升电力的调度能力,发展储能技术,防止由于风电、光伏等可再生电力的占比增加而造成类似美国得克萨斯州大停电这样的潜在问题。

电力排放因子的设定主要根据国家发展改革委《以双碳目标为导向的产业链评估与发展路径报告》的研究成果,该报告预测2030年中国水电、核电、风电、太阳能发电装机容量分别为5亿千瓦、1.3亿千瓦、6亿千瓦、9亿千瓦,对应碳排放强度为419g/(kW·h)。本情景下新能源汽车全生命周期环境影响如图9-20所示。

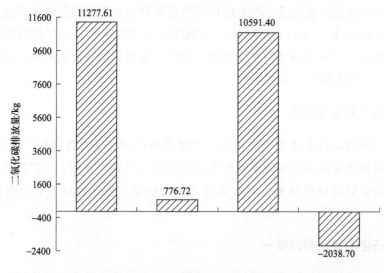

图9-20 电网清洁化情景新能源汽车二氧化碳排放量

9.7.2 使用能效情景

车辆使用能效主要考虑由于车辆燃料消耗量的降低而带来的减排效应。不同燃料类型车辆的燃料消耗量以2020年的数据为准，两种车型分别是：新能源汽车百公里电耗13kW·h/100km，燃油汽车油耗6.9L/100km。《中国汽车低碳行动计划研究报告（2021）》根据销量加权平均计算得到不同燃料类型车辆行业平均燃料消耗量，预计2030年燃油汽车百公里油耗约为5L/100km，电动汽车百公里电耗约为5kW·h/100km。同样设定两车全生命周期行驶里程为150000km，该情景下新能源汽车和燃油汽车二氧化碳排放量结果如图9-21所示。

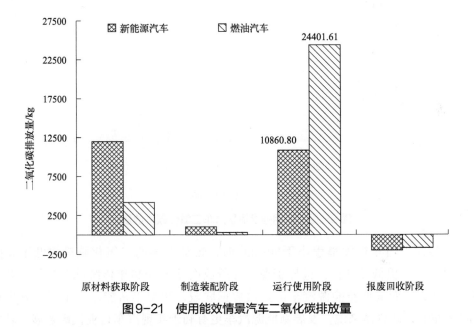

图9-21 使用能效情景汽车二氧化碳排放量

该情景下主要考虑车辆运行使用阶段的能源使用效率，因此碳排放主要减少在运行使用阶段。由图9-21可知，新能源汽车全生命周期二氧化碳减排3130.81kg，较现状情景下降12.5%；燃油汽车全生命周期二氧化碳减排8142.45kg，较现状情景降低25.16%。可知，提高汽油使用效率、降低百公里油耗可有效降低汽油车全生命周期碳排放。

9.7.3 使用强度情景

该情景主要考虑车辆使用强度的改变，即车辆年行驶里程的变化。根据商务部《机动车使用年限及行驶里程参考值汇总表》，小微型非运营汽车一般使用年限为10年。在此设定下，根据新能源汽车和燃油汽车的碳排放量，计算在年行驶里程为多少时新能源汽车更环保，以期为短距离城市通勤使用者提供参考。

该情景下新能源汽车和燃油汽车原材料获取和制造装配阶段碳排放总量不变，同时，运行使用中液体流体的使用总量保持与前文一致，将其平均到10年使用周期年中，即除运行使用和报废回收两个阶段，新能源汽车和燃油汽车年平均排放基数分别为1600.84kg和447.57kg。假设该情景下碳排放强度和使用能效与2020年保持一致，即碳排放强度为565g/（kW·h），百公里电耗为13kW·h，百公里油耗为6.9L，计算结果如图9-22所示。

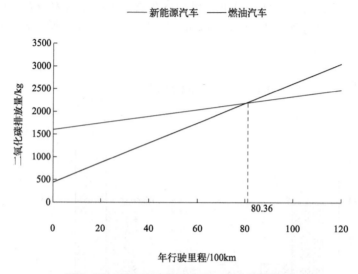

图9-22 使用强度情景汽车二氧化碳排放量

结果显示，当年行驶里程小于8036km时，燃油汽车的二氧化碳排放低于新能源汽车，燃油汽车更低碳环保。世界资源研究所数据显示2020年传统燃料车年行驶里程约为13500km，而根据新能源汽车国家大数据联盟，2020年新能源汽车年行驶里程为12500km左右，即总体来说，发展新能源汽车更有利于实现汽车行业低碳发展。若将全生命周期行驶里程设定为125000km，假设该情景下碳排放强度与当前保持一致，则全生命周期二氧化碳排放为23185.81kg，较基准情景下降7.3%。

同时也要看到，对于一些小型城市，以通勤为主要目的的乘用车，每年行驶里程在8036km以下的（22.0km/d或34.5km/工作日），在当前的电网碳排放水平下，还是燃油汽车较为低碳环保。

9.7.4 不同情景下新能源汽车生命周期碳排放强度

在现有情景下，设定电网清洁化、提升使用能效、改变使用强度三种减排情景，以计算不同情景下新能源汽车全生命周期二氧化碳排放强度。结果显示（图9-23），电网清洁化减排潜值最大，达17.64%。在全生命周期150000km里程设定下，三种情景百公里碳排放分别为137.38g/km、145.94g/km和154.57g/km。

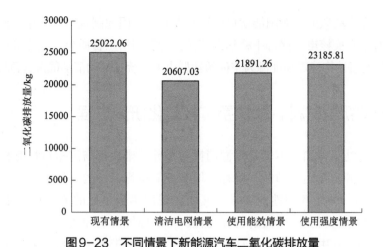

图9-23 不同情景下新能源汽车二氧化碳排放量

9.8 我国新能源汽车行业发展政策建议

实现碳达峰、碳中和将会是经济社会一场影响广泛而深刻的系统性变革。在这一过程中，随着世界多国出台禁售燃油车的政策和时间表，新能源汽车迎来爆发期。然而，电动汽车是否真的零排放、无污染？纯电动汽车、插电混合电动汽车、油电混合汽车等车型的环境表现如何？怎样才能选择出最合适的技术路线？相关研究已经指出，必须对能源生产过程和汽车生产、使用、报废处理的全生命周期进行环境评估，以确定碳排放来源，从而科学评价新能源汽车是否清洁。结合对新能源汽车生命周期评价研究的结论梳理和观点综述，得出如下政策启示。

9.8.1 加快优化能源结构，构建多元清洁电力供应体系

做好能源结构加减转换，处理好长远减碳目标与汽车消费增长的关系，有序推广新能源汽车应用。调整优化能源结构是实现"双碳"目标的重要抓手。"减"，降低传统能耗总量与能耗强度；"加"，提高新能源在交通运输领域的应用。不断增长的汽车消费给城市环境治理带来极大压力，而随着消费升级，消费者的消费观念在发生变化，这是推广新能源汽车的好时机。在新旧汽车驱动技术转变阶段，只有进一步扩大新能源汽车的市场占有率，才能有效凸显出新能源汽车在减排方面的优势。政府等相关部门应当充分利用消费升级新机遇，有序推进新能源汽车的应用普及，助力低碳、零碳消费体系的构建，为减少碳排放打开有力切口。

就电力能源行业来看，需加快电力低碳化转型，严控新增煤电项目；实施可再生能源替代行动，大力发展风能、太阳能、生物质能、海洋能、地热能等，坚持集中式与分

布式并举,优先推动风能、太阳能就地就近开发利用;因地制宜开发水电,推进水电基地建设;安全有序发展核电,保持平稳建设节奏;合理利用生物质能;统筹推进氢能"制储输用"全链条发展。构建以新能源为主体的新型电力系统,推动清洁能源大范围优化配置。

9.8.2 开发新型材料,加快整车轻量化研究进程

综合各评价结果可知,不管是资源消耗还是环境排放都与汽车重量有直接关系,因此轻量化是新能源汽车达到节能、降耗、增加续航里程目标的重要手段,寻找可以不改变汽车本身结构、满足各种性能要求,又能实现汽车轻量化的方法成为未来发展的趋势。新能源汽车原材料获取阶段的物耗能耗产生的环境影响和碳排放量分别比燃油汽车高2.7倍和1.9倍,其中主要是由于动力电池的生产装配带来了大量环境影响。与传统燃油车相比,纯电动车用电机替代了发动机成为汽车核心部件,无论是哪一种动力电池都是由动力电池模组、热管理系统、电池包壳体三部分组成,我国现阶段相关尖端技术还有较大的发展空间,应加大研发力度。

轻量化的手段主要包括材料、结构、制造技术三个方面。要使我国资源丰富的优势发挥出来,就必须在科研方面加大投入,并以此为平台相互促进。同时不能以某一个单一的手段出发寻求轻量化,要多个方法并行发展,并且要灵活运用最新的辅助技术,与最新的科研成果,例如计算机辅助算法等相结合,简化优化过程,提高优化效率。

9.8.3 规范车辆报废回收市场,加快整车零部件回收利用体系建设

(1)加强基础设施建设,提高报废汽车回收效率及产能

自商务部于2015年印发《再生资源回收体系中长期规划(2015—2020)》以来,我国已逐步建立起回收网点、分拣中心和回收利用基地为代表的三级再生资源回收网络,然而,对于报废汽车而言,依然存在回收率低、企业回收拆解质量参差不齐、企业入不敷出的问题。2019年修订的《报废机动车回收管理办法》提高了车辆回收的经济收益,简化了相关企业的资格审查程序,致使2020年大量企业入场报废汽车回收行业,预计未来报废汽车回收行业竞争将进一步加剧。产能、技术不达标,老旧企业将被市场自然淘汰,政府需进一步加强前期的审批,优化新增企业申请资质认定的流程,简化审批程序,引导更多优质企业早进入报废汽车回收行业,加强事后监管,加快产业的优化升级,进而提高报废汽车回收率。

(2)创新回收技术,减少资源进口依赖

为了改变我国制造业高投入、高消耗、高排放的传统发展模式,我国于2015年提出了"中国制造2025"的强国战略,并提出了将可持续发展作为建设制造强国的重要着力点,加强节能环保技术、工艺、装备推广应用,全面推行清洁生产,发展循环经济,提

高资源回收利用效率,构建绿色制造体系,走生态文明发展道路的绿色发展方针。并要求我国工业固体废物综合利用率、关键基础材料自给率于2020年分别达到73%和40%,于2025年达到79%和70%。应加大对铁、铝、铜、橡胶、金、稀土金属、锂、钴等资源的有效回收,因为其有望在近十年内显著缓解我国相关资源约束,进而实现工业强基目标。此外,《新能源汽车废旧动力蓄电池综合利用行业规范条件》与《报废汽车中有色金属分选技术规范》中明确了我国报废汽车材料回收率指标,如表9-19所列。

表9-19 报废汽车材料回收标准

资源名称	回收利用率/%	资源名称	回收利用率/%
铁	≥99	铜、铝、镍、钴	≥98
锂	≥85	整车综合利用率	≥90

目前,我国报废燃油汽车资源回收综合利用率高达96%,已高于相关材料回收标准,然而在回收效率方面,我国三元锂电池的传统湿法回收工艺仍然存在高能耗、高污染等缺点,需要进一步进行技术升级,提高环保性和回收效率,减少回收成本,进而推动报废汽车相关资源回收,降低资源对外依赖率。

(3)规范动力电池回收市场,完善动力电池回收利用体系

自2012年《节能与新能源汽车产业发展规划(2012—2020年)》发布以来,工信部、国务院等部门已针对新能源汽车动力电池推出一系列政策,内容涵盖动力电池生产、综合利用,服务网点布局,溯源系统建立等多个层面。然而,我国动力电池回收市场目前仍存在回收成本高昂、监管缺位、信息不畅通等问题。为了提高中上游企业动力电池回收率,规范动力电池回收行业发展,需从以下两个方面入手:

1)推出动力电池回收的相关强制技术标准,加强市场监管

目前关于动力电池回收技术的国家标准多为引导性而非强制性标准,这对技术投入成本高的大型回收企业不利,易导致市场出现"劣币驱除良币"的现象。此外,动力电池回收主体纷杂,包括回收企业、主机和电池厂商以及缺乏资质的"小作坊"等,亟须加强市场监管,完善价格竞争机制,避免哄抬价格。

2)畅通信息交换渠道,完善产业链协同机制

应大力鼓励车企或电池厂商对回收企业开放数据接口,促进产业链上下游合作,实现"上游生产,下游回收"的闭环机制,减少回收企业产能浪费现象。

9.8.4 建立符合国情汽车材料LCA数据库,实现汽车行业低碳评价体系标准化

汽车行业涉及材料众多,有有色金属、黑色金属、稀有金属、橡胶、织物、高分子聚合物等,目前我国在部分材料的LCA清单研究上尚属空白,因此亟待开展相关材料的

LCA清单研究，建立符合我国国情的汽车材料LCA数据库，使评价结果更贴合我国实际。此外，还要从全生命周期角度构建完善的新能源汽车减碳评价体系，重点关注产品技术低碳化、运行使用低碳化、制造过程低碳化、报废处理低碳化，以及生产和上游能源生产低碳化的全周期。中国在发展新能源汽车产业过程中，应当以减排总体规划为导向，通盘考虑我国能源结构、技术水平、环境要求等因素，密切联系新能源汽车产业链上下游，实现汽车减排联动机制，由此构建出一套符合我国交通运输行业发展现状的新能源汽车减碳评价体系，以选择出合适的新能源汽车产业发展路径，逐步实现碳达峰与碳中和目标。

9.8.5　加强产研结合，提高研究结果质量

考虑到汽车零部件数据的可获得性，目前仅有少数研究能获得较为全面的对汽车全生命周期环境影响进行准确评价的数据。然而数据质量是决定研究质量的关键因素，样本越全越准确，研究结果的可参考性也就越大。汽车行业各企业单位应积极与高校及科研院所合作交流，从科学视角对公司产品及项目进行阶段性的成果评估，及时了解企业在行业内发展水平，调整发展路径。

从汽车行业层面来说，完善对研发项目成果的评估机制是至关重要的，研发主体对自身研发结果的不足部分或未实现部分会进行隐藏，针对这一现象，政府应当使用对应的政策工具，例如需求型的外包评估，成立相应的评估机构，制定科学的评估流程和职能，对研发成果进行公正合理的评估。

参考文献

[1] Winton N. Does Tesla's claim for environmental friendliness stand up? [R/OL] Forbes, 2016. https://www.forbes.com/sites/neilwinton/2016/04/17/does-teslas-claim-for-environmental-friendliness-stand-up/#7ac292a24e39.

[2] 徐建全. 汽车产品全生命周期综合效益评价研究[D]. 长沙：湖南大学，2014.

[3] Wu Z, Wang M, Zheng J, et al. Life cycle greenhouse gas emission reduction potential of battery electric vehicle [J]. Journal of Cleaner Production, 2018, 190: 462-470.

[4] Gao, L, Winfield Z C. Life cycle assessment of environmental and economic impacts of advanced vehicles[J]. Energies, 2012, 5(12): 605-620.

[5] Deng Y, Li J, Li T, et al. Life cycle assessment of lithium sulfur battery for electric vehicles[J]. Journal of Power Sources, 2017, 343: 284-295.

[6] 陈妍，郁亚娟. 典型二次电池生命周期评价模型与应用[C]. 2010.

[7] Liang Y, Su J, Xi B, et al. Life cycle assessment of lithium-ion batteries for greenhouse gas emissions[J]. Resources Conservation and Recycling, 2016:S1416866292 .

[8] Qiao Q, Zhao F, Liu Z, et al. Life cycle greenhouse gas emissions of electric vehicles in China: Combining

the vehicle cycle and fuel cycle [J]. Energy, 2019,177: 222-233.

[9] Gao H L. Review of global molybdenum market in 2017 and its outlook [J]. China Molybdenum Industry, 2018, 42(2): 56-60.

[10] 李雪迎，白璐，杨庆榜，等. 我国终点型生命周期影响评价模型及基准值初步研究[J]. 环境科学研究，2021, 34(11): 9.

[11] Duffer R. Why Norway leads the world in electric vehicle adoption [/OL]. (2019-05-20), https://www.greencarreports.com/news/1123160_why-norway-leads-the-world-in-electric-vehicle-adoption.

[12] Direction de l'information légale et administrative (Premier ministre). Bonus écologique pour une voiture ou une camionnette électrique ou hybride [EB/OL]. 2021-01- 21, https://www.service-public.fr/particuliers/vosdroits/ F34014.

[13] Alain-Gabriel Verdevoye. Voiture électrique: la France plus pingre que l'Allemagne [EB/OL]. (2020-07-13), https:// www.challenges.fr/automobile/actu-auto/voiture-electrique-l-allemagne-et-la-france-offrent-les-bonus-les-plus-genereux_719264.

[14] Wang F F, Deng Y L, Yuan C, et al. Comparative life cycle assessment of silicon nanowire and silicon nanotube based lithium ion batteries for electric vehicles ScienceDirect[J]. Procedia CIRP on SciVerse Science Direct, 2019,80:310-315.

[15] Marques P, Garcia R, Kulay L, et al. Comparative life cycle assessment of lithiumion batteries for electric vehicles addressing capacity fade[J]. Journal of Cleaner Production, 2019,229:787-794.

[16] 马金秋. 匹配不同动力电池的纯电动汽车全生命周期评价研究[D]. 西安：长安大学，2019.

[17] 刘凯辉. 比亚迪E6纯电动汽车全生命周期评价[D]. 福州：福建农林大学，2016.

[18] 刘佳慧. 氢燃料电池汽车生命周期评价研究[D]. 西安：长安大学，2020.

[19] 李娟. 纯电动汽车与燃油汽车动力系统生命周期评价与分析[D]. 长沙：湖南大学，2014.

[20] 卢强. 电动汽车动力电池全生命周期分析与评价[D]. 长春：吉林大学，2014.

[21] 张磊. 基于GaBi4的电动汽车生命周期评价研究[D]. 合肥：合肥工业大学，2011.

[22] 龚俊川，李莉，岳平. 传统燃油车与新能源车LCA碳足迹分析比较[J]. 汽车实用技术，2019, (21): 30-33.

[23] 中汽数据有限公司. 低碳行动计划研究报告2021[R]. 2021.

第 10 章
纸塑铝复合包装生命周期评价

□ 功能单位和系统边界界定
□ 清单分析
□ 影响评价
□ 结果分析

为了解决塑料造成的白色污染，以纸塑铝为典型代表的复合包装成为替代塑料包装的首要选择，尤以乳品包装为重。然而，一方面国内尚无完善的包装废物回收体系，导致复合包装很难实现分类收集[1]；另一方面由于纸塑铝复合包装再生回用技术发展缓慢，铝塑部分难以实施有效的分离再生利用[2]，造成每年有数万吨复合包装被当成垃圾扔掉，不仅污染了环境，而且给生活垃圾的回收处置造成困难。因此，从包装废物产生的源头建立资源节约的考核标准，淘汰合理性较差的包装产品，从而减少包装废物的产生，是有效解决包装废物产生的重要途径。环境影响评价作为包装产品合理性评价内容中重要的一部分，其结果将直接影响包装是否合理。本章选择利乐公司生产的纸塑铝复合牛奶包装和普通的塑料牛奶包装为研究对象，对单位包装量的环境影响进行评价，旨在对包装产品生命周期排放清单进行分析比较，为典型复合包装的合理性评价提供方法依据。

10.1 功能单位和系统边界界定

10.1.1 功能单位

本章选取的功能单位为1000L牛奶的包装产品，即1000个1L的纸塑铝复合牛奶包装，其质量为每个30g，总质量为30kg；5000个200mL的塑料牛奶包装袋，其质量为每个3.31g，总质量为16.55kg。

10.1.2 系统边界

系统边界界定为原材料获取、包装生产、包装运输、包装处置4个阶段，其中铝塑废物部分按垃圾填埋处置计算，由于大多数牛奶包装产品生产线和牛奶灌装线基本同步进行，不存在异地运输情况，因此使用阶段不考虑在内，系统边界如图10-1所示（虚线表示不在评价范围之内）。

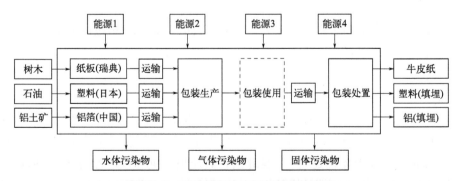

图10-1 纸塑铝复合牛奶包装系统边界

10.2 清单分析

纸塑铝复合牛奶包装的前景清单数据通过企业调研、文献查阅等方式获得，具体内容如下。

（1）原材料获取阶段

原材料使用量的前景数据来自对利乐中国北京公司的调研数据：生产30kg的纸塑铝复合牛奶包装需要纸板21.93kg、塑料5.29kg、铝箔1.34kg，其中纸板和塑料为瑞典和日本进口，背景数据来自Ecoinvent数据库；铝为国内生产，背景数据的获取参考国内关于我国铝的生命周期清单分析数据[3]；铝箔加工过程背景数据选用Ecoinvent数据库欧洲标准工业数据。原材料数据清单见表10-1。

（2）运输阶段

运输过程产生的环境负荷可由运输环境负荷量乘以单位运输环境负荷计算得出，即：运输过程产生的环境负荷=运输环境负荷量×单位运输环境负荷。其中，运输环境负荷量常用运载质量与运输距离的乘积来表述（单位为t·km）。运输阶段主要包括两部分：原材料获取的运输过程和包装处置的运输过程。原材料获取阶段的纸板和塑料采用洲际货轮运抵中国，运输距离按斯德哥尔摩和东京到天津港距离计算，铝箔国内运输选用20t载货卡车[4]，运输距离按中国八大铝厂与北京之间距离和产量百分比加权获得；包装处置阶段的运输分城内运输和城外运输两部分，城区内使用2t轻型载重货车，城区外使用10t重型载重货车[5]。运输距离数据来自对北京联合开源再生资源回收利用有限公司的调研数据。单位运输负荷计算只考虑燃料上游清单和燃料燃烧清单，其环境外排计算模型选择美国EPA的MOBILE模型[6]，暂不考虑运输时二次扬尘的环境影响[7]。清单数据见表10-2。

（3）生产阶段

本阶段数据来自对利乐中国北京公司的调研数据，即生产30kg的纸塑铝复合牛奶包装需要消耗天然气0.15m³，消耗电6.18kW·h（表10-3）。

（4）处置阶段

处置再生数据来自对北京鑫宏鹏纸业有限公司的调研，处置30kg纸塑铝复合包装能再生18kg的牛皮纸，共耗电11.4kW·h，耗标煤6.45kg，剩余12kg铝塑部分由于市政垃圾低位热值偏低不利于焚烧处理[8]，且北京市政垃圾约90%以填埋为主[9]，所以按卫生填埋处置计算。填埋阶段环境外排数据参考郭颖杰[10]关于我国城市生活垃圾处理系统清

第10章 纸塑铝复合包装生命周期评价

表10-1 原材料获取阶段清单

原材料类型	消耗量/kg	一次能源（资源）消耗量/kg				环境污染物外排量/kg									
		原煤	天然气	原油	其他	CO_2	SO_2	NO_x	烟尘	CH_4	CO	NMVOC	COD	BOD	TOC
纸板	21.93	4.73×10^2	2.15×10^{-1}	1.96	木材：41.65	7.26	3.86×10^{-1}	6.56×10^{-2}	1.95×10^{-2}	9.74×10^{-3}	8.33×10^{-3}	2.17×10^{-2}	5.07×10^{-1}	8.99×10^{-2}	1.83×10^{-1}
塑料	5.29	7.05×10^{-1}	4.09	4.45	无	8.97	2.66×10^{-1}	2.01×10^{-1}	2.78×10^{-2}	8.56×10^{-2}	1.45×10^{-2}	2.54×10^{-2}	1.16×10^{-2}	3.60×10^{-3}	4.24×10^{-3}
铝箔	1.34	12.80	2.63×10^{-1}	2.22×10^{-1}	铝土矿：4.78	28.00	2.31×10^{-1}	1.35×10^{-1}	4.31×10^{-1}	7.39×10^{-2}	6.61×10^{-2}	1.06×10^{-2}	1.15×10^{-3}	0	0

注：天然气单位为m^3。

表10-2 运输阶段清单

运输形式	运输负荷量/(t·km)	一次能源消耗量/kg			环境污染物外排量/kg							
		原煤	天然气	原油	CO_2	SO_2	NO_x	CH_4	CO	NMVOC	PM_{10}	NO_2
海运	714	7.79×10^{-1}	2.08×10^{-1}	1.98	7.80	9.66×10^{-2}	1.02×10^{-1}	5.56×10^{-3}	1.60×10^{-2}	7.21×10^{-3}	1.12×10^{-2}	0
20t卡车陆运	1.34	9.20×10^{-4}	1.53×10^{-6}	2.55×10^{-2}	1.92×10^{-1}	6.37×10^{-5}	1.35×10^{-3}	1.58×10^{-5}	2.72×10^{-4}	9.25×10^{-5}	2.57×10^{-5}	6.70×10^{-6}
20t货车陆运	1.2	3.52×10^{-3}	5.87×10^{-6}	9.74×10^{-2}	1.98×10^{-1}	1.33×10^{-4}	1.71×10^{-3}	5.20×10^{-5}	2.47×10^{-4}	4.78×10^{-3}	2.58×10^{-5}	1.44×10^{-5}
10t货车陆运	2.06	3.13×10^{-3}	5.21×10^{-6}	8.67×10^{-2}	2.21×10^{-1}	2.36×10^{-4}	5.01×10^{-1}	2.24×10^{-5}	1.17×10^{-3}	8.80×10^{-4}	1.54×10^{-3}	6.37×10^{-6}

注：天然气单位为m^3。

表10-3 生产阶段清单

耗能类型	消耗量	一次能源消耗量/kg			环境污染物外排量/kg							
		原煤	天然气	原油	CO_2	SO_2	NO_x	烟尘	CO	CH_4	NMVOC	NO_2
天然气	$0.15m^3$	1.76×10^{-4}	1.97×10^{-1}	4.89×10^{-3}	1.12×10^{-2}	2.86×10^{-5}	2.80×10^{-3}	1.37×10^{-5}	1.08×10^{-6}	1.09×10^{-6}	0	
电	6.18kW·h	2.46	4.27×10^{-2}	4.77×10^{-2}	6.61	6.13×10^{-2}	3.99×10^{-2}	1.25×10^{-1}	9.57×10^{-3}	1.61×10^{-2}	3.01×10^{-3}	

注：天然气单位为m^3。

单数据，物耗能耗数据参考Francesco等[11]关于卫生填埋的物耗能耗数据，清单数据见表10-4。

由纸塑铝复合牛奶包装前景清单数据可知，其在整个生命周期所消耗的能源主要有电、原煤和天然气，因此背景数据由两部分组成：一部分是来源于狄向华等[12]编制的我国火力发电单位电量的生命周期清单，如表10-5所列；另一部分是袁宝荣等[3]编制的我国单位化石能源（即1kg原煤和1m³天然气）生产的生命周期清单，如表10-6所列。我国天然气的开采损耗率均为30%左右，这主要是开采过程的能源消耗引起的。

10.3　影响评价

考虑到本章研究对象原材料获取在不同地域且70%的原材料来自欧洲，所以选用较为常用的Eco-Indicator 99方法。该方法通过对产品各生命周期的环境负荷清单数据进行特征化、标准化、归一化后得出所对应的环境影响值，单位用Pt（t）表示。利用SimaPro7.1软件，用获取的数据资料对纸塑铝复合包装进行了全生命周期的评价，可以得出纸塑铝复合包装的环境影响潜值为5.225Pt。为了方便计算，将运输阶段分开，一部分为原材料运输，一部分为废弃处置阶段的运输并已计算入相应的处置方式中（通过调研可知，北京市纸塑铝复合包装产品回收率为10%，其余的90%都进入卫生填埋系统）。纸塑铝复合包装全生命周期评价结果如表10-7所列。

由表10-7可以看出，原材料获取阶段的环境影响值占据了整个生命周期阶段的80%，即包装材料的选择直接决定了包装产品LCA评价结果。这样的结果和包装行业自身特性是十分相符的，因为包装行业基本都属于来料加工行业，加工过程中的"三废"排放很少，所以包装材料获取阶段的"三废"排放就占据了整个包装产品生命周期较大的部分，从而直接决定了评价结果的好坏，这在一定程度上也说明了数据来源的客观真实性。

采用秦凤贤等[13]对塑料牛奶包装的清单数据，并通过调研得到的目前我国塑料包装回收率为35%，其余65%按焚烧处理。在相同的功能单位和系统边界下，同样选用EI99评价方法比较得出塑料包装和纸塑铝复合包装的LCA评价结果，如图10-2所示，其中塑料包装的环境影响潜值为4.670Pt。

由图10-2可以看出，塑料包装在化石资源消耗方面的环境影响约占整个生命周期环境影响的79%，远远大于纸塑铝复合包装。这是因为塑料包装的原材料主要来源于原油，属于不可再生资源，无法通过其他途径降低其环境影响。而这也正是纸塑铝复合包装虽然环境影响值高于塑料包装，但却更具有优越性的一个重要因素。另外，纸塑铝复合包装的无机物环境影响也较大，这主要是因为原材料在海运过程和铝的生产过程中，

表10-4 处置阶段清单

处置类型	能耗类型	消耗量	一次能源消耗量/kg			环境污染物外排量/kg							
			原煤	天然气	原油	CO_2	SO_2	NO_x	烟尘	CH_4	CO	NMVOC	其他
造纸	电	11.4kW·h	4.53	$7.88×10^{-2}$	$8.81×10^{-2}$	$1.22×10^{-1}$	$1.13×10^{-1}$	$7.36×10^{-2}$	$2.30×10^{-1}$	$2.96×10^{-2}$	$1.77×10^{-2}$	$5.55×10^{-3}$	无
造纸	标煤	6.45kg	9.03	$4.63×10^{-7}$	$7.76×10^{-3}$	15.50	$1.51×10^{-1}$	$9.03×10^{-2}$	$3.28×10^{-1}$	$8.43×10^{-2}$	$2.01×10^{-2}$	$4.72×10^{-3}$	无
填埋		12kg铝塑废物	$1.28×10^{-2}$	$2.17×10^{-4}$	$1.44×10^{-2}$	1.32	$4.08×10^{-4}$	$2.09×10^{-4}$	$6.46×10^{-4}$	$5.66×10^{-1}$	$6.75×10^{-5}$	$1.52×10^{-5}$	COD:0.33 BOD:0.16 氨氮:0.03 SS:0.22

注：天然气单位为m^3。

表10-5 我国火力发电单位电量的生命周期清单

能源类型	一次能源消耗量/kg			环境污染物外排量/kg						
	原煤	天然气	原油	CO_2	SO_2	NO_x	烟尘	CH_4	CO	NMVOC
电	$4.0×10^{-1}$	$6.9×10^{-3}$	$7.73×10^{-3}$	1.07	$9.93×10^{-3}$	$6.46×10^{-3}$	$2.0×10^{-4}$	$2.6×10^{-3}$	$1.55×10^{-3}$	$4.87×10^{-4}$

表10-6 我国单位化石能源生产的生命周期清单

能源类型	一次能源消耗量/kg			环境污染物外排量/kg					
	原煤	天然气	原油	CO_2	SO_2	NO_x	烟尘	CH_4	CO
原煤	1	$5.13×10^{-8}$	$8.59×10^{-4}$	$6.19×10^{-3}$	$7.45×10^{-6}$	$4.29×10^{-5}$	$9.07×10^{-4}$	$9.32×10^{-3}$	$5.17×10^{-6}$
天然气	$1.18×10^{-3}$	1.32	$3.27×10^{-2}$	$7.48×10^{-2}$	$1.91×10^{-4}$	$1.87×10^{-4}$	$9.18×10^{-5}$	$7.32×10^{-6}$	$7.23×10^{-6}$

注：天然气单位为m^3。

NO_x、SO_2 和颗粒物排放量较大。

表10-7　纸塑铝复合包装全生命周期评价结果　　　　　　　　　单位：Pt

影响类别	原材料获取	原材料运输	生产阶段	废弃处置	
				再生（10%）	填埋（90%）
致癌物	0.037	0.005	0.008	-0.003	0
有机物对呼吸系统损害	0	0	0	0	0.001
无机物对呼吸系统损害	1.023	0.467	0.181	0.031	0.025
气候变化	0.021	0.043	0.040	0.033	0.163
辐射	0	0.001	0	0	0
臭氧层破坏	0	0	0	0	0
生态毒性	0.035	0.025	0.007	-0.004	0
酸化和富营养化	0.117	0.055	0.023	0.006	0.005
土地占用	0.887	0.007	0	-0.165	0
矿产资源	0.272	0.001	0	-0.001	0
化石资源	1.546	0.323	0.037	-0.042	0.016
总计	3.938	0.926	0.297	-0.145	0.209

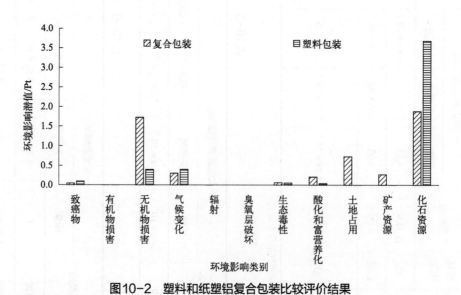

图10-2　塑料和纸塑铝复合包装比较评价结果

10.4 结果分析

由表10-7可见，纸塑铝复合包装处置阶段的再生技术虽然仅回收了纸基部分，但处置阶段的环境影响已为负值，即说明再生处置纸塑铝复合包装可以给环境带来正面影响，如果其中铝塑分离技术能得到工业化的推广，废弃的纸塑铝复合包装进一步分离再生出铝和塑料，势必会加大纸塑铝复合包装在环境影响方面的优越性，这也是降低其环境影响的一种途径。

通过调研发现，北京地区的纸塑铝复合包装回收率不高，仅为10%，所以其在处置阶段材料再生的优势未能进一步体现出来，如果提高回收率，设定回收率为α，则纸塑铝复合包装环境影响值可由下式计算得出：

$$E = E_{RM} + E_{RT} + E_P + E_T \tag{10-1}$$

式中 E_{RM}——原材料获取阶段的环境影响值，Pt；

E_{RT}——原材料运输阶段的环境影响值，Pt；

E_P——生产阶段的环境影响值，Pt；

E_T——处置阶段的环境影响值，Pt。

前三者为固定值，即E_{RM}=3.938Pt，E_{RT}=0.926Pt，E_P=0.297Pt。由于处置过程主要分两部分，即再生和填埋，所以E_T与再生部分环境影响值（E_u）和填埋部分环境影响值（E_l）有关，可以用一个函数来表示，即：

$$E_T = f(E_u, E_l) \tag{10-2}$$

E_u可由再生运输过程的环境影响量和再生过程环境影响相加而得，即：

$$E_u = 0.000706 \times 30 \times \alpha + 0.00166 \times 30 \times \alpha + (-0.0508) \times 30 \times \alpha \tag{10-3}$$

式中 0.000706——单位质量回收的纸塑铝复合包装用2t货车在市区由消费者运输到中转打包点的环境影响值；

0.00166——单位质量纸塑铝复合包装用10t货车由中转打包点运输到再生工厂的环境影响值；

−0.0508——单位质量纸塑铝复合包装再生利用的环境影响值。

E_l可由处置运输过程的环境影响量和处置过程环境影响相加而得，即：

$$E_l = 0.000265 \times 30 \times (1-\alpha) + 0.000847 \times 30 \times (1-\alpha) + 0.00663 \times 30 \times (1-\alpha) \tag{10-4}$$

式中 0.000265——单位质量未回收进入市政垃圾的纸塑铝复合包装用2t货车在市区由消费者运输到垃圾中转站的环境影响值；

0.00166——单位质量纸塑铝复合包装用10t货车由垃圾中转站运输到填埋场的环境影响值；

0.00663——单位质量纸塑铝复合包装填埋处置的环境影响值。

所以，

$$E_T = E_u + E_l \tag{10-5}$$

将 E_{RM}、E_{RT}、E_P 和式（10-5）带入式（10-1）可得：

$$E = 5.393 - 1.685\alpha \tag{10-6}$$

通过上式可以计算出纸塑铝复合包装在界定环境影响值下的 α，如果以提高回收率来作为降低环境影响的手段，当纸塑铝复合包装 α 为43%的时候即可达到塑料包装相同的环境影响，当 $\alpha > 43\%$ 时纸塑铝复合包装在环境协调性方面完全优于塑料包装。因此，提高 α 可作为另外一条降低纸塑铝复合包装环境影响的途径。

综上所述：

① 纸塑铝复合牛奶包装和塑料牛奶包装的全生命周期环境影响值分别为5.225Pt和4.670Pt，且在原材料获取阶段的环境影响在整个生命周期阶段所占比重均在80%左右。

② 塑料包装在化石资源消耗方面对环境影响占据整个生命周期环境影响的79%，是纸塑铝复合包装的2倍多。

③ 纸塑铝复合包装在化石资源消耗、无机物排放方面和土地占用对环境影响较大，其次是气候变化、酸化和富营养化。考虑到化石资源的不可再生性，从可持续发展角度来看，发展纸塑铝复合包装比发展塑料包装更具有优越性。

④ 改善纸塑铝复合包装的环境影响可以通过以下两种途径：一种是发展再生技术，将铝塑进一步分离成为塑料和铝，这势必大大降低其环境影响；另一种是提高回收率，当其回收率超过43%时，纸塑铝复合包装的环境影响小于塑料包装。

参考文献

[1] 杨凯，徐启新，林逢春，等. 包装废物减量及回收体系构建研究[J]. 中国环境科学，2001, 21(2): 189-192.

[2] 胡明秀. 包装废弃物污染现状及综合利用探讨[J]. 中国包装，2004(3): 61-63.

[3] 袁宝荣，聂祚仁，狄向华，等. 中国化石能源生产的生命周期清单(Ⅱ)——生命周期清单的编制结果[J]. 现代化工，2006, 26(4): 59-61.

[4] 刘颖昊，刘涛，沙高原，等. 货物运输的生命周期清单模型[J]. 安徽工业大学学报，2008, 25(2): 205-207.

[5] 马丽萍，王志宏，龚先政，等. 城市道路两种货车运输的生命周期清单分析[A]. //北京：2006年材料科学与工程新进展—"2006北京国际材料周"论文集[C]. 北京：化学工业出版社，2006.

[6] US EPA. User's Guide to MOBILE5[Z]. Washington D C: US EPA, 1995.

[7] 张承中，刘立忠，李涛. 单辆机动车二次扬尘量化计算的实验研究[J]. 环境工程，2002, 20(5): 38-40.
[8] 陈鲁言，钟姗姗，潘智生. 香港、广州、佛山和北京市政垃圾的成分比较及处理策略[J]. 环境科学，1997, 18(3): 58-61.
[9] 马晓鹏. 北京生活垃圾处理技术综合评选和垃圾物流优化调度研究[D]. 北京：清华大学，2005.
[10] 郭颖杰. 城市生活垃圾处理系统生命周期评价[D]. 大连：大连理工大学，2003.
[11] Francesco C, Silvia B, Sergio U. Life cycle assessment (LCA) of waste management strategies: Landfilling, sorting plant and incineration[J]. Energy, 2008, 23(8): 1-8.
[12] 狄向华，聂祚仁，左铁镛. 中国火力发电燃料消耗的生命周期排放清单[J]. 中国环境科学，2005, 25(5): 632-635.
[13] 秦凤贤，朱传第. 用LCA方法评价牛奶包装对环境的影响[J]. 乳业科学与技术，2006, 28(5): 163-165.

第11章
聚酯包装生命周期评价

□ 功能单位和系统边界界定
□ 清单分析
□ 影响评价

随着生活质量的不断提高，食品加工业、餐饮业、旅游业及相关消费类第三产业的迅速发展直接带动食用油的需求量也高速增长。根据资料推算[1]，2008年我国食用油消耗量已达到15.24Mt，同时也消耗大量的PET包装产品。

PET包装产品在生产和废物处置过程引起的环境问题日益受到关注[2-5]，为此世界各国纷纷制定了相应的政策法规[6]。目前包装废物所造成的环境污染仅次于水质污染、海洋湖泊污染和空气污染，已处于第4位[7]。由于我国特别针对包装产品的回收体系并不健全且再生技术发展缓慢，本章以食用油聚酯包装为研究对象，采用完整生命周期评价法（LCA），对食用油PET包装在原料获取、原料运输、产品加工、产品处置等阶段的环境影响进行定量评价，并讨论不同处置方式下的环境影响，旨在为我国宏观决策及相关法规的制定提供理论依据。

11.1 功能单位和系统边界界定

11.1.1 功能单位

本章选取的功能单位为1000L食用油的PET包装产品，即200个5L的食用油PET包装，其质量为每个110g，总质量为22kg。

11.1.2 系统边界

系统边界界定为包括原料获取、原料运输、产品加工和产品处置4个阶段。这里不包括产品使用阶段，是由于在该过程中食用油生产和包装品生产同步进行，不存在运输过程，且在产品使用过程中没有明显能耗和物耗，对环境几乎没有影响，所以不考虑在系统边界之内。产品处置阶段选用填埋、再生和焚烧3种处置方式进行比较分析。如图11-1所示。

11.2 清单分析

PET包装生命周期清单数据主要通过企业调研和文献获取，部分国内欠缺的数据如PET原料、填埋和焚烧等清单数据主要通过Ecoinvent数据库获取（见表11-1）。由于我国西部地区基本上无食用油PET包装生产企业，因此企业调研数据主要来自天津2家食用油生产企业，并取平均值。这2家企业占据国内80%以上的食用油市场份额，因此该

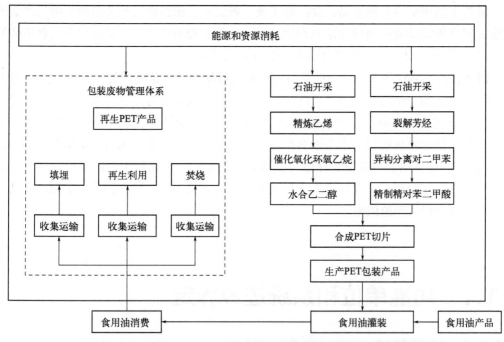

图11-1　PET包装生命周期评价边界

清单数据具有较高的代表性。瑞士环境资料库（Ecoinvent）是该研究购买的付费数据库，内含4000多个产品及过程的清单数据，包括能源、运输、建筑材料、化学产品、纸类、农产品、废物及木工制品等。3种不同处置方式下的PET包装的全生命周期清单数据如表11-2所列。

表11-1　PET包装清单数据来源方式

生命周期阶段		资源（能源）消耗类型	前景数据	情景数据来源	背景数据来源
原料获取		PET	22 kg	天津某食用油包装企业调研数据	Ecoinvent数据库
原料运输		柴油（20 t货车）	27.145 t·km	天津某食用油包装企业调研数据	文献[8]
产品加工		电	28.674 kW·h	天津某食用油包装企业调研数据	文献[9]
产品处置	填埋	PET	22 kg	天津某食用油包装企业调研数据	文献[10]，Ecoinvent数据库
	再生	PET	22 kg	北京某PET再生企业调研数据	Ecoinvent数据库
	焚烧	PET	22 kg	天津某食用油包装企业调研数据	文献[11]，Ecoinvent数据库

表11-2　不同处置方式下功能单位的PET包装全生命周期清单数据

清单数据类型		处置方式		
		填埋/kg	焚烧/kg	再生/kg
能源消耗	原煤	24.1	24.2	16.5
	天然气	17.23	17.29	2.97
	原油	17.5	17.4	2.81
环境外排	CO_2	93.8	1.38×10^2	51.7
	SO_2	4.40×10^{-1}	4.40×10^{-1}	3.72×10^{-1}
	NO_x	3.25×10^{-1}	3.35×10^{-1}	2.74×10^{-1}
	烟尘	5.80×10^{-1}	5.80×10^{-1}	6.91×10^{-1}
	CH_4	4.05×10^{-1}	3.59×10^{-1}	1.36×10^{-1}
	CO	1.56×10^{-1}	1.61×10^{-1}	8.86×10^{-2}
	NMVOC	6.72×10^{-2}	6.82×10^{-2}	2.87×10^{-2}
	COD	5.75	2.66	3.74×10^{-1}
	BOD_5	9.06×10^{-1}	2.03×10^{-1}	2.61×10^{-2}
	SS	1.29×10^{-2}	1.29×10^{-2}	2.33×10^{-3}
	PM_{10}	2.34×10^{-2}	2.35×10^{-2}	5.44×10^{-3}
	$PM_{2.5}$	1.28×10^{-2}	1.28×10^{-2}	3.15×10^{-3}
	烃类化合物	8.43×10^{-3}	8.43×10^{-3}	1.31×10^{-3}
	乙酸	4.89×10^{-3}	4.89×10^{-3}	7.41×10^{-4}
	甲醇	2.72×10^{-3}	2.73×10^{-3}	4.13×10^{-4}
	氯化氢	2.65×10^{-3}	2.64×10^{-3}	5.79×10^{-4}
	乙烷	1.13×10^{-3}	1.14×10^{-3}	2.09×10^{-4}
	乙烯	1.43×10^{-3}	1.43×10^{-3}	2.28×10^{-4}
	NO_2	1.42×10^{-4}	1.42×10^{-4}	1.44×10^{-4}
	DOC	3.14	1.60×10^{-1}	8.09×10^{-3}
	TOC	3.14	1.60×10^{-1}	8.17×10^{-3}

注：天然气单位为m^3。

11.3　影响评价

对PET包装处置阶段前（即原料获取、原料运输和加工生产阶段）的环境影响评价结果如图11-2所示。由于计算结果表明，有机物对人体损害、臭氧层破坏、辐射、矿产资源和土地占用5个方面的环境影响所占全生命周期的比例过低（＜1%），因此以下各图中不做这5个方面的说明。

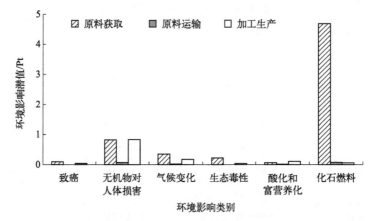

图11-2　各环境影响类别在原料获取、原料运输和加工生产阶段的潜值比较

从图11-2可以看出，处置阶段前PET包装的环境影响主要集中在化石燃料、无机物对人体损害和气候变化3个方面，依次占处置阶段前环境影响潜值的61.8%、22.1%和7.0%。由图11-2还可以明显地看出，原料获取阶段的各环境影响类别的潜值所占的比例均最大。

由图11-3可知，PET包装在原料获取、原料运输和产品加工3个生命周期阶段的环境影响潜值依次为6.381Pt、0.181Pt和1.245Pt，分别占处置阶段前环境影响总潜值（7.807Pt）的81.8%、2.3%和15.9%。PET包装在原料获取阶段环境影响潜值所占比例最大，这是由包装行业的特殊性造成的。包装行业大多都是来料加工企业，生产过程中的环境外排较少，因此包装材料基本决定了整个包装产品的环境影响。这也在一定程度上说明了评价数据的客观性。对于企业而言，最大限度地减少包装材料的使用量才是降低全生命周期环境影响潜值最有效的途径，这也正符合国际上所提倡的包装产品"减量化"的趋势。

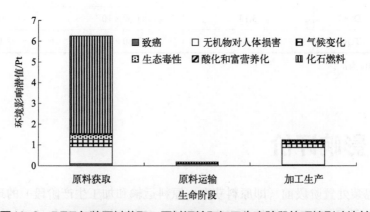

图11-3　PET包装原料获取、原料运输和加工生产阶段的环境影响比较

由图11-4可以看出，不同处置方式的PET包装全生命周期环境影响主要集中在化石燃料、无机物对人体损害和气候变化3个方面，在致癌、生态毒性及酸化和富营养化方面影响较小。

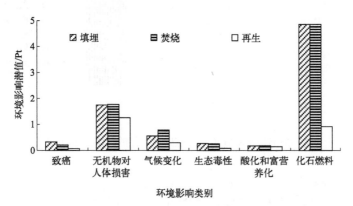

图11-4　不同处置方式的PET包装生命周期各类别环境影响潜值

由图11-5可知，填埋、焚烧和再生处置方式的PET包装全生命周期环境影响潜值分别为8.087Pt、8.209Pt和2.818Pt。总体来说，填埋和焚烧处置方式下的PET包装各环境影响类别环境影响潜值差异不大，化石燃料环境影响潜值均为最大，分别占各自处置方式环境影响潜值的60.0%和59.0%；而再生处置减少了相当于正常生产PET产品的环境影响，尤以化石燃料方面最为明显，其环境影响潜值仅为填埋和焚烧的18.9%，占全生命周期比例的32.5%，因此大大降低了全生命周期的环境影响潜值。

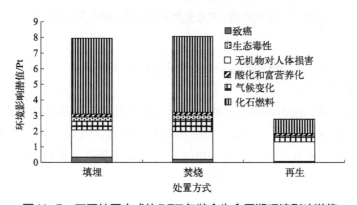

图11-5　不同处置方式的PET包装全生命周期环境影响潜值

由于研究对象在原料获取、原料运输和加工生产等阶段的清单数据相同，为了更好地比较3种处置方式的环境影响，选取各处置方式在处置阶段的清单数据进行环境影响分类评价，如图11-6、图11-7所示。

由图11-6可知，在处置阶段，填埋、焚烧和再生的环境影响潜值分别为0.279Pt、0.401Pt和−4.990Pt，填埋和焚烧分别增加了PET包装处置阶段前环境影响潜值（7.807Pt）的3.6%和5.1%，再生降低了63.9%。从图11-7可以看出，填埋在致癌方面对

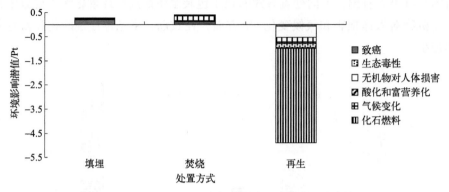

图 11-6　不同处置方式在处置阶段的环境影响比较

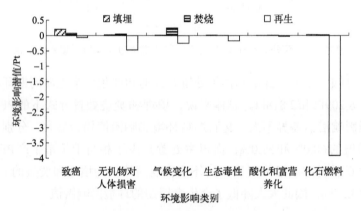

图 11-7　不同处置方式在处置阶段的各类别环境影响潜值

环境产生较大的影响，焚烧的烟气排放在气候变化方面对环境产生较大影响，这也与国内的某些研究相符[12,13]。

从评价结果来看，Eco-Indicator 99（EI99）的评价结果显示酸化和富营养化占处置前环境影响潜值的比例较小，致癌、无机物对人体损害、气候变化、酸化和富营养化、生态毒性及化石燃料这6项指标涵盖了PET包装在原料获取、原料运输和加工生产阶段的所有环境影响，表明该评价方法选择适当。

综上所述：

① PET包装原料获取阶段的环境影响潜值在全生命周期环境影响潜值中所占比例最大，占处置阶段前环境影响潜值的81.8%，其次是加工生产阶段（15.9%）和原料运输阶段（2.3%）。

② PET包装的全生命周期环境影响主要集中在化石燃料、无机物对人体损害和气候变化3个方面；在致癌、生态毒性和酸化和富营养化方面影响较小；另外，不同的处置方式下各环境影响类别的环境影响潜值也不同。

③ 3种处置方式的环境影响潜值依次为焚烧＞填埋＞再生。焚烧和填埋的环境影响

潜值分别增加了PET包装处置阶段前的环境影响潜值（7.807Pt）的5.1%和3.6%，而再生可降低63.9%。

参考文献

[1] 窦胜. 食用油瓶用瓶级聚酯的发展和现状[J]. 合成技术与应用，2004, 19(3): 36-38.

[2] 李丽，杨健新，王琪. 我国包装废物回收利用现状及典型包装物的生命周期分析[J]. 环境科学研究，2005, 18: 10-12.

[3] 刘继永，杨前进，韩新民. 瓦楞纸箱全生命周期环境影响评价研究[J]. 环境科学研究，2008, 21(6): 105-108.

[4] 谢明辉，李丽，黄泽春，等. 纸塑铝复合包装处置方式的生命周期评价[J]. 环境科学研究，2009, 22(18): 1299-1304.

[5] 金雅宁，周炳炎，丁明玉，等. 我国包装废物产生及回收现状分析[J]. 环境科学研究，2008, 21(6): 90-94.

[6] 谢明辉，李丽，朱雪梅，等. 国内外包装合理性评价指标体系比较研究[J]. 包装工程，2009, 30(1): 194-198.

[7] 中国包装技术协会，国家统计局工业交通统计司. 中国包装工业统计(2002)[R]. 2003.

[8] 刘颖昊，刘涛，沙高原，等. 货物运输的生命周期清单模型[J]. 安徽工业大学学报，2008, 25(2): 205-207.

[9] 狄向华，聂祚仁，左铁镛. 中国火力发电燃料消耗的生命周期排放清单[J]. 中国环境科学，2005, 25(5): 632-635.

[10] Francesco C, Silvia B, Sergio U. Life cycle assessment (LCA) of waste management strategies: Landfilling, sorting plant and incineration[J]. Energy, 2008, 23(8): 1-8.

[11] Sundqvist J O, Finnveden G, Albertsson A C. Life cycle assessment and solid waste[R]. Sweden: AFR, 1997.

[12] 杨军，黄涛，张西. 有机垃圾填埋过程产甲烷量化模型研究[J]. 环境科学研究，2007, 20(5): 79-83.

[13] 宋珍霞，王里奥，林祥，等. 城市垃圾焚烧飞灰特性及水泥固化试验研究[J]. 环境科学研究，2008, 21(4): 163-168.

第12章
塑料牛奶包装生命周期评价

- 功能单位和系统边界界定
- 清单分析
- 影响评价

塑料包装目前广泛应用于日常生活物品的包装领域中，尤以食品包装较多。但由于其材质的难降解性和焚烧易产生二次污染，因此也带来了一系列环境问题。世界各国纷纷制定了相应的政策法规[1]。据报道，未经处理或处理不善的包装废物会造成严重的大气污染、地下水污染和土壤污染[2]。

我国针对包装产品的回收体系并不健全，生活垃圾中塑料产品的分拣较难实现，塑料包装产品在生产过程和废物处置引起的环境问题日益受到关注[3]。国外已有一些研究对塑料包装制品的全生命周期环境影响进行研究[4-8]，国内生命周期评价发展缓慢，在塑料包装方面只有秦凤贤等[9]、谢明辉等[10, 11]有所涉及，且这些研究都缺乏系统深入的分析，有的仅停留在数据收集阶段，尚无系统的影响评价研究。因此，本章选取塑料牛奶包装为研究对象，采用完整生命周期评价法，对塑料牛奶包装在原料获取阶段、原料运输阶段、加工生产阶段、产品处置阶段的环境影响进行定量评价，并讨论不同处置方式下的环境影响，以期为宏观决策及相关法规的制定提供理论依据。

12.1 功能单位和系统边界界定

12.1.1 功能单位

功能单位界定为1000L牛奶的塑料包装产品，即5000个200mL的百利包牛奶包装，由3层低密度聚乙烯复合而成，每个质量为3.55g，总质量为17.75kg。

12.1.2 系统边界

系统边界界定为包括原料获取、原料运输、加工生产和产品处置4个阶段（不包括产品使用阶段，这是由于在产品使用过程中没有明显的能耗和物耗，对环境几乎没有影响；牛奶包装生产线和牛奶灌装线一般都是同步进行，不存在运输过程，所以不在研究范围内考虑）。产品处置阶段包含运输收集和处置2个过程，处置方式选用填埋、再生和焚烧3种，并对这3个处置阶段进行比较分析。因此，牛奶塑料包装的生命周期系统边界如图12-1所示（图中虚线表示一个生命周期阶段）。

12.2 清单分析

塑料牛奶包装生命周期清单数据的国内部分主要通过企业现场调研和从文献获取，部分国内缺乏的清单数据主要通过Ecoinvent数据库获取，详见表12-1。Ecoinvent数据

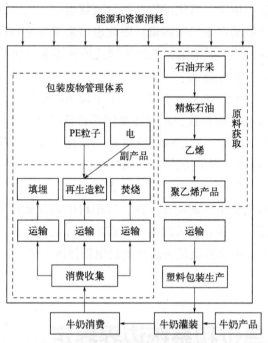

图12-1 塑料包装生命周期系统边界

表12-1 塑料包装清单数据来源方式

生命周期阶段		资源（能源）消耗类型	前景数据	前景数据来源	背景数据来源
原料获取		低密度聚乙烯	17.750 kg	北京某牛奶生产企业数据	文献[12]
原料运输		20 t货车运输	0.888 t·km	北京某牛奶生产企业数据	文献[13]
加工生产		电	17.700 kW·h	北京某牛奶生产企业数据	文献[14]
产品处置	再生	2 t货车运输	0.710 t·km	联合开源再生资源回收利用有限公司调研数据	文献[15]
		10 t货车运输	2.379 t·km		
		电	7.988 kW·h	河北某塑料再生企业数据	文献[16]
	填埋	2 t货车运输	0.266 t·km	文献[17]	文献[19]
		10 t货车运输	0.621 t·km	文献[18]	
		电	0.020 kW·h	文献[20]	Ecoinvent数据库 文献[16]
		HDPE	0.003 kg	文献[21]	
		柴油(压实机)	0.011 kg	文献[21]	
	焚烧	天然气	1.067 m³	北京生活垃圾焚烧厂G调研数据	文献[16]
		电	1.186 kW·h	北京生活垃圾焚烧厂G调研数据	

库是本研究购买的付费数据库，内含4000多个产品及过程的清单数据，包括能源、运输、建筑材料、化学产品、纸类、农产品、废物及木工制品等。其中运输过程的资源（能源）消耗即货车运输单位为t·km，表示在运输过程的资源（能源）消耗取决于运输质量和运输里程，因此其单位消耗量清单数据为每运送1t物体1km距离的清单数据。

原料运输阶段的数据来自对我国北部十余家牛奶制造厂家调研，考虑到成本因素，企业将包装原料的运输半径都控制在50km以内，因此原料运输阶段资源（能源）消耗量为功能单位质量乘以运输距离，即 17.75 kg × 50 km = 0.8875 t·km。

处置阶段的运输过程则计算在相应的处置方式内，通过对北京市区内生活垃圾中转站和资源回收打包点的调研结果，其回收半径分别为15km和40km，由于这一过程都发生在市区内，因此采用2t载重货车运输。生活垃圾中转站的包装废物直接送市政垃圾处理厂填埋和焚烧，其平均距离为35km；资源回收打包点的包装废物则送至我国最大的塑料废物处置集散地河北保定等地进行再生，其平均距离为134km，这两个过程都发生在市郊，同时考虑到运输成本，采用10t载重货车运输。

由于目前没有专门针对再生产品的清单数据，因此对再生产品的数据分配问题国际上通常采用：

$$环境影响 = 过程影响 - 避免的（副产品）影响 \quad (12\text{-}1)$$

式中　　过程影响——整个再生过程的环境影响；
避免的（副产品）影响——按正常工艺生产再生过程所产生的副产品的环境影响。

本章也采用此分配方式。

由此可以得出3种不同处置方式下的塑料包装的全生命周期清单数据，如表12-2所列。填埋和焚烧处置方式下的塑料包装全生命周期清单数据相差不大，这主要是由于填埋和焚烧过程的清单数据虽有所差异，但所占比重不大，且经过与原料获取、原料运输、加工生产3个阶段的清单数据加和后，差异更不明显。塑料包装的能耗和环境外排主要集中在原料获取阶段。

表12-2　3种处置方式下的塑料包装全生命周期清单数据　　　单位：kg

清单数据类型		处置方式		
		填埋	焚烧	再生
能耗	原煤	6.81×10^1	5.79×10^1	2.01×10^1
	天然气	1.22	2.56	2.35×10^{-1}
	原油	3.73×10	3.79×10	4.06
环境外排	NH_3	1.93×10^{-5}	1.71×10^{-4}	1.51×10^{-6}
	As	3.54×10^{-5}	3.71×10^{-5}	5.14×10^{-5}
	Cd	2.38×10^{-7}	2.68×10^{-7}	3.26×10^{-7}

续表

清单数据类型		处置方式		
		填埋	焚烧	再生
环境外排	CO_2	1.27×10^2	1.49×10^2	3.84×10^1
	CO	3.43×10^{-2}	3.82×10^{-2}	5.59×10^{-2}
	Cr	3.46×10^{-6}	3.47×10^{-6}	4.34×10^{-6}
	烟尘	3.61×10^{-1}	3.61×10^{-1}	5.20×10^{-1}
	烃类化合物	4.12×10^{-5}	4.32×10^{-5}	3.92×10^{-6}
	HCl	1.33×10^{-5}	6.48×10^{-6}	1.31×10^{-7}
	HF	1.59×10^{-6}	1.22×10^{-6}	2.62×10^{-8}
	H_2S	4.15×10^{-6}	5.38×10^{-6}	3.92×10^{-7}
	Pb	3.13×10^{-5}	3.14×10^{-5}	4.53×10^{-5}
	Hg	1.56×10^{-6}	1.59×10^{-6}	2.25×10^{-6}
	CH_4	1.11×10^{-1}	5.46×10^{-2}	6.76×10^{-2}
	Ni	4.50×10^{-6}	4.60×10^{-6}	6.43×10^{-6}
	NO_2	9.56×10^{-6}	9.56×10^{-6}	2.03×10^{-5}
	NO_x	1.24×10^{-1}	1.29×10^{-1}	1.74×10^{-1}
	NMVOC	1.04×10^{-2}	1.12×10^{-2}	1.64×10^{-2}
	PM_{10}	2.64×10^{-4}	2.64×10^{-4}	9.59×10^{-4}
	$PM_{2.5}$	3.67×10^{-4}	3.86×10^{-4}	8.58×10^{-4}
	SO_2	8.78×10^{-1}	8.79×10^{-1}	3.26×10^{-1}
	V	5.11×10^{-5}	5.53×10^{-5}	7.40×10^{-5}
	Zn	4.27×10^{-5}	4.29×10^{-5}	6.17×10^{-5}
	$NH_3\text{-}N$	3.71×10^{-7}	3.71×10^{-7}	3.72×10^{-8}
	BOD_5	9.60×10^{-1}	1.19×10^{-1}	2.21×10^{-7}
	COD	4.05	3.62×10^{-1}	4.53×10^{-7}
	SS	2.97×10^{-6}	2.97×10^{-6}	3.02×10^{-7}

注：天然气单位为m^3。

12.3 影响评价

SimaPro 分析软件是一个面向产品开发和产品设计的综合 LCA 软件，由荷兰莱顿大学环境科学中心（CML）于 1990 年首次完成推出，至今已发展至 SimaPro7.1 的版本，支持英语、德语、日语、法语等多种语言。在生命周期评价的领域中，SimaPro 分析软件属于国际上普遍使用和公认的客观评价软件。

利用生命周期软件SimaPro 7.1，选用Eco-Indicator 99评价方法，对处置阶段前（即原料获取、原料运输和产品加工阶段）的塑料牛奶包装进行环境影响评价，由于计算结果显示EI99的11个指标中，有机物对人体损害、臭氧层破坏、辐射、土地占用和矿产资源的环境影响所占整个生命周期的比例过小（＜1%），因此不对这5个指标进行讨论。评价主要针对无机物对人体损害、致癌、气候变化、酸化和富营养化、生态毒性和化石燃料这6个指标，结果如图12-2和图12-3所示。其中EI指环境影响潜值（单位Pt），CA指致癌，RI指无机物对人体损害，CC指气候变化，ET指生态毒性，AE指酸化和富营养化，FF指化石燃料，RM指原料获取阶段，RT指原料运输阶段，MP指加工生产阶段。

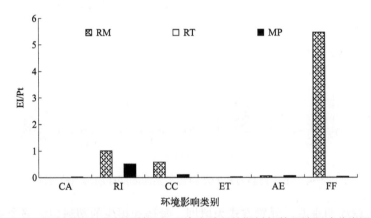

图12-2 原料获取、原料运输和加工生产阶段的塑料包装环境影响分类评价

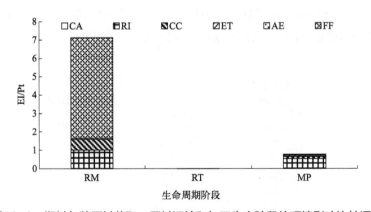

图12-3 塑料包装原料获取、原料运输和加工生产阶段的环境影响比较评价

从图12-2可以看出，处置阶段之前塑料包装的环境影响主要集中在化石燃料、无机物对人体损害和气候变化3个方面，这3个方面对环境的影响主要是由原料获取阶段引起的。通过计算，处置阶段前塑料包装的环境影响潜值为7.894 Pt，其中原料获取阶段、原料运输阶段和加工生产阶段的环境影响潜值分别为7.120 Pt、0.006 Pt、0.768 Pt，如图12-3所示。原料获取阶段的环境影响潜值所占比例最大，为90%。这是由包装行业的特

殊性所致。包装行业大多是来料加工企业，生产过程的环境外排较少，因此，包装材料基本决定了整个包装产品的环境影响潜值。这也在一定程度上说明评价数据和结果的客观真实性。

对3种不同处置方式下的塑料包装进行全生命周期环境影响分类评价，结果如图12-4所示。可以看出，处置阶段后的塑料包装的环境影响主要集中在化石燃料、无机物对人体损害、气候变化和致癌4个方面，在酸化和富营养化及生态毒性方面影响稍小。

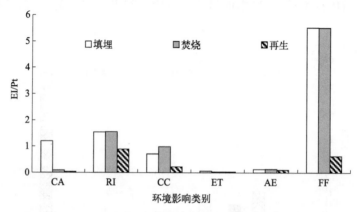

图12-4　不同处置方式的塑料包装生命周期环境影响分类评价

从整个生命周期来看，处置方式为填埋、焚烧和再生的塑料包装整个生命周期环境影响潜值分别为9.161 Pt、8.316 Pt、1.903 Pt。再生处置由于对废弃后塑料包装进行了较好的再生造粒过程，大大降低了其在化石燃料方面的环境影响潜值，从而降低了整个生命周期的环境影响潜值（EI）。而填埋和焚烧相差不大（图12-5）。

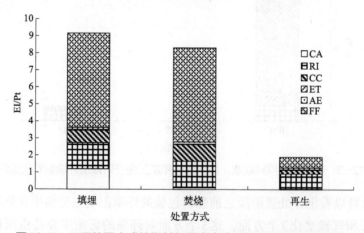

图12-5　不同处置方式的塑料包装全生命周期环境影响比较评价

由于研究对象在3种处置方式下原料获取、原料运输和加工生产阶段的清单数据是相同的，为了更好地比较这3种处置方式的环境影响，选取各处置阶段的清单数据进行环境影响分类评价，以便做更直观清晰的比较，结果如图12-6所示。

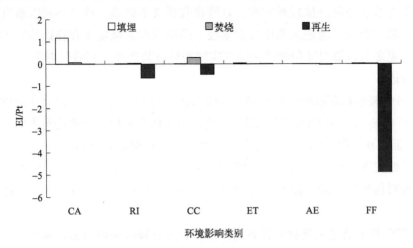

图12-6　塑料包装处置阶段不同处置方式的环境影响分类评价

从图12-6可以看出，再生处置由于对塑料包装进行了较好的再生利用，再生出的聚乙烯粒子使塑料包装在化石燃料、无机物对人体损害和气候变化3个方面对环境有着积极的影响，图12-7是3种不同处置方式的环境影响潜值。

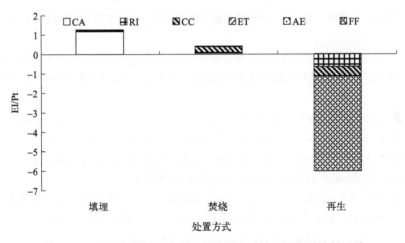

图12-7　塑料包装处置阶段不同处置方式的环境影响比较评价

从图12-7可以看出，再生处置的环境影响潜值最小，仅为-5.991Pt；焚烧次之，为0.422Pt；填埋最大为1.267Pt。这主要是由于填埋时塑料包装分解成难以降解的有毒物质[22]，从而在致癌方面对环境产生较大影响。而焚烧过程的环境外排主要是以烟气（即二氧化碳）释放为主，因此在气候变化方面对环境影响最为明显[23]。再生处置方式输出聚乙烯产品，减少了处置阶段的环境影响潜值。

因此，再生处置方式应为固废管理决策的首选，其次如果以环境健康为首要控制标准，焚烧应优于填埋；如果以温室气体排放为首要控制标准，填埋应优于焚烧。

本章仅从环境影响方面去比较分析处置方式，没有考虑垃圾分拣、经济成本等其他因素。目前在我国垃圾分拣较难实现，且废物收集成本较高，这些不利因素直接制约了塑料包装产品"有效"地进入再生处置途径，而填埋和焚烧则不存在这些制约因素，因此这就需要更多的政策引导和经济激励来实现塑料包装产品"有效"再生。

综上所述：

① 塑料包装原料获取阶段的环境影响所占比例最大，为整个生命周期的90%左右。

② 塑料包装的全生命周期环境影响主要集中在化石燃料、无机物对人体损害和气候变化3个方面，在致癌、酸化和富营养化及生态毒性方面影响稍小。

③ 3种处置方式对环境影响由大到小依次为填埋＞焚烧＞再生。其中填埋和焚烧处置分别比塑料包装处置阶段前的环境影响（7.894Pt）增加16.1%和5.3%，而再生处置可降低75.9%。

④ 针对塑料牛奶包装废物处置方式，再生应为管理决策的首选，其次如果以环境健康为首要控制标准，焚烧应优于填埋；如果以温室气体排放为首要控制标准，填埋应优于焚烧。

参考文献

[1] 谢明辉，李丽，朱雪梅，等. 国内外包装合理性评价指标体系比较研究[J]. 包装工程，2009, 30(1): 194-198.

[2] 张思琦，于欣. 包装废弃物的污染现状、回收利用与环境发展[J]. 生态与环境科学，2024, 05(01): 82-84.

[3] 李丽，杨建新，王琪. 我国包装废物回收利用现状及典型包装物的生命周期分析[J]. 环境科学研究，2005, 18: 10-12.

[4] Madival S, Auras R, Singh S P, et al. Assessment of the environmental profile of PLA, PET and PS clamshell containers using LCA methodology [J]. Journal of Cleaner Production, 2009, 17: 1183-1194.

[5] Zabaniotou A, Kassidi E. Life cycle assessment applied to egg packaging made from polystyrene and recycled paper[J]. Journal of Cleaner Production, 2003, 11: 549-559.

[6] Lai J, Harjati A, Mcginnis L, et al. An economic and environmental framework for analyzing globally sourced auto parts packaging system [J]. Journal of Cleaner Production, 2008,16: 1632-1646.

[7] Nguyen T L T, Hermansen J E, Mogensen L. Environmental consequences of different beef production systems in the EU [J]. Journal of Cleaner Production, 2010, 18: 756-766.

[8] Ross S, Evans D. The environmental effect of reusing and recycling a plastic-based packaging system[J]. Journal of Cleaner Production, 2003, 11: 561-571.

[9] 秦凤贤，朱传第. 用LCA方法评价牛奶包装对环境的影响[J]. 乳业科学与技术，2006, 28(5): 163-165.

[10] 谢明辉，李丽，黄泽春，等. 典型复合包装的全生命周期环境影响评价研究[J]. 中国环境科学，2009, 29(7): 773-779.

[11] 谢明辉，李丽，黄泽春，等. 食用油聚酯包装的生命周期评价[J]. 环境科学研究，2010, 23(3): 288-292.

[12] 陈红，郝维昌，石凤，等. 几种典型高分子材料的生命周期评价 [J]. 环境科学学报，2004, 24(3): 545-549.

[13] 刘颖昊，刘涛，沙高原，等. 货物运输的生命周期清单模型 [J]. 安徽工业大学学报，2008, 25(2): 205-207.

[14] 狄向华，聂祚仁，左铁镛. 中国火力发电燃料消耗的生命周期排放清单 [J]. 中国环境科学，2005, 25(5): 632-635.

[15] 马丽萍，王志宏，龚先政，等. 城市道路两种货车运输的生命周期清单分析[C]//2006年材料科学与工程新进展：2006北京国际材料周论文集. 北京：化学工业出版社，2006.

[16] Lenzen M. Errors in conventional and input-output-based life-cycle inventories [J]. Journal of Industrial Ecology, 2001, 4(4): 127-148.

[17] 马国英. 探访北京生活垃圾处理[N]. 北京：人民日报，2003-06-05(14).

[18] Bullard C W, Penner P S, Pilati D A. Net energy analysis-handbook for combining process and input-output analysis [J]. Resource Energy, 1978, 1(3): 267-313.

[19] Lave L B, Cobas-Flores E, Hendrickson C T, et al. Using input-output analysis to estimate economy-wide discharges[J]. Environmental Science & Technology, 1995, 29(9): 420A-426A.

[20] Francesco C, Silvia B, Sergio U. Life cycle assessment(LCA) of waste management strategies: Landfilling, sorting plant and incineration [J]. Energy, 2008, 23(8): 1-8.

[21] Suh S, Lenzen M, Treloar G J, et al. System boundary selection in life-cycle inventories using hybrid approaches [J]. Environmental Science & Technology, 2004, 38(3): 657-664.

[22] 季文佳，杨子良，王琪，等. 危险废物填埋处置的地下水环境健康风险评价[J]. 中国环境科学，2010, 30(4): 548-552.

[23] 苏婧，席北斗，刘鸿亮，等. 北京市生活垃圾管理的多重不确定性长期规划模型[J]. 中国环境科学，2009, 29(10): 1105-1110.

第13章
典型包装物处理处置技术生命周期评价

□ 纸塑铝复合牛奶包装处理处置技术生命周期评价
□ 低品质塑料包装处理处置技术生命周期评价
□ 铝塑复合包装废物处置技术生命周期评价

本章介绍了一些典型包装物（例如纸塑铝复合牛奶包装、低品质塑料包装、铝塑复合包装）的处置、资源化技术的生命周期评价案例。

13.1 纸塑铝复合牛奶包装处理处置技术生命周期评价

包装产品多属于一次性消费品，其寿命周期短，废物产生量大。大量的包装废物已造成日益严重的环境污染[1]，其在生产和废物处置过程中所引起的环境问题日益受到关注[2,3]，为此世界各国纷纷制定了相应的政策法规[4]。据报道，未经处理或处理不善的包装废物会造成严重的大气污染、地下水污染、土壤污染[5]。选取纸塑铝复合牛奶包装为研究对象，采用生命周期评价法（LCA），对纸塑铝复合包装在原料获取阶段、原料运输阶段、加工生产阶段、产品处置阶段的环境影响进行定量评价，并讨论其在不同处置方式下的环境影响，旨在对纸塑铝复合包装产品处置方式进行分析比较，以期为宏观决策及相关法规的制定提供理论依据。

13.1.1 功能单位和系统边界界定

13.1.1.1 功能单位

结合国际惯例以及以往国内外关于纸塑铝复合包装LCA相关的研究案例，最终功能单位界定为1000L牛奶的纸塑铝复合包装产品，即1000个1L的"利乐砖"牛奶包装，每个质量为30g，总质量为30kg。

13.1.1.2 系统边界

系统边界界定为包括原料获取、原料运输、加工生产和产品处置4个阶段，不包括产品使用阶段，这是由于在产品使用过程中没有明显的能耗和物耗，对环境几乎没有影响。牛奶包装生产线和牛奶灌装线一般都是同步进行，不存在运输过程，所以不在研究范围内。产品处置阶段包含运输收集和处置2个过程，处置方式选用填埋、再生和焚烧3种，并对这3个处置阶段进行比较分析。其中，再生处置阶段，由于目前铝塑分离仍较困难且无工业化应用[6]，故再生造纸后的铝塑部分按填埋处理。纸塑铝复合包装生命周期评价范围如图13-1所示。

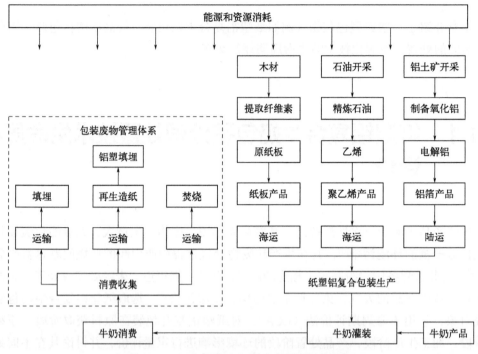

图13-1 纸塑铝复合包装生命周期评价范围

13.1.2 清单分析

纸塑铝复合包装生命周期清单数据的国内部分主要通过企业现场调研和从文献获取，国外部分主要通过Ecoinvent数据库获取，详见表13-1。其中，大部分数据来源于发生地，以确保生命周期评价的本地化。

表13-1 纸塑铝复合包装清单数据来源方式

生命周期阶段	资源（能源）消耗类型		前景数据	前景数据来源	背景数据来源
原料获取	纸板（产自瑞典）		21.93kg	利乐调研数据	Ecoinvent数据库
	塑料（产自日本）		5.29kg	利乐调研数据	Ecoinvent数据库
	铝箔（产自中国）		1.34kg	利乐调研数据	文献[7]
原料运输	柴油（货轮）		714t/km	利乐调研数据	Ecoinvent数据库
	柴油（20t货车）		1.34t/km	利乐调研数据	文献[8]
加工生产	电		6.18kW·h	利乐调研数据	文献[9]
	天然气		0.15m³	利乐调研数据	文献[10]
产品处置	再生	柴油（10t货车）	2.06t/km	联合开源再生资源回收利用有限公司调研数据	文献[11]
		汽油（2t货车）	1.2t/km		

续表

生命周期阶段		资源（能源）消耗类型	前景数据	前景数据来源	背景数据来源
产品处置	再生	电	11.4kW·h	鑫宏鹏纸业有限公司调研数据	文献[12]
		标煤	6.45kg		
	填埋	汽油（2t货车）	0.45t/km	文献[12]	文献[14]
		柴油（10t货车）	1.05t/km	文献[13]	
		电	0.029kW·h	文献[14]	文献[16]
		HDPE	0.0056kg	文献[15]	
		柴油（压实机）	0.0187kg	文献[15]	
	焚烧	天然气	1.803m³	文献[17]	文献[15]
		电	2.004kW·h	文献[18]	

由此可以得出3种不同处置方式下的纸塑铝复合包装的全生命周期清单数据，如表13-2所列。

表13-2　3种不同处置方式下的纸塑铝复合包装全生命周期清单数据

清单数据类型		处置方式		
		填埋/kg	焚烧/kg	再生/kg
能源消耗	原煤	4.898×10^2	4.899×10^2	5.033×10^2
	天然气	5.044	5.108	5.095
	原油	8.936	8.832	8.989
资源消耗	木材	4.165×10^1	4.165×10^1	4.165×10^1
	铝土矿	4.78	4.78	4.78
环境外排	CO_2	1.799×10^2	2.221×10^2	2.007×10^2
	SO_2	4.567×10^{-1}	4.557×10^{-1}	7.191×10^{-1}
	NO_x	3.706×10^{-1}	3.797×10^{-1}	5.349×10^{-1}
	烟尘	6.036×10^{-1}	6.036×10^{-1}	1.162
	CH_4	1.558	3.558×10^{-1}	1.035
	CO	7.213×10^{-1}	7.273×10^{-1}	7.734×10^{-1}
	NMVOC	7.095×10^{-2}	7.231×10^{-2}	8.396×10^{-2}
	COD	3.582	8.628×10^{-1}	8.498×10^{-1}
	BOD_5	8.235×10^{-1}	2.065×10^{-1}	2.535×10^{-1}
	SS	1.776×10^{-2}	1.776×10^{-2}	2.378×10^{-1}
	PM_{10}	1.123×10^{-2}	1.123×10^{-2}	1.279×10^{-2}
	NO_2	1.536×10^{-5}	1.536×10^{-5}	2.747×10^{-5}
	TN	5.830×10^{-3}	5.830×10^{-3}	5.830×10^{-3}
	氨氮	7.808×10^{-6}	7.808×10^{-6}	3.000×10^{-2}

续表

清单数据类型		处置方式		
		填埋/kg	焚烧/kg	再生/kg
环境外排	DOC	2.768	1.400×10^{-1}	4.170×10^{-3}
	TOC	2.951	3.230×10^{-1}	1.872×10^{-1}
输出	牛皮纸	0	0	18

注：天然气单位为m^3。

13.1.3 影响评价

利用生命周期软件SimaPro7.1，选用Eco-Indicator 99评价方法，对处置阶段前（即原料获取、原料运输和加工生产阶段）的纸塑铝复合包装进行环境影响评价，结果如图13-2、图13-3所示。由于计算结果显示有机物对人体损害、臭氧层破坏和辐射的环境影响所占整个生命周期的比例过小（＜1%），因此图13-2、图13-3中不做这三方面的说明。

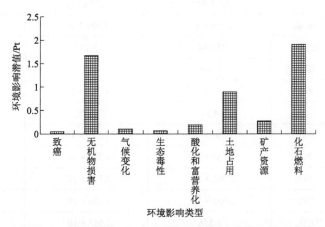

图13-2　原料获取、原料运输和加工生产阶段纸塑铝复合包装环境影响分类评价

从图13-2可以看出，处置阶段之前纸塑铝复合包装的环境影响主要集中在化石燃料、土地占用、无机物对人体损害和矿产资源4个方面，其中化石燃料、土地占用和矿产资源方面的影响主要由原料中的塑料、纸板和铝箔所引起，而无机物对人体损害方面则主要由电力消耗和货轮海运所引起。

通过计算，处置阶段前纸塑铝复合包装的环境影响潜值为6.413Pt，其中原料获取阶段、原料运输阶段和加工生产阶段的环境影响潜值分别为5.190Pt、0.926Pt和0.297Pt，如图13-3所示。原料获取阶段的环境影响潜值所占比例最大，为81%。这是由包装行业的特殊性所致。包装行业大多是来料加工企业，生产过程的环境外排较少，因此包装材

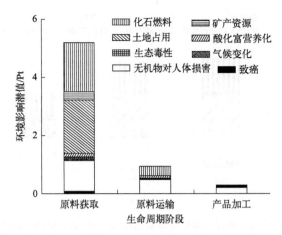

图13-3 纸塑铝复合包装原料获取、原料运输和产品加工阶段环境影响比较评价

料基本决定了整个包装产品的环境影响潜值。这也在一定程度上说明评价数据和结果的客观真实性。

对3种不同处置方式下的纸塑铝复合包装进行全生命周期环境影响分类评价,结果如图13-4所示。

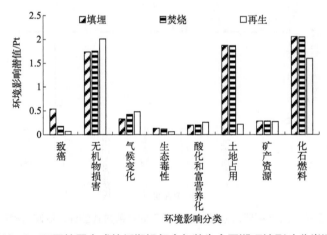

图13-4 不同处置方式的纸塑铝复合包装生命周期环境影响分类评价

从图13-4可以看出,处置阶段后的纸塑铝复合包装的环境影响主要集中在化石燃料、土地占用和无机物对人体损害3个方面,在矿产资源、气候变化、酸化和富营养化及生态毒性方面影响稍小,另外不同的处置方式在致癌和土地占用方面对环境的影响也不同。

从整个生命周期来看,处置方式为填埋、焚烧和再生的纸塑铝复合包装整个生命周期环境影响潜值分别为7.147Pt、6.879Pt和4.958Pt。再生处置由于废弃后的纸塑铝复合包装的纸基部分得到了很好的利用,大大降低了纸塑铝复合包装在土地占用方面的环境影响潜值,从而降低了整个生命周期的环境影响潜值,如图13-5所示,而填埋和焚烧相差不大。

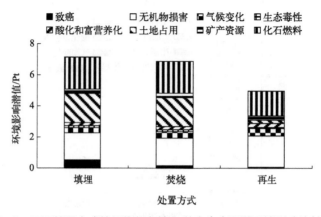

图13-5 不同处置方式的纸塑铝复合包装全生命周期环境影响比较评价

由于研究对象在3种处置方式下原料获取、原料运输和加工生产3个阶段的清单数据是相同的，为了更好地比较这3种处置方式的环境影响，选取各处置方式在处置阶段的清单数据进行环境影响分类评价，以便对其做更直观清晰的比较。结果如图13-6所示，计算结果显示除有机物对人体损害、臭氧层破坏和辐射外，矿产资源在该阶段的环境影响所占比例也很小，因此图13-6中不做这4个方面的说明。

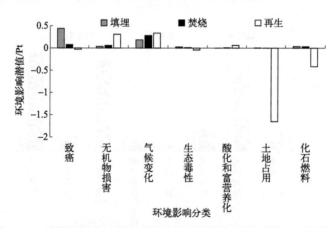

图13-6 纸塑铝复合包装处置阶段不同处置方式的环境影响分类评价

从图13-6可以看出，由于对纸塑铝复合包装的纸基部分进行了较好的再生利用，再生出的牛皮纸使纸塑铝复合包装在土地占用、化石燃料、致癌和生态毒性4个方面对环境有着积极的影响，图13-7是3种不同处置方式的环境影响潜值。

从图13-7可以看出，再生处置的环境影响潜值最小，仅为-1.450Pt；焚烧次之，为0.467Pt；填埋最大为0.735Pt。这主要是由于填埋时纸塑铝复合包装的纸基部分分解生成甲烷、二氧化碳等温室气体，塑料部分分解成难以降解的有毒物质[19, 20]，从而在气候变化和致癌方面对环境产生较大影响。而焚烧过程的环境外排主要是以烟气（即二氧化碳、氮氧化物和少量的酸性气体）释放为主，因此在气候变化方面对环境影响最为明显。再生处置方式输出牛皮纸产品，减少了处置阶段的环境影响潜值。由此可见，如果

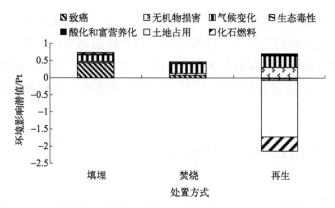

图13-7 纸塑铝复合包装处置阶段不同处置方式的环境影响比较评价

能将剩余的铝塑部分进一步分离成塑料制品和铝制品,将势必降低纸塑铝复合包装在矿产资源和化石燃料方面的环境影响潜值,从而降低其全生命周期环境影响潜值。

综上所述:

① 纸塑铝复合包装原料获取阶段的环境影响所占比例最大,为整个生命周期的75%左右。

② 纸塑铝复合包装的全生命周期环境影响主要集中在化石燃料、土地占用和无机物对人体损害3个方面,在矿产资源、气候变化、酸化和富营养化及生态毒性方面影响稍小,另外不同的处置方式在致癌和土地占用方面对环境的影响也不同。

③ 3种处置方式对环境影响由大到小依次为填埋＞焚烧＞再生。其中填埋和焚烧处置分别比纸塑铝复合包装处置阶段前的环境影响(6.413Pt)增加11%和7%,而再生处置可降低23%。

④ 处置阶段选用再生处置方式可降低纸塑铝复合包装的全生命周期环境影响,进一步降低其环境影响的方式为发展铝塑分离技术。

13.2 低品质塑料包装处理处置技术生命周期评价

通过对北京市生活垃圾填埋场A调研情况表明,包装废物已成为生活垃圾的主要组成部分,已占15%以上,仅次于厨余废物,排第2位;而其中低品质塑料包装废物占到包装废物的70%。

由于低品质塑料包装废物进行再生造粒处置的分拣要求较高,同时再生产品附加值较低且应用范围比较单一[21-23],目前世界各国逐渐取消采用该方法,取而代之的是利用其热值较高的特点制造废弃物衍生燃料(refuse derived fuel, RDF),进行焚烧发电。通过对北京市生活垃圾填埋场A和北京市生活垃圾焚烧厂G的调研,结合中国环境科学研究院固体废物污染控制技术研究所"十一五"科技支撑课题"包装废物再生利用和能源回收技术研究"中关于低品质塑料包装废物制作RDF的工艺研究,采用生命周期评价法对两种低品质塑料包装废物RDF处置技术的环境影响进行定量评价,并与填埋和焚烧的常规处置方式进行比较,以期为宏观决策及相关法规制定提供理论依据。

13.2.1　功能单位和系统边界界定

13.2.1.1　功能单位

功能单位选用1kg低品质塑料包装废物,其组分来自对北京市生活垃圾填埋场A的调研结果,通过组分热值分析并与北京市生活垃圾焚烧厂G的单位热值发电量类推,确定其发电量。1kg低品质塑料包装废物组分如表13-3所列。

表13-3　包装废物中低品质塑料包装组成及来源　　　　　单位:%

包装材质分类	主要代表物	生活垃圾来源				
		县城郊区	中等水平社区	高等水平社区	县城城区	平均
聚乙烯类	塑料袋、垃圾袋、酸奶袋等	73.15	41.93	84.69	65.87	65.94
聚丙烯类	电池包装、编织袋等	8.78	26.44	9.90	18.40	16.24
丙烯与乙烯共聚	可降解餐盒	13.70	5.76	0.00	0.00	4.52
聚苯乙烯	一次性餐盒	0.39	1.32	2.05	2.40	1.57
其他类	火腿肠包装、香烟包装及其他	3.99	24.55	3.36	13.33	11.73

13.2.1.2　系统边界

系统边界起于生活垃圾进入处置系统,止于处置结束(即end of life)。由于调研数据缺乏,研究范围不包括运输过程。处置方式根据国内外目前应用低品质塑料包装废物RDF的实际情况不同主要分为以下4种。

(1)直接填埋

使用后的低品质塑料包装废物直接进入生活垃圾填埋场填埋,不进行任何分拣。

(2)直接焚烧

使用后的低品质塑料包装废物直接随生活垃圾进入焚烧炉,不进行任何分拣。

（3）直接作为RDF焚烧发电

使用后的低品质塑料包装废物进入垃圾填埋场经破碎分拣后，直接投加到焚烧炉中发电，这是目前国外普遍应用的RDF技术，但由于分拣后没有烘干过程，塑料包装中含有少量水分，降低了热值，对发电效率有一定影响，其系统边界如图13-8所示。

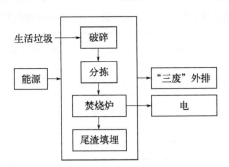

图13-8　直接作为RDF焚烧发电的生命周期评价系统边界

（4）干燥热压RDF焚烧发电

使用后的低品质塑料包装废物进入垃圾填埋场破碎分拣后，再经过干燥、压型等工艺，并在压型过程中加入3%～4%的碱性物质如生石灰等，以减少燃烧过程中的酸性气体排放[24]，最后投加到焚烧炉中焚烧发电，其系统边界如图13-9所示。

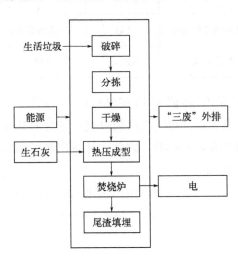

图13-9　干燥热压RDF焚烧发电的生命周期评价系统边界

13.2.2　清单分析

低品质塑料包装废物处置的生命周期清单数据主要通过现场调研和文献获取，发电量是通过现场调研获取单位质量生活垃圾对应的发电量，再根据单位质量生活垃圾和低品质塑料包装废物的热值不同折算而来。部分国内欠缺的数据如生石灰、针对生活垃圾的破碎、低品质塑料包装废物的分拣和烘干、低品质塑料包装废物的填埋和焚烧等清单数据等主要通过Ecoinvent数据库获取，详见表13-4。

表13-4 低品质塑料包装废物4种不同处置方式的清单数据来源

生命周期阶段	资源消耗类型	消耗量	消耗量数据来源	单位消耗量清单数据来源
直接填埋	低品质塑料包装	1 kg	功能单位设定	Ecoinvent数据库
直接焚烧	低品质塑料包装	1 kg	功能单位设定	Ecoinvent数据库
直接作为RDF	破碎、分拣	电	0.28 kW·h	Ecoinvent数据库	文献[9]
	焚烧	低品质塑料包装	1 kg	功能单位设定	Ecoinvent数据库
	尾渣填埋	焚烧炉废渣	0.08 kg	文献[25]	Ecoinvent数据库
干燥热压RDF	破碎、分拣	电	0.28 kW·h	Ecoinvent数据库	文献[26]
	干燥	轻油	5 MJ	Ecoinvent数据库	Ecoinvent数据库
	石灰石	CaO	0.03 kg	文献[14]	Ecoinvent数据库
	热压	电	0.85 kW·h	Ecoinvent数据库	文献[26]
	焚烧	低品质塑料包装	1 kg	功能单位设定	Ecoinvent数据库
	尾渣填埋	焚烧炉废渣	0.08 kg	文献[27]	Ecoinvent数据库

北京市生活垃圾的低位热值平均在5MJ/kg左右[28]，北京市生活垃圾焚烧厂2008～2009年的调研结果显示，每吨生活垃圾发电量为413kW·h，由此可计算出单位热值对应的发电量为0.0826kW·h/MJ。因此，计算出单位质量低品质塑料包装废物的热值，即可得出对应的发电量。

根据对生活垃圾填埋场A中包装废物中低品质塑料包装组分分析结果，对其代表物取样后测定其高位热值，用各组分的高位热值和质量分数加权后得到单位总高位热值（Q_h）。计算公式为：

$$Q_h = \sum_{i=1}^{n} q_{hi} \times r_i \tag{13-1}$$

式中 q_{hi} ——组分i的高位热值，kJ/kg；

r_i ——组分i的质量分数。

各组分的q_{hi}和r_i值如表13-5所列。

表13-5 低品质塑料包装废物组分及其弹筒发热值

材质	典型包装产品	r_j/%	q_h/(kJ/kg)
聚乙烯类	酸奶袋	2.43	40218
	塑料袋	63.51	40254
聚丙烯类	电池包装	10.68	33500
	编织袋	5.56	39218
丙烯与乙烯共聚	可降解餐盒	4.52	14948
聚苯乙烯	一次性餐盒	1.57	38214
其他类	火腿肠包装、香烟包装等	11.73	38038

因此，用高位热值减去低品质包装废物中氢和水燃烧吸收的汽化潜热，即可得到单位质量低品质塑料包装废物的低位热值：

$$Q=(1-a_{H_2O}-a_S)Q_h-2.26a_{H_2O}-20.34a_H \tag{13-2}$$

式中 Q——单位质量低品质塑料包装废物的低位热值，MJ/kg；

a_{H_2O}——低品质塑料包装废物的含水率；

a_S——低品质塑料包装废物的含沙土率；

a_H——低品质塑料包装废物中的氢元素质量分数。

a_{H_2O}和a_S来自北京市生活垃圾填埋场A调研结果，分别为15.9%和15%；考虑到低品质塑料包装中聚乙烯类包装占绝大多数，a_H按聚乙烯折算，其值为13.1%。因此可计算每功能单位直接作为RDF焚烧发电的低品质塑料包装废物的Q为23.29MJ/kg，对应发电量为1.924 kW·h。

干燥热压RDF工艺由于有干燥过程，计算过程不用减去其中水燃烧吸收的蒸发潜热，因此干燥热压RDF焚烧发电的低品质塑料包装废物的Q为23.63MJ/kg，对应发电量为1.952kW·h。

参考文献[26]中关于中国火力发电的数据清单，将2种RDF工艺对应的发电量折算到清单数据中，可以得到以上4种处置方式在功能单位下的清单数据。如表13-6所列。

表13-6 4种不同处置方式下功能单位的PET包装全生命周期清单数据

清单数据类型		处置方式/kg			
		填埋	焚烧	直接作为RDF	干燥热压RDF
能源消耗	原煤	8.31×10^{-4}	1.29×10^{-2}	-7.70×10^{-1}	-3.74×10^{-1}
	天然气	8.14×10^{-4}	5.37×10^{-3}	-9.03×10^{-3}	8.56×10^{-2}
	原油	5.53×10^{-3}	2.87×10^{-3}	-1.27×10^{-2}	1.74×10^{-1}
环境外排	NO_x	1.02×10^{-4}	5.92×10^{-4}	-1.22×10^{-2}	-8.53×10^{-3}
	SO_2	1.86×10^{-5}	9.26×10^{-5}	-1.94×10^{-3}	-1.40×10^{-2}

续表

清单数据类型		处置方式/kg			
		填埋	焚烧	直接作为RDF	干燥热压RDF
环境外排	烟尘	4.89×10^{-6}	7.12×10^{-3}	-3.97×10^{-2}	-3.38×10^{-2}
	CO_2	2.80×10^{-2}	2.34	-1.14×10^{-1}	1.37
	NMVOC	2.29×10^{-5}	7.56×10^{-5}	-8.93×10^{-4}	-2.64×10^{-4}
	CO	3.76×10^{-5}	2.99×10^{-4}	-2.79×10^{-3}	-1.65×10^{-3}
	CH_4	2.46×10^{-3}	7.63×10^{-5}	-5.04×10^{-3}	-2.48×10^{-3}
	$PM_{2.5}$	7.96×10^{-6}	1.51×10^{-5}	1.29×10^{-5}	1.96×10^{-4}
	NH_3	3.53×10^{-7}	1.39×10^{-5}	1.18×10^{-5}	3.41×10^{-5}
	PM_{10}	2.06×10^{-6}	9.81×10^{-6}	8.34×10^{-6}	7.81×10^{-5}
	HCl	6.73×10^{-6}	1.74×10^{-6}	1.48×10^{-6}	3.96×10^{-5}
	HF	7.29×10^{-8}	3.10×10^{-7}	2.63×10^{-7}	6.97×10^{-6}
	烃类化合物	5.23×10^{-8}	2.89×10^{-7}	2.46×10^{-7}	5.70×10^{-6}
	H_2S	1.15×10^{-8}	1.53×10^{-7}	1.30×10^{-7}	5.89×10^{-6}
	Cr^{6+}	2.32×10^{-7}	5.59×10^{-6}	4.86×10^{-6}	6.72×10^{-6}
	COD	1.76×10^{-1}	1.57×10^{-2}	1.33×10^{-2}	1.63×10^{-2}
	TOC	1.61×10^{-1}	6.22×10^{-3}	5.29×10^{-3}	6.33×10^{-3}
	DOC	1.61×10^{-1}	6.22×10^{-3}	5.29×10^{-3}	6.03×10^{-3}
	BOD_5	4.17×10^{-2}	5.17×10^{-3}	4.39×10^{-3}	6.28×10^{-3}
	总Cd	7.58×10^{-5}	8.00×10^{-7}	6.80×10^{-7}	7.46×10^{-7}
	总As	1.78×10^{-6}	1.84×10^{-6}	1.56×10^{-6}	2.08×10^{-6}

注：天然气单位为m^3（标准状态下）。

13.2.3 影响评价

利用生命周期软件SimaPro7.1，选用Eco-Indicator 99评价方法，对低品质塑料包装废物4种处置方式进行环境影响评价，结果如图13-10所示。计算结果表明，有机物对健康损害、臭氧层破坏、辐射、矿产资源和土地占用5个方面的环境影响各自占全生命周期的比例过小（＜1%），因此图中不做以上5个方面的说明。

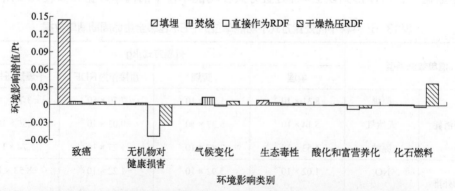

图13-10 低品质塑料包装废物4种不同处置方式的环境影响分类评价

从图13-10可以看出，低品质塑料包装废物4种不同处置方式的环境影响集中的方面各不相同，填埋的环境影响主要集中在致癌方面，焚烧的环境影响主要集中在气候变化方面，直接作为RDF焚烧发电的环境影响主要集中在无机物对健康损害方面，干燥热压RDF焚烧发电的环境影响主要集中在无机物对健康损害和化石燃料方面。2种RDF技术的环境影响在无机物对健康损害方面都为负值，说明2种技术在此类别上对环境有益。

从整个处置阶段来看，填埋、焚烧、直接作为RDF处置和干燥热压RDF处置的环境影响潜值分别为0.1528Pt、0.0241Pt、-0.0649Pt和0.0090Pt（见图13-11），直接作为RDF处置方式的环境影响潜值最小，且为负值，说明其对环境有益。干燥热压RDF处置虽然在发电量上要多于直接作为RDF处置，但由于干燥和热压过程也要消耗更多的电，因此其环境影响潜值高于直接作为RDF处置方式。

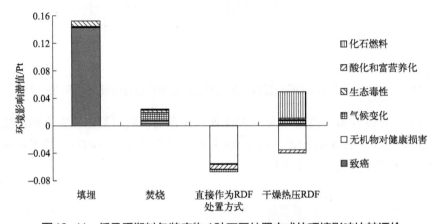

图13-11　低品质塑料包装废物4种不同处置方式的环境影响比较评价

考虑到焚烧产生的环境影响较小，且占其中比重最大的气候变化方面的环境影响全部是焚烧过程中CO_2排放引起的，因此不对焚烧处置方式进行主因素分析。分别对填埋处置方式在致癌方面、直接作为RDF处置方式在无机物对健康损害方面、干燥热压RDF处置方式在无机物对健康损害和化石燃料方面进行主因素分析（cut-off值取1%），具体如图13-12～图13-15所示。

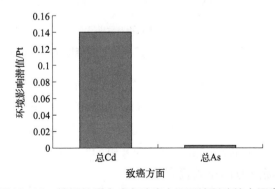

图13-12　填埋处置方式在致癌方面环境影响的主因素

由图13-12可以看出，填埋处置在致癌方面产生环境影响的主因素是渗滤液中Cd的存在。这是因为通常Cd在塑料制品中用来做稳定剂，在填埋过程经过长期迁移转化后，进入渗滤液体系[29]。另外，低品质塑料包装在使用过程中含有痕量的As元素也是其在致癌方面产生环境影响的另一个因素。

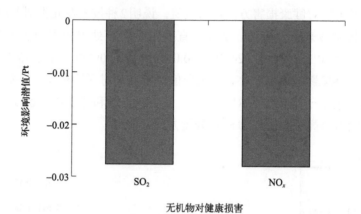

图13-13 直接作为RDF处置方式在无机物对健康损害方面环境影响的主因素

由图13-13可以看出，直接作为RDF处置方式在无机物对健康损害方面产生环境影响的主因素是空气中的SO_2和NO_x排放。这主要是因为直接作为RDF焚烧发电减少了常规火力发电中煤燃烧SO_2和NO_x的排放。

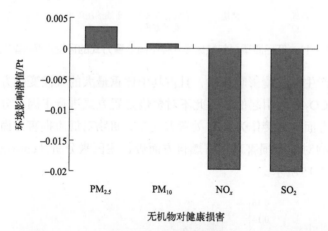

图13-14 干燥热压RDF处置方式在无机物对健康损害方面环境影响的主因素

由图13-14可以看出，干燥热压RDF处置方式在无机物对健康损害方面产生环境影响的主因素是空气中$PM_{2.5}$、PM_{10}、SO_2和NO_x。虽然干燥热压RDF焚烧发电量高于直接作为RDF处置方式，且SO_2和NO_x排放减量也多于直接作为RDF处置方式，但由于干燥和热压过程中消耗轻油和电力，相应排放SO_2和NO_x，致使该处置方式的SO_2和NO_x的外排减少量要低于直接作为RDF处置方式。

此外，由于我国火力发电清单数据中没有$PM_{2.5}$和PM_{10}的排放数据，因此图13-14

中$PM_{2.5}$和PM_{10}的数据全部来源于干燥和热压过程的排放量,少量来自石灰石的清单数据。

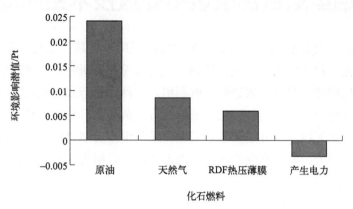

图13-15 干燥热压RDF处置方式在化石燃料方面环境影响的主因素

由图13-15可以看出,干燥热压RDF处置方式在化石燃料方面产生环境影响的主因素是原油消耗、天然气消耗、RDF热压过程塑料包装薄膜和焚烧产生的电力。虽然干燥热压RDF在焚烧时产生一些电力,避免了火力发电中化石燃料的消耗,但在干燥和热压过程需要消耗更多的化石燃料,因此这种处置方式在化石燃料方面的环境影响在整个处置阶段中占较大比重。

综上所述:

① 北京市低品质塑料包装废物的4种处置方式环境影响潜值由小到大依次为:直接作为RDF焚烧发电<干燥热压RDF焚烧发电<焚烧<填埋。各处置方式的环境影响潜值依次为-0.0649Pt、0.0090Pt、0.0241Pt和0.1528Pt,其中直接作为RDF焚烧发电的环境影响潜值为负值,说明这种技术对环境有益。

② 直接作为RDF的环境影响主要集中在无机物对健康损害方面;干燥热压RDF的环境影响主要集中在无机物对健康损害和化石燃料方面;焚烧的环境影响主要集中在气候变化方面;填埋的环境影响主要集中在致癌方面。前两者在无机物对健康损害方面的环境影响潜值都为负值,说明这两种处置方式在此类别上对环境能产生有益的影响。

③ 主因素分析结果显示:直接作为RDF焚烧发电在无机物对健康损害方面对环境产生的有益影响主要是发电过程避免了我国火力发电中SO_2和NO_x的排放;干燥热压RDF焚烧发电在无机物对健康损害方面对环境产生的有益影响是发电过程避免的SO_2和NO_x的排放和干燥热压过程中$PM_{2.5}$和PM_{10}排放共同作用的结果,干燥热压RDF焚烧发电在化石燃料方面的环境影响主要是由干燥过程轻油的消耗和热压过程天然气和RDF包装薄膜的使用产生的;焚烧处置在气候变化方面的环境影响全部来自焚烧过程中CO_2的排放;填埋处置在致癌方面的环境影响主要是塑料制品中稳定剂Cd的存在而引起的。

13.3　铝塑复合包装废物处置技术生命周期评价

目前，铝塑复合包装以其特有的高阻隔性广泛用于食品、饮料、药品等包装领域，但由于对铝塑复合包装中铝箔和塑料的黏合机理尚无系统研究，废弃的铝塑复合包装长期以来都采用压塑成板材等方式进行回收利用。这种处置形式不仅耗能高，而且大大降低了塑料和铝材的经济附加值。因此，通过分析铝箔和塑料分离机理，研发铝塑复合包装废物湿法分离工艺技术，并建立示范工程，采用生命周期评价法，对该示范工程的环境影响进行系统研究，并与常规处置方式进行比较，以期为此类固体废物的环境管理提供决策支持。

13.3.1　铝塑复合包装废物分离示范工程

13.3.1.1　工艺指标确定

本研究由中国环境科学研究院团队开展，重点研究铝塑复合包装废弃物中铝箔和塑料的分离回收技术。通过单因素和正交实验，确定了甲酸作为分离试剂的最佳条件[1]：甲酸浓度4 mol/L，反应温度60℃，5cm×5cm包装截面条件下液固比60L:1kg。在此条件下，分离率达到100%，分离时间为25min，铝损率为4.73%。Zhang等[30]还讨论了铝箔和塑料分离的机理，聚乙烯（塑料）作为一种非极性有机聚合物，基于相似相溶的原理，可以被甲酸或乙酸溶解。甲酸或乙酸可以将塑料溶解，使铝箔和塑料完全分离。

扫描电子显微镜（SEM）照片进一步证明了这一结果。甲酸的分子小于乙酸或盐酸的分子，以及许多其他酸分子。如此小的有机分子可以更快地穿透有机膜[31]，并且甲酸对塑料的渗透速度高于其他酸，使得分离时间更短。用乙酸、甲酸和盐酸溶解的塑料SEM照片如图13-16所示。

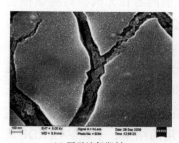  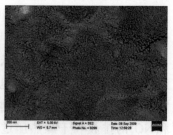

(a) 甲酸溶解塑料　　　　(b) 乙酸溶解塑料　　　　(c) 盐酸溶解塑料

图13-16　用甲酸、乙酸和盐酸溶解塑料

从上面的SEM照片可以清楚地看到，在甲酸浸泡后塑料表面出现的裂缝在100nm左右，比在乙酸或盐酸中浸泡后出现的裂缝要大。这些较大的裂缝使更多的甲酸分子更容

易穿过塑料表面，并与Al_2O_3、塑料和铝箔的黏合层发生反应。

13.3.1.2 工艺流程设计和示范项目

基于以上最佳处理条件，确定铝塑复合包装废物回收工艺流程。分离过程是化学和机械方法的结合，将甲酸添加到浸泡反应罐中，H^+由硝酸提供。转鼓式离心机根据尺寸差异将塑料和铝箔分离，离心部分按重量分离铝箔。塑料经过造粒机加工后可用于生产塑料颗粒。沉降后剩余的铝箔通过滚筒筛过滤，除去少量纸浆纤维和其他杂质，然后送入熔炉进行铝生产。

对生产的粒状塑料（聚乙烯）和铝的质量进行分析，分别见表13-7和表13-8。聚乙烯纯度为99.6%，拉伸强度、断裂伸长率和熔体流动速率均符合聚乙烯树脂产品标准。铝材符合国家标准《重熔用铝锭》。

表13-7　分离工艺生产的粒状聚乙烯质量

项目	纯度/%	拉伸强度/MPa	断裂伸长率/%	熔体流动速率/（g/10 min）	密度/（g/cm³）
聚乙烯树脂产品		11～12	>90	5.5～8.5	0.910～0.925
分离后的聚乙烯颗粒	96	11.8	142	6.2	0.84

表13-8　分离工艺生产的铝质量

元素	Al	Fe	Si	Cu	Ca	Mg	Zn	残留
含量/%	99.7	0.19	0.08	—	—	—	—	0.03

注："—"表示未检测到。

13.3.2　功能单位和系统边界界定

13.3.2.1　功能单位

1t的铝塑复合包装废物被定义为功能单位，它由800kg的塑料和200kg的铝箔组成。

13.3.2.2　系统边界

研究范围包括运输收集和废物处置等过程，处置方式选择填埋、焚烧和分离再生3种方式，每种处置方式的系统边界如图13-17所示。

① 垃圾填埋场：Al-PE复合包装材料废物未经进一步处理直接送至垃圾填埋场。
② 焚烧：Al-PE复合包装材料废料直接运至焚烧厂发电。
③ 回收：采用上述方法分离出Al-PE复合包装材料废料。

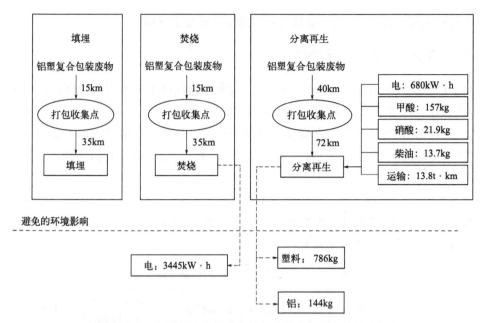

图13-17 铝塑复合包装废物处置方式生命周期系统边界

13.3.3 清单分析

铝塑复合包装废物处置方式的生命周期清单数据主要通过企业现场调研和文献获取。

填埋和焚烧方式的收集运输距离按一般生活垃圾的转运路径进行假定[12]，分离再生方式的收集运输距离源自北京和上海两地物资回收公司的调研数据，运输工具主要选用20t货车和2t货车，这两种货车的单位距离运输量的生命周期清单数据源自国内学者[11]。

填埋和分离再生方式的耗电量分别来自国内学者[15]和铝塑分离示范工程，焚烧产生的电量数据来自北京某垃圾焚烧场，电力的生命周期清单数据来自国内学者[9,32]。

再生分离过程的辅料（柴油、甲酸、硝酸）消耗量来自铝塑分离示范工程，辅料的生命周期清单数据由于国内目前尚无研究，均选择Ecoinvent数据库。辅料的运输负荷来自示范工程数据，运输负荷的生命周期清单数据源自国内学者[8]。分离后的铝箔和塑料的再生量数据来自示范工程，这两种材料的生命周期清单数据来自国内学者[7]。

除辅助材料外，系统范围内输入物质的生命周期清单数据均来自国内，较好地提高了评价结果的客观性和严谨性。

13.3.4 影响评价

利用生命周期软件SimaPro 7.1，选用Eco-Indicator 99评价方法，对各处置方式进行环境影响评价，本次环境影响评价选择的环境影响种类有致癌、无机物对呼吸影响、气候变化、生态毒性、酸化和富营养化、化石能源、矿产资源，如表13-9所列。

表13-9 所选择的环境影响类别及其标准化因子和权重

环境影响	影响种类	评价单位	标准化因子	权重/%
人体健康	致癌	DALY	7.60×10^5	40
	无机物对呼吸影响	DALY	2.60×10^4	
	气候变化	DALY	9.08×10^5	
生态系统	生态毒性	PDF	3.08×10^{11}	40
	酸化和富营养化	PDF	1.43×10^{11}	
资源能源	化石能源	MJ	3.14×10^{12}	20
	矿产资源	MJ	5.61×10^{10}	

对各处置方式的环境影响评价结果如图13-18所示。

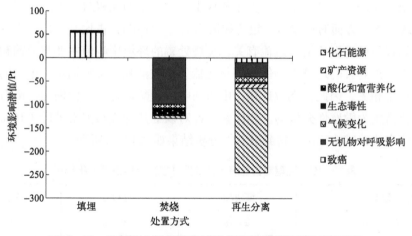

图13-18 铝塑复合包装废物处置方式生命周期评价结果比较

从图13-18中可以看出，焚烧和再生分离的环境影响潜值为负（-129.4Pt和-244.9Pt），说明这两种处置方式对环境有益，这主要是这两种处置方式分别产生了副产品电和铝箔、塑料，避免了生产这些材料所带来的环境影响。为了更直观地比较各处置方式对环境的影响，分别对不同处置方式下各环境影响类别进行比较，结果如图13-19所示。

从图13-19中可以看出，填埋对环境的影响主要集中在致癌方面（53.9Pt，占比94%），这主要是由于填埋过程的塑料部分分解成难以降解的有毒物质[19]，从而在致癌方面对环境产生较大影响；焚烧过程由于产生了电而避免了我国火力发电中SO_2和NO_x的排放，因此在无机物对呼吸影响上对环境产生较大的积极作用（-98.8Pt，占比76%）；分离再生过程由于回收再生了塑料和铝，因此对应在化石能源（-180.0Pt，占比74%）和矿产资源（-10.2Pt，占比4%）方面产生了较大的环境效益，但由于铝本身在铝塑包装中所占比重较小，且单位质量的铝材料对环境的影响远小于塑料材料，因此铝的环境

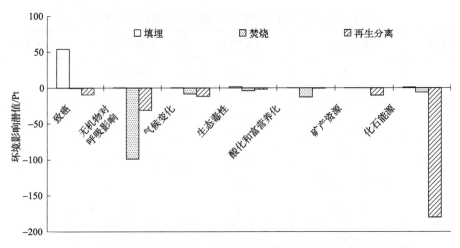

图13-19　铝塑复合包装废物不同处置方式生命周期环境影响种类比较

效益没有塑料显著。此外，由于减少了塑料生产过程中的无机气体释放，因此在无机物对呼吸系统的影响方面对环境有一定的积极影响（-31.0Pt，占比13%）。

填埋处置的环境影响值与运输有关，焚烧处置的环境影响值主要与运输和电力回收相关，再生分离处置的环境影响值主要与运输、硝酸消耗、柴油消耗、电力消耗、铝再生和塑料再生相关。因此，选取运输、电力回收、硝酸消耗、柴油消耗、电力消耗、铝再生和塑料再生为敏感性分析的主要因素，针对以上几种敏感因素进行±10%范围内的环境影响综合值敏感性分析，得到敏感性分析结果如表13-10所列。

表13-10　铝塑复合包装废物处置环境影响敏感性分析结果

因素	填埋/%	焚烧/%	再生分离/%
运输（±10%）	±0.18	±0.085	±0.19
电力回收量（±10%）	—	±10.72	—
硝酸消耗量（±10%）	—	—	±0.13
柴油消耗（±10%）	—	—	±0.26
电力消耗（±10%）	—	—	±2.04
铝再生量（±10%）	—	—	±5.14
塑料再生量（±10%）	—	—	±13.39

注："—"表示不适用于此工艺的参数。

从表13-10可以看出，运输距离的敏感性非常低，在该参数浮动10%的情况下，填埋处置的整体环境影响变化并不显著。至于焚烧和再生分离工艺，明显看出，焚烧中的电力回收以及再生分离工艺中的铝再生量和塑料再生量分别是各自工艺中最敏感的因素。因此，通过提高各处置方式下的物质回收量可显著改善相应的环境影响。

综上所述：

① 铝塑复合包装废物的处置方式对环境影响由大到小依次是：填埋＞焚烧＞分离再生。其中焚烧和分离再生的环境影响潜值为负，说明其对环境有益。

② 填埋处置由于塑料本身是难降解有机物，因此其对环境的影响主要集中在致癌方面（94%）；焚烧由于减排了火力发电过程的气体污染物，因此其对环境有益的影响主要集中在无机物对呼吸系统的影响（76%）；再生分离由于高效回收了塑料产品，减少了石油消耗，因此其在化石能源方面对环境有益的影响较为显著（74%）。

③ 对于我国铝塑复合包装废物的环境管理而言：填埋是最不合适的处置方式，焚烧和分离再生虽都能对环境产生有益影响，且分离再生带来的益处远大于焚烧，但要根据最终的环境管理目标选择处置方式。如以减排为主要目标，可选择焚烧为主要处置方式，如以节能为主要目标，则分离再生为最合适的处置方式。

参考文献

[1] 苏建宁，李鹤岐，李奋强. 基于知识的绿色包装评价体系[J]. 包装工程，2003, 24(1): 44-46.

[2] 刘继永，杨前进，韩新民. 瓦楞纸箱全生命周期环境影响评价研究[J]. 环境科学研究，2008, 21(6): 105-108.

[3] 李丽，杨健新，王琪. 我国包装废物回收利用现状及典型包装物的生命周期分析[J]. 环境科学研究，2005, 18: 10-12.

[4] 谢明辉，李丽，朱雪梅，等. 国内外包装合理性评价指标体系比较研究[J]. 包装工程，2009, 30(1): 194-198.

[5] 张思琦，于欣. 包装废弃物的污染现状、回收利用与环境发展[J]. 生态与环境科学，2024, 05(01): 82-84.

[6] 张冀飞，闫大海，黄泽春，等. 纸基复合包装中铝塑分离的湿法工艺条件研究[J]. 环境科学研究，2008, 21(6): 99-104.

[7] 王峥，郝维昌，周才华，等. 铝的生命周期评价研究[C]//2006年材料科学与工程新进展：2006北京国际材料周论文集. 北京：化学工业出版社，2006.

[8] 刘颖昊，刘涛，沙高原，等. 货物运输的生命周期清单模型[J]. 安徽工业大学学报，2008, 25(2): 205-207.

[9] 狄向华，聂祚仁，左铁镛. 中国火力发电燃料消耗的生命周期排放清单[J]. 中国环境科学，2005, 25(5): 632-635.

[10] 袁宝荣，聂祚仁，狄向华，等. 中国化石能源生产的生命周期清单（Ⅱ）——生命周期清单的编制结果[J]. 现代化工，2006, 26(4): 59-61.

[11] 马丽萍，王志宏，龚先政. 城市道路两种货车运输的生命周期清单分析[C]//2006年材料科学与工程新进展：2006北京国际材料周论文集. 北京：化学工业出版社，2006.

[12] 马国英. 探访北京生活垃圾处理[N]. 北京：人民日报，2003-06-05(14).

[13] Lave L B, Cobas-Flores E, Hendrickson C T, et al. Using input-output analysis to estimate economy-wide discharges[J]. Environmental Science & Technology, 1995, 29(9): 420A-426A.

[14] Cherabini F, Bargigli S, Ulgiati S. Life cycle assessment(LCA) of waste management strategies : Landfilling, sorting plant and incineration[J]. Energy, 2008, 23(8): 1-8.

[15] Bullard C W, Penner P S, Pilati D A. Net energy analysis-handbook for combining process and input-output analysis [J]. Resource Energy, 1978, 1(3): 267-313.

[16] 郭颖杰. 城市生活垃圾处理系统生命周期评价[D]. 大连：大连理工大学，2003.

[17] Sundqvist J O, Finnveden G, Albertsson A C. Life cycle assessment and solid waste[R]. Sweden: AFR, 1997.

[18] Hendrickson C T, Lave L B, Matthews H S. Environmental life cycle assessment of goods and services: An input-output approach [M]. Washington D C: Resources for the Future Press, 2006.

[19] Ongmongkolkul A, Nielsen P H, Nazhad M M.Life cycle assessment of paperboard packaging produced in Thailand[R]. Thailand: UEP, 2001.

[20] 杨军，黄涛，张西. 有机垃圾填埋过程产甲烷量化模型研究[J]. 环境科学研究，2007, 20(5).

[21] 李梅，周恭明，陈德珍，等. 中国废旧农用塑料薄膜的回收与利用[J]. 再生资源研究，2004(6): 18-21.

[22] 周炳炎，郭琳琳，李丽，等. 我国塑料包装废物的产生和回收特性及管理对策[J]. 环境科学研究，2009, 23(3): 282-287.

[23] 胡爱武，傅志红. 塑料包装废弃物的回收处理途径[J]. 包装工程，2002, 23(3): 94-95.

[24] 成圆，闫大海，海热提. 废旧塑料包装薄膜处理新技术(RDF)研究[J]. 环境污染与防治，2009.

[25] 席北斗，王琪，姜永海，等. 垃圾焚烧飞灰熔融渣特性分析[J]. 环境科学研究，2005, 18(6): 112-114,121.

[26] Zhai P, Williams E D. Dynamic hybrid life cycle assessment of energy and carbon of multi-crystalline silicon photovoltaic systems [J]. Environmental Science & Technology, 2010, 44: 7950-7955.

[27] Bilec M. A hybrid life cycle assessment model for construction process [D]. Pittsburgh, University of Pittsburgh, 2007.

[28] 马晓鹏. 北京生活垃圾处理技术综合评价和垃圾物流优化调度研究[D]. 北京：清华大学，2005.

[29] 段海静，任羽中，申浩欣，等. 基于多种评估方法的垃圾中转站周边土壤重金属污染及生态风险[J/OL]. 环境化学，2024.

[30] Zhang J F, Yan D , Li Z. The Recycling of the Tetra-Pak Packages: Research on the Wet Process Separation Conditions of Aluminum and Polythene in the Tetra-Pak Packages[C]// International Conference on Bioinformatics & Biomedical Engineering. IEEE, 2009.

[31] Ozaki H, Li H. Rejection of organic compounds by ultra-low pressure reverse osmosis membrane[J]. Water Research, 2002, 36(1): 123-130.

[32] 刘夏璐，王洪涛，陈建，等. 中国生命周期参考数据库的建立方法与基础模型[J]. 环境科学学报，2010, 30(10): 2136-2144.

第14章
不同地区典型复合包装废物处置技术生命周期评价

□ 功能单位和系统边界界定
□ 清单分析
□ 影响评价

21世纪初，复合包装材料作为一种优质的隔离性包装材料广泛应用在食品包装领域，特别是以纸塑铝为代表的复合包装已占据软饮料包装市场份额的6.5%[1]，尤以乳品包装为重。复合包装不但在食品包装上发展迅速，而且还广泛应用于生活用品[2]、药品[3,4]、军用品[5]等包装领域上。然而飞速发展的复合包装产业同样给环境带来了沉重的负担。以纸塑铝复合包装为例，三种组成材料具有极高的回收价值，若不经过再生循环直接进入固体废物处置体系，不仅对资源造成了巨大的浪费，而且在填埋和焚烧过程中极易产生难以降解的物质和有机性物质，从而对土壤和空气产生二次污染[6]。因此，建立复合包装的回收体系并积极发展复合包装再生技术才是解决这些环境资源问题的唯一途径。

一方面我国目前针对包装废物的回收体系并不完善，这就导致大量的纸塑铝复合包装不能得到很好的回收而直接进入城市生活垃圾处理系统；另一方面虽然塑料再生技术已经很成熟，且塑铝分离再生技术有不少研究[7]，但分离工艺尚无工业化应用，这就导致一部分回收上来的纸塑铝复合包装经过再生造纸后的铝塑部分又直接进入填埋场，从而造成了资源的极度浪费。因此有必要对纸塑铝复合包装的处置阶段进行环境影响评价，拟采用详细的生命周期评价（LCA）[8]对比分析北京和上海两地居民消费后纸塑铝复合包装的处置过程环境影响，旨在为宏观决策及相关法规的制定提供理论依据。

14.1　功能单位和系统边界界定

14.1.1　功能单位

选用纸塑铝复合包装应用最为广泛的牛奶包装——利乐公司产纸塑铝复合牛奶包装（俗称"利乐砖"），总质量为1t。

14.1.2　系统边界

系统边界为纸塑铝复合包装消费后的收集处置阶段，系统边界如图14-1所示。这一阶段包括两个并行的过程：一个是消费后未能回收直接进入城市生活垃圾填埋场的处置过程；另一个是消费后经回收的再生造纸过程，此过程产生的铝塑废物就地填埋，考虑到这部分铝塑废物的质量相对较小，将其并入前一过程一起计算。这两个过程权重分配主要指标是回收率，根据最新的调研结果，两地的回收率都比较低：北京市纸塑铝复合包装的回收率在15%左右，而上海仅有10%。

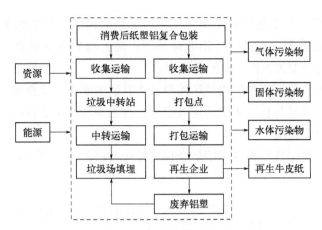

图14-1 消费后纸塑铝复合包装的系统边界

14.2 清单分析

清单数据主要来源于企业现场调研和国内外公开文献数据,各流程资源能源消耗量及其生命周期清单数据的来源详见表14-1。

表14-1 纸塑铝复合包装收集处置阶段清单数据来源方式

过程	资源（能源）消耗类型	北京（回收率按15%计算）		上海（回收率按10%计算）		背景数据来源
		前景数据	前景数据来源	前景数据	前景数据来源	
回收再生	汽油（收集运输）	6t·km	北京某物资回收利用公司调研数据	8t·km	上海某贸易有限公司	文献[11]
	柴油（打包运输）	10.28t·km		30t·km		
	电	57kW·h	北京某纸业有限公司调研数据	33kW·h	富伦造纸厂调研数据	文献[12, 13]
	蒸汽	0		0.09t		
	标煤	32.25kg		0		
未回收填埋（包括再生后的废弃铝塑）	汽油（收集运输）	12.75t·km	马国英[14]	23.4t·km	陆卫亚[15]	文献[11]
	柴油（中转运输）	29.75t·km		58.5t·km		
	电	0.88kW·h	Francesco等[16]	0.16kW·h	韦保仁等[9]	文献[9,10,17]
	HDPE	0.169kg		0.027kg		
	柴油（压实）	0.567kg		0.124kg		

两地再生过程生产工艺中耗能类型不同，北京的再生企业是购买标煤自烧锅炉供热，因此能源消耗类型为标煤，并不消耗蒸汽；而上海的再生企业是购买市政蒸汽供热，因此能源消耗类型为蒸汽，不消耗标煤。

考虑到填埋部分数据清单国内地区差异较大且数据匮乏，北京和上海两地生活垃圾填埋清单数据选用与其各自城市生活垃圾组分、含水率和气候条件相似的大连和苏州城市生活垃圾填埋清单数据[9, 10]。

由此我们可以得出这两地纸塑铝复合包装处置阶段的生命周期清单数据，如表14-2所列。

表14-2　北京上海两地的纸塑铝复合包装处置阶段数据清单　　　　单位：kg

清单数据类型		北京	上海
能源消耗	原煤	6.890×10^1	2.059×10^1
	天然气	4.109×10^{-1}	2.314×10^{-1}
	原油	4.787	6.763
环境外排	NH_3	8.309×10^{-2}	3.184×10^{-5}
	As	1.453×10^{-4}	7.098×10^{-5}
	Cd	1.845×10^{-6}	4.995×10^{-7}
	CO_2	2.462×10^2	2.479×10^2
	CO	6.025×10^{-1}	7.635×10^{-1}
	Cr	2.339×10^{-5}	7.729×10^{-6}
	烟尘	2.842	9.401×10^{-1}
	HC	2.189×10^{-1}	8.389×10^{-5}
	HF	1.423×10^{-3}	5.453×10^{-7}
	HS	2.189×10^{-2}	5.049×10^{-1}
	Pb	2.448×10^{-4}	8.070×10^{-5}
	Hg	1.217×10^{-5}	4.023×10^{-6}
	CH_4	4.358×10	1.012×10^2
	Ni	3.171×10^{-5}	1.100×10^{-5}
	NO_2	3.492×10^{-4}	6.512×10^{-4}
	NO_x	9.599×10^{-1}	5.472×10^{-1}
	NMVOC	1.443×10^{-1}	1.828×10^{-1}
	PM_{10}	1.595×10^{-2}	3.513×10^{-2}
	$PM_{2.5}$	1.451×10^{-2}	3.197×10^{-2}
	SO_2	1.361	4.653×10^{-1}
	V	3.968×10^{-4}	1.316×10^{-4}
	Zn	3.393×10^{-4}	1.098×10^{-4}
	NH_3-N	2.053×10^{-3}	8.583×10^{-1}
	BOD_5	1.232×10^{-2}	7.873×10^{-1}
	COD	2.463×10^{-2}	2.141
	SS	1.642×10^{-2}	1.524×10^{-1}
输出产品	再生纸	8.824×10^1	5.000×10^1

注：天然气单位为m^3。

14.3 影响评价

利用生命周期软件SimaPro7.1，选用Eco-Indicator 99评价方法，单位用Pt表示[18]。根据以上数据对北京上海两地纸塑铝复合包装的处置阶段进行环境影响评价，评价结果如图14-2所示。

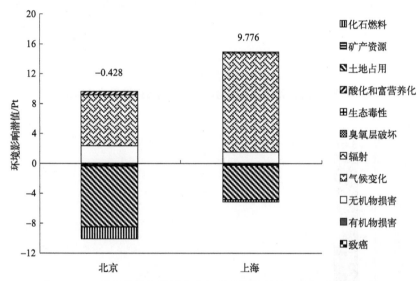

图14-2　北京上海纸塑铝复合包装处置阶段的环境影响比较评价

从图14-2可以看出无论北京还是上海，纸塑铝复合包装在处置阶段对环境影响最大的是气候变化方面，呈消极影响；其次是土地占用方面，呈积极影响；再次是无机物对人体健康损害方面，呈消极影响；其他方面的影响较小且相互间差异不大。

土地占用方面对环境产生积极影响的原因是再生出纸产品，考虑到铝塑具有更大的价值，如果铝塑能进一步分离成铝和塑料产品，势必会在化石燃料和矿产资源等方面对环境产生积极影响，从而大大降低纸塑铝复合包装在处置阶段的环境影响。

通过环境影响分类比较图（图14-3）分析发现，所有类型的环境影响北京和上海差距都较大，这点后面将重点讨论。

考虑到土地占用方面的环境影响是由再生纸产量这个单因素决定的，且与再生纸产量呈线性反比关系，由于回收率不同，因此两地再生纸产量也不同，进而直接导致了土地占用方面的影响潜值不同，因此不做讨论。

重点讨论气候变化和无机物对人体健康损害这两方面的主要影响因素，利用SimaPro7.1软件对这两类影响进行了主因素分析（cut-off值按0.1%计算），结果如图14-4和图14-5所示。

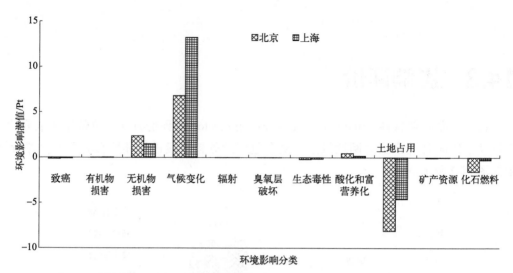

图14-3　北京上海纸塑铝复合包装处置阶段环境影响分类评价

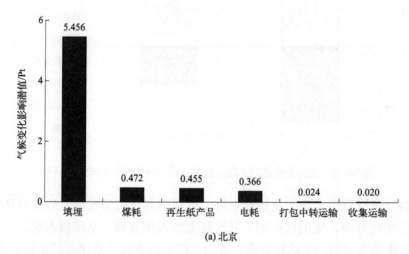

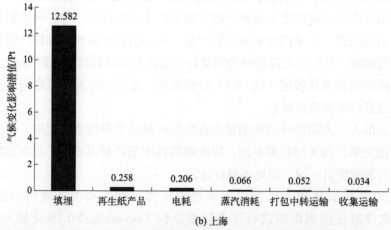

图14-4　北京上海纸塑铝复合包装处置阶段气候变化影响因素分析

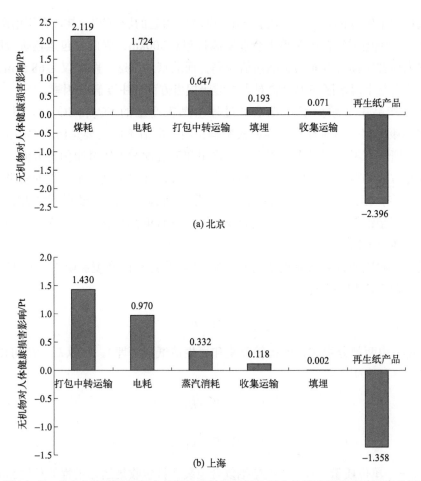

图14-5 北京上海纸塑铝复合包装处置阶段无机物对人体健康损害影响因素分析

整个处置阶段的气候变化方面的环境影响主要由填埋过程引起,其比重分别是北京80%、上海95%。主要原因在于填埋过程温室气体CO_2和CH_4的释放,特别是CH_4的释放。数据显示江浙长江三角洲地区垃圾填埋场CH_4释放量远超于全国平均水平,是北京地区的2倍多[9,19],而相同质量的CH_4和CO_2在气候变化方面对环境的影响,前者是后者的20多倍,因此造成上海地区填埋在气候变化方面的环境影响潜值比北京高出1倍多的现象。

整个处置阶段的无机物对人体健康损害方面的环境影响主要集中在能源消耗(北京:煤耗和电耗;上海:电耗和蒸汽消耗)、运输过程和再生纸产品。能源消耗主要是能源生产过程中煤燃烧释放的NO_x、SO_2和氨氮[12,13]引起对人体健康的损害,这是北京地区在无机物对人体健康损害的主要影响因素。

运输过程由于北京上海两地在相同的运输路段选用了相同的运输方式:消费者到回收点都是用2t货车,回收点到处置点(填埋场或再生厂)都是用10t货车。所以单位运输距离的环境外排都是一致的,所以运输距离是运输过程环境影响的主要来源。

运输过程不但有NO_x、SO_2，还有$PM_{2.5}$和PM_{10}引起的影响[11]，其量介于前两者之间，上海地区由于纸塑铝复合包装再生企业距离打包点300km，因此打包运输阶段所引起的无机物对人体健康损害方面的影响潜值较高，而北京地区这一距离仅为68.5km，影响潜值较低，这也是上海地区在无机物对人体健康损害方面的主要影响因素。

再生纸产品由于减少了正常造纸过程中燃煤产生的NO_x和SO_2[20]，从而在无机物对人体健康损害方面对环境产生积极影响，两地数值不同主要是回收率不同引起的。

如上文所述，考虑到再生过程在土地占用和无机物对人体健康损害方面、填埋过程在气候变化方面均对环境造成较大影响且比重较大，且由于这两个过程的质量分配主要由回收率决定，因此，进一步讨论回收率变化所引起整个处置过程环境影响的变化规律，对降低纸塑铝复合包装处置阶段的环境影响具有重要的意义，也为制订回收率提高目标建立了客观依据。

假设处置阶段的环境影响潜值为E，则E由再生过程的环境影响潜值E_R和填埋过程的环境影响潜值E_F相加而得，即：

$$E=E_R+E_F \tag{14-1}$$

E_R（E_F）由两部分组成，即运输收集和再生造纸（填埋）。所以E_R、E_F可由式（14-2）、式（14-3）计算：

$$E_R=E_{T1}+E_{RU} \tag{14-2}$$

$$E_F=E_{T2}+E_{LF} \tag{14-3}$$

式中 E_{T1}——单位质量（1t）的纸塑铝复合包装在打包收集运输过程的环境影响潜值；

E_{RU}——单位质量（1t）的纸塑铝复合包装在再生造纸过程的环境影响潜值；

E_{T2}——单位质量（1t）的纸塑铝复合包装在中转收集运输过程的环境影响潜值；

E_{LF}——单位质量（1t）的纸塑铝复合包装在填埋过程的环境影响潜值。

E_R、E_F的质量分配完全取决于回收率大小，假设回收率为α，则αt的纸塑铝复合包装进入再生过程，$(1-\alpha)t$的纸塑铝复合包装进入填埋过程。即：

$$E=\alpha(E_{T1}+E_{RU})+(1-\alpha)(E_{T2}+E_{LF}) \tag{14-4}$$

根据上文的调研数据，北京上海两地E_{T1}、E_{RU}、E_{T2}和E_{LF}等值的计算结果如表14-3所列。

表14-3 各过程的环境影响潜值　　　　　　　　　　　　　　　　单位：Pt

城市	E_{T1}	E_{RU}	E_{T2}	E_{LF}
北京	2.37	−49.09	1.11	6.63
上海	8.69	−51.12	2.04	13.52

将表中数据代入式（14-4），可计算出以 α 为变量的北京上海两地纸塑铝复合包装处置阶段环境影响潜值函数，即：

北京：$E=7.74-54.46\alpha$

上海：$E=15.56-57.99\alpha$

由这两个函数可以看出，回收率每提高10%，北京和上海两地纸塑铝复合包装处置阶段环境影响潜值可降低5.446Pt和5.799Pt。提高回收率对降低环境影响的效果，上海略优于北京。

分别用以上两个函数作图，如图14-6所示，画三角点处为目前两地实际回收率下的环境影响潜值。

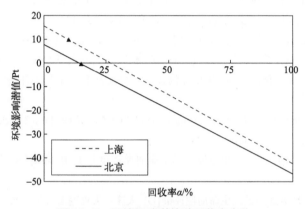

图14-6 环境影响潜值随回收率变化

从图14-6可以看出，上海纸塑铝复合包装处置阶段的环境影响潜值在任何同回收率的情况都要高于北京，主要原因是在复合包装全部填埋情况下的环境影响潜值上海要高于北京，如前文所述上海填埋场的 CH_4 释放量是北京的2倍多，所造成在气候变化方面的环境影响要远高于北京，从而增大其整体环境影响潜值。

另外单就再生工艺来说，北京和上海都对环境产生积极影响，且上海要优于北京。但由于上海的再生企业距离打包点较远，在运输过程中产生较多的环境影响使再生工艺的优势不能很好地体现出来，从而导致每提高10%回收率的环境影响降低值差距不大。因此，再生企业布局的不合理是北京纸塑铝复合包装处置阶段的环境影响值低于上海的第二个原因。

综上所述：

① 北京和上海两地纸塑铝复合包装处置阶段的环境影响潜值分别为-0.428Pt和9.776Pt，即北京的纸塑铝复合包装处置阶段对环境有改善作用，对环境有利，而上海对环境造成不利影响。两地差距的主要原因是回收率不同。主因素分析显示两地对环境的影响主要集中在气候变化方面（填埋）、土地占用方面（再生纸产品）和无机物对人体健康损害方面（能源消耗、打包中转运输和再生纸产品）。

② 提高回收率对于降低两地纸塑铝复合包装处置阶段环境影响效果明显，且上海略优于北京，主要是上海的纸塑铝复合包装再生技术优于北京。

③ 两地以回收率为变量的环境影响潜值函数图显示，上海纸塑铝复合包装处置阶段对环境的影响在任何同回收率的情况都要高于北京，降低上海环境影响的方式为减少填埋过程的温室气体排放和缩短再生企业与打包点之间的距离。

参考文献

[1] 黄颖为，齐银玲. 食品包装的主流——复合包装[J]. 印刷世界，2007(1): 42-43.

[2] 杨燕. 包装用铝箔发展综述[J]. 铝加工，2006 (3): 48-50.

[3] 胡跃斌. 回收医用铝塑包装材料的一种新型分离剂的探讨[J]. 国西部科技，2005(11): 6-7.

[4] 董翠芳，邓开发. 浅析医药包装[J]. 包装工程，2003, 24(4): 133-134.

[5] 高宏. 真空镀铝复合材料及铝塑复合材料用于军品包装的研究[J]. 包装工程，1996, 11(4): 31-35, 38.

[6] 徐成，杨建新，王如松. 广汉市生活垃圾生命周期评价[J]. 环境科学学报，1999, 19(6): 631-635.

[7] 张冀飞，闫大海，黄泽春，等. 纸基复合包装铝塑分离的湿法工艺条件研究[J]. 环境科学研究，2008, 21(6): 99-104.

[8] Society of Environmental Toxicology and Chemistry (SETAC). Guidelines for life cycle assessment: A code of practice[R]. Brussels: SETAC Europe, 1993.

[9] 韦保仁，王俊，王香治，等. 苏州垃圾填埋生命周期清单分析[J]. 环境科学与技术，2008, 31(11): 89-91, 95.

[10] 郭颖杰. 城市生活垃圾处理系统生命周期评价[D]. 大连：大连理工大学，2003.

[11] 马丽萍，王志宏，龚先政. 城市道路两种货车运输的生命周期清单分析[C]//. 2006年材料科学与工程新进展"2006北京国际材料周"论文集. 北京，2006.

[12] 狄向华，聂祚仁，左铁镛. 中国火力发电燃料消耗的生命周期排放清单[J]. 中国环境科学，2005, 25(5): 632-635.

[13] 袁宝荣，聂祚仁，狄向华，等. 中国化石能源生产的生命周期清单（Ⅱ）——生命周期清单的编制结果[J]. 现代化工，2006, 26(4): 59-61.

[14] 马国英. 探访北京生活垃圾处理[N]. 人民日报，[2003-06-05].

[15] 陆卫亚. 上海市区生活垃圾处理现状和对策[J]. 环境卫生工程，2002, 10(1): 18-20.

[16] Francesco C, Silvia B, Sergio U. Life cycle assessment (LCA) of waste management strategies: Landfilling, sorting plant and incineration[J]. Energy, 2008, 23(8): 1-8.

[17] 陈红，郝维昌，石凤，等. 几种典型高分子材料的生命周期评价[J]. 环境科学学报，2004, 24(3): 545-549.

[18] Pre Consultants. The Eco-indicator 99: A damage oriented method for Life Cycle Impact Assessment Manual for Designers[R]. 2001.

[19] 余国泰. 城市固废(生活垃圾)中甲烷排放量[J]. 环境工程学报，1997, 5(2): 67-74.

[20] 赵会芳. 浙江省白纸板造纸业的生命周期评价[D]. 杭州：浙江大学，2004.

第15章
介孔催化剂的生命周期评价

□ 介孔 MnO_x 催化剂的生命周期评价
□ 介孔 Co_3O_4 催化剂的生命周期评价

空气质量改善是永恒的主题,重污染天气会严重危害人们的健康,自2017年我国启动大气重污染成因与治理攻关项目以来,京津冀地区空气质量得到了明显改善。目前,我国主要呈现出区域复合性大气污染,大部分城市重污染天气以细颗粒物($PM_{2.5}$)和臭氧(O_3)为首要污染物,VOCs能与NO_x在特定的光照条件下形成有机$PM_{2.5}$和O_3,是$PM_{2.5}$形成的重要前体物[1, 2],对人体和空气质量有直接的影响,VOCs治理已是重中之重。

催化燃烧法是去除工业VOCs的有效方法,其具有VOCs净化效率高、适用范围广、设备简单、无二次污染等优点。该技术的核心是催化剂产品的生产和研发。MnO_2种类繁多,既包括人工合成的棒状、线状、管状、球状和孔状等形貌,还包括自然界存在的α、β、γ、δ等类型[3]。目前将金属氧化物催化材料制造成多孔结构,能增加材料表面积以提高其催化性能。介孔MnO_2因具有较大的比表面积、疏水性的表面、高的水热稳定性、特殊的孔道结构以及可控的孔径等优点[4],被广泛应用于催化和电子领域[5, 6],特别是作为催化剂在净化处理VOCs方面有较好的催化性能[7-11]。载体的使用不仅可以降低催化剂的使用成本,而且载体和催化剂的相互作用还可改善催化性能。已经有很多研究者在金属氧化物中负载了Cu和Zr,发现Cu和Zr能明显地提高金属氧化物的催化活性。Saqer等[12]在γ-Al_2O_3的基础上分别负载了Cu、Mn和Ce,制备了二元混合物,对其催化氧化甲苯的性能进行了研究,与相应的单金属氧化物进行了比较,发现负载型催化剂的活性明显高于单组分催化剂,这主要是由于负载组分提高了催化剂组分的分散性和低温还原性。Zhu等[13]在CeO_2的基础上负载了不同质量的Cu,对其CO催化活性进行了研究,发现20%的Cu负载具有最优的催化性能。Wang等[14]采用水热法制备了Zr-Ce-SBA-15(ZCS),发现与Pd/SBA-15相比,Pd/ZCS对甲苯氧化的催化活性增强,这是由于短通道促进了分子扩散。Wei等[15]采用水热法合成了掺杂Ti、Zr、Mn的MCM-48介孔分子筛,并对长链醇的催化氧化进行了研究,发现复合催化剂比纯MCM-48具有更高的催化活性。

生命周期评价(LCA)作为一种环境管理工具被越来越多的企业所接受并采纳,它不仅能对当前的环境冲突进行有效的定量分析和评价,而且能对产品"从摇篮到坟墓"的全过程所涉及的环境问题进行评价,是面向产品环境管理的重要支持工具[16],因此,本章采用LCA对介孔金属氧化物催化剂产品(介孔MnO_x和Co_3O_4催化剂)的环境影响进行了评价,分析生产催化剂产品对环境的影响情况,构建模型,获得催化剂环境影响数据,为完善VOCs净化领域、开展科学的环境管理提供技术参考。

15.1 介孔MnO$_x$催化剂的生命周期评价

15.1.1 功能单位和系统边界界定

研究目的是评价介孔MnO$_x$催化剂全生命周期环境影响，识别其中环境性能较差的阶段，有针对性地改善催化剂的环境性能。以生产1t介孔MnO$_x$为功能单位；系统边界为介孔MnO$_x$催化剂生命周期全过程，包括化学品的运输，介孔MnO$_x$催化剂的生产、运输、使用、最终处理5个阶段，具体的系统边界如图15-1所示。

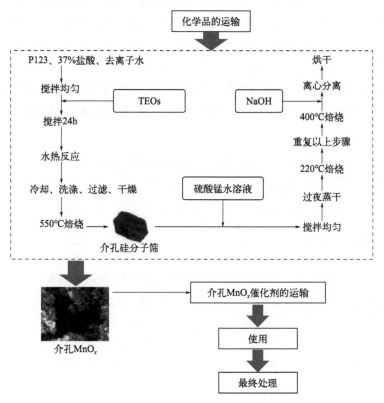

图15-1 介孔MnO$_x$催化剂系统边界

生产1t介孔MnO$_x$所用仪器设备还可以用于其他很多过程，单次生产对其影响很小，忽略设备生产和使用所产生的环境影响[17]；由于所有化学品的运输过程都是类似的，排除化学品的运输阶段；介孔MnO$_x$催化剂本身的化学组成在使用前后保持不变，其本身也没有产生污染物，使用阶段可忽略不计；废弃的介孔MnO$_x$被市场回收后，可再次生产硫酸锰等化学品，所产生的污染物等对环境的影响很小，忽略最终处理阶段。因此，只考虑介孔MnO$_x$的生产和运输两个阶段。

15.1.2 清单分析

因介孔 MnO_x 催化剂还未实现工业化生产,为使催化剂产品的生命周期评价更加精准,本阶段的清单数据采用实验室数据和工业生产数据相结合。其中,原材料的消耗数据主要来源于实验室的数据线性增加(根据物料守恒可知,原材料使用多少与规模无关,大型设备原材料损失可能会变化,但影响不大),涉及的电力数据主要来源于企业相同过程的数据的叠加。运输距离和运输方式根据《中华人民共和国2016年国民经济和社会发展统计公报》中2016年各种运输方式完成货物运输量及平均运距估算,结果如表15-1所列。根据《环境管理 生命周期评价 原则与框架》(GB/T 24040—2008)[18]以及研究目的和范围,利用 SimaPro 软件辅助进行清单分析,收集整理了介孔 MnO_x 生命周期资源消耗数据以及环境排放数据,并将资源消耗数据除以人均消耗数据进行了标准化,见表15-2,其中,瓦斯为采煤过程中产生的 CH_4 和 CO 等气体。生产和运输过程中各个阶段资源消耗占总消耗百分比见图15-2,污染物排放清单见表15-3。SimaPro 中每一个过程都有两个版本:单元过程和系统过程。统一采用系统过程,生命周期的每个过程的排放已经在工艺过程记录中。清单分析中,马弗炉和烘箱所耗电能是按空间充分利用时可存放样品量和实验实际存放量的比例成比例缩小。假设全部催化剂均用于国内的 VOCs 净化行业,不出口国外。

表15-1 各种运输方式完成货物量及运输距离

项目	铁路	公路	水运	民航
货运量/t	7.69×10^{-2}	7.76×10^{-1}	1.47×10^{-1}	1.54×10^{-4}
运输距离/km	7.14×10^2	1.82×10^2	1.50×10^3	3.32×10^3

表15-2 介孔 MnO_x 生命周期资源消耗数据标准化结果

资源消耗	共计	介孔 MnO_x 的生产	介孔 MnO_x 的运输
总计	6.84×10	6.84×10	4.78×10^{-3}
剩余物	2.06×10^{-1}	2.06×10^{-1}	1.23×10^{-5}
煤	3.54×10	3.54×10	5.50×10^{-5}
瓦斯	1.20×10	1.20×10	1.75×10^{-5}
石油	1.11×10	1.11×10	4.29×10^{-3}
天然气	6.40	6.40	3.65×10^{-4}
能源(来自天然气)	1.26	1.26	0
铜	7.11×10^{-1}	7.11×10^{-1}	2.10×10^{-5}
能源(来自石油)	6.83×10^{-1}	6.83×10^{-1}	0
镍	4.01×10^{-1}	4.01×10^{-1}	1.71×10^{-5}
铁	1.18×10^{-1}	1.18×10^{-1}	4.71×10^{-6}
能源(来自煤)	5.07×10^{-2}	5.07×10^{-2}	0

续表

资源消耗	共计	介孔MnO_x的生产	介孔MnO_x的运输
铝	5.05×10^{-2}	5.05×10^{-2}	6.13×10^{-6}
锰	4.37×10^{-2}	4.37×10^{-2}	2.03×10^{-7}

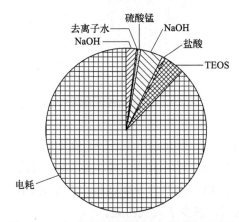

图15-2　各个阶段资源消耗占总消耗百分比

表15-3　介孔MnO_x环境排放清单

排放物质	总计	介孔MnO_x生产	火车运输	汽车运输
CO_2	2.87×10^6	2.87×10^6	9.30	1.15×10
SO_2	3.49×10^4	3.49×10^4	3.38×10^{-2}	1.79×10^{-2}
CH_4	2.23×10^4	2.23×10^4	2.75×10^{-2}	1.08×10^{-2}
NO_x	1.05×10^4	1.05×10^4	7.46×10^{-2}	6.09×10^{-2}
颗粒物	9.12×10^3	9.12×10^3	4.03	1.46×10^{-2}
NMVOC	1.47×10^2	1.47×10^2	8.43×10^{-3}	1.05×10^{-2}
镍（水）	4.70×10	4.70×10	2.65×10^{-4}	9.26×10^{-5}
砷	2.81	2.79	2.00×10^{-5}	9.36×10^{-6}
镍（空气）	1.02	1.02	5.26×10^{-6}	4.56×10^{-6}
镉	7.46×10^{-1}	7.46×10^{-1}	8.96×10^{-6}	4.25×10^{-6}

由表15-2可知，生产1 t介孔MnO_x所需资源占人均资源消耗量的比重为68.44%，资源消耗主要集中在介孔MnO_x生产阶段，占人均资源消耗量的比重为68.43%，占总资源消耗的99.99%。其中，生产过程中马弗炉和烘箱等设备消耗的电能引起的资源消耗占84%，P123、正丁醇和TEOS等化学品的消耗分别占4%左右（图15-2），因此降低电能消耗是减少资源消耗的关键。标准化后的各类资源消耗占总消耗百分比见图15-3。

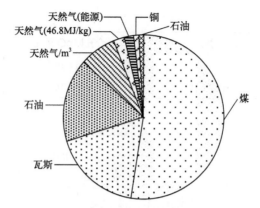

图15-3 标准化后的各类资源消耗占总消耗百分比

由表15-2和图15-3可知，标准化后介孔MnO_x催化剂生命周期消耗的煤最多，是人均煤消耗量的35倍，占总能源消耗的52%，其次是瓦斯、石油和天然气的消耗，分别占18%、17%和7%。其中，瓦斯本身即为采煤过程中产生的CH_4和CO_2等废气，瓦斯的消耗实现了对废气的循环利用，减少了大气污染。

由表15-3可知，介孔MnO_x生命周期排放的污染物主要来自介孔MnO_x生产阶段，排放量最大的是CO_2，其次是SO_2、CH_4和NO_x等；向水中排放的污染物主要是镍和砷。运输阶段污染物排放较少，对人体和环境影响最大的污染物主要是CO_2和颗粒物。CO_2和CH_4是主要的温室气体，会逐渐使地球表面温度升高，其中，CH_4的温室效应要比CO_2大25倍[19]。SO_2不仅在大气中反应生成硫酸雾形成硫酸型酸雨，也会与Ca^{2+}、NH_4^+等碱性离子结合生成硫酸盐并形成无机细粒子；NO_x在大气中与水蒸气结合，能形成硝酸雾，进而形成硝酸型酸雨，在光照条件下与挥发性有机物（VOCs）会发生光化学反应形成有机细粒子，增加地面臭氧浓度，也会与碱性离子生成硝酸盐，进而形成无机细粒子。因此，通过对介孔MnO_x催化剂的生命周期评价可知，催化剂生产过程中产生的气体污染物是全生命周期产生的主要污染物。

15.1.3 生命周期影响评价

LCIA是理解和评估一个产品系统潜在环境影响重要性和意义的阶段，是全生命周期评价的最核心部分。LCIA结果严重依赖使用的影响评估方法，不同方法是使用不同的科学模型将排放清单转化成具有可比性的环境影响负荷。影响评价包括分类、特征化和加权评估3个步骤。Eco-Indicator 99将11种不同类型的影响指标分成了三大类：第一类是人体健康影响，包括气候变化、臭氧层消耗、致癌物质、呼吸道影响和电离辐射；第二类是生态系统质量，包括生态毒性、土地使用、酸化和富营养化；第三类是资源耗竭，包括矿产资源的耗竭和化石燃料的消耗[20]。运用Eco-Indicator 99将介孔MnO_x的环境排放清单数据进行标准化，加权结果如图15-4所示。经加权后的各种环境影响潜值具有了可比性，而且也反映了其相对重要性[21]。

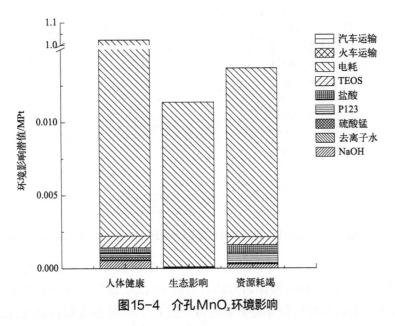

图15-4　介孔MnO$_x$环境影响

通过对介孔MnO$_x$生命周期环境排放数据分析（图15-4）可知，介孔MnO$_x$生命周期产生的污染物对人体健康的影响最大，远远超过对生态系统的影响。其中，对人体健康影响、环境影响和资源耗竭影响最大的过程均是电能消耗。因此，通过适当改进催化剂的生产工艺并改良生产设备性能，降低介孔MnO$_x$整个生命周期的电能消耗，对制备资源节约型催化剂尤为重要。除电能消耗外，正硅酸乙酯（TEOS）和正丁醇等的消耗对人体健康和环境影响最大。

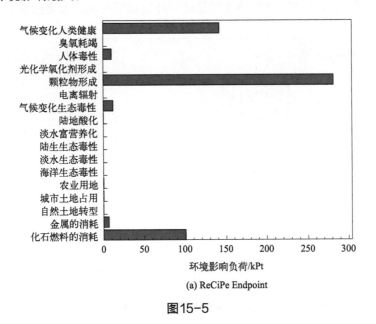

图15-5

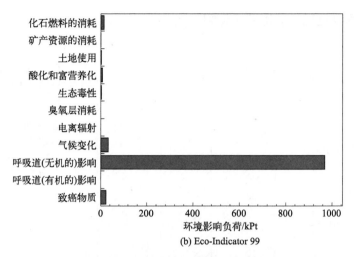

图15-5 基于两种环境评估方法的不同环境影响类型的环境影响负荷比较

为避免因清单数据和影响评估之间的不匹配引起重要参数缺失,采取ReCiPe Endpoint和Eco-Indicator 99两种评估方法对介孔MnO_x生命周期排放的清单数据进行评估,计算每个环境影响类别的环境影响负荷(图15-5),结果表明污染物排放对环境的主要影响为化石燃料的消耗、气候变化、酸化、人体健康和颗粒物的生成。将污染物清单数据特征化分析发现影响这几种环境影响类别的污染物95%以上是生产阶段电能消耗产生的(如图15-6所示)。其次,化石燃料的消耗是NaOH、P123和TEOS等化学品的使用消耗的,气候变化、酸化和颗粒物的生成是NaOH造成的,但这些过程产生污染物都不足5%。而影响人体健康的污染物,除电能消耗(97%)外,主要来源于TEOS(0.99%)、硫酸锰(0.65%)、NaOH(0.32%)和P123(0.24%)的使用阶段。由此可见,除电能消耗以外,NaOH和TEOS的使用是这些环境影响类别的主要贡献源。

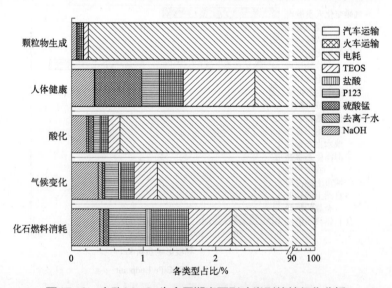

图15-6 介孔MnO_x生命周期主要影响类别的特征化分析

15.2 介孔Co_3O_4催化剂的生命周期评价

15.2.1 功能单位和系统边界界定

以生产 1 t 介孔 Co_3O_4 为功能单位；系统边界为介孔 Co_3O_4 催化剂生命周期全过程，包括化学品的运输，介孔 Co_3O_4 催化剂的生产、运输、使用、最终处理 5 个阶段，具体的系统边界如图 15-7 所示。只考虑介孔 Co_3O_4 的生产和运输两个阶段。

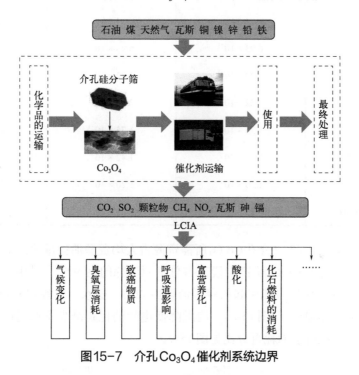

图 15-7 介孔 Co_3O_4 催化剂系统边界

15.2.2 清单分析

因介孔 Co_3O_4 催化剂还未实现工业化生产，为使催化剂产品的生命周期评价更加精准，本阶段的清单数据主要采用实验室数据和工业生产数据相结合。介孔 Co_3O_4 生命周期资源消耗数据标准化结果见表 15-4，生产和运输过程中各个阶段资源消耗占总消耗百分比见图 15-8，污染物排放清单见表 15-5。假设全部催化剂均用于国内的 VOCs 净化行业，不出口国外。运输距离和运输方式根据《中华人民共和国 2016 年国民经济和社会发展统计公报》中 2016 年各种运输方式完成货物运输量及平均运距估算，结果如表 15-4 所列。

表15-4　介孔 Co_3O_4 生命周期资源消耗数据标准化结果

资源消耗	共计	介孔 Co_3O_4 的生产	介孔 Co_3O_4 的运输
总计	1.27×10^2	1.27×10^2	8.28×10^{-3}
剩余物	2.19×10^{-1}	2.19×10^{-1}	3.99×10^{-6}
煤	5.54×10	5.54×10	4.33×10^{-5}
石油	3.00×10	3.00×10	7.66×10^{-3}
天然气	1.99×10	1.99×10	5.12×10^{-4}
瓦斯	1.88×10	1.88×10	1.35×10^{-5}
铜	1.34	1.34	1.90×10^{-5}
镍	6.93×10^{-1}	6.93×10^{-1}	1.31×10^{-5}
锌	2.22×10^{-1}	2.22×10^{-1}	2.53×10^{-6}
铅	2.22×10^{-1}	2.22×10^{-1}	2.52×10^{-6}
铁	1.75×10^{-1}	1.75×10^{-1}	4.67×10^{-6}
能源（来自天然气）	1.42×10^{-1}	1.42×10^{-1}	0
铝	1.20×10^{-1}	1.20×10^{-1}	5.61×10^{-6}
能源（来自石油）	7.80×10^{-2}	7.80×10^{-2}	0

由表15-4可知，生产1 t 介孔 Co_3O_4 所需资源占人均资源消耗量的比重为127.4%，资源消耗主要集中在介孔 Co_3O_4 生产阶段，占总资源消耗的99.99%。其中，生产过程中马弗炉和烘箱等设备消耗的电能引起的资源消耗占71%，氨水、乙醇和NaOH等化学品的消耗分别占8%、6%和4%（图15-8），因此降低电能消耗是减少资源消耗的关键。标准化后的各类资源消耗占总消耗百分比见图15-9。

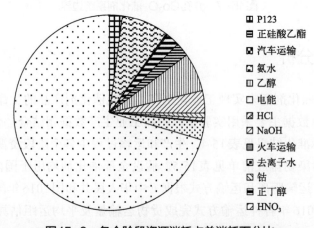

图15-8　各个阶段资源消耗占总消耗百分比

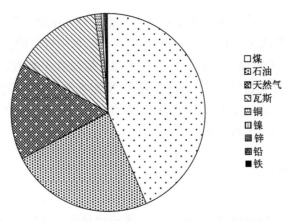

图15-9 标准化后的各类资源消耗占总消耗百分比

由表15-4和图15-9可知，标准化后介孔Co_3O_4催化剂生命周期消耗的煤最多，是人均煤消耗量的55.43倍，占总能源消耗的44%，这主要是由我国主要的发电方式为煤炭火力发电造成的，高耗低效煤炭燃烧方式向空气中排放出了大量SO_2、CO_2和烟尘，造成了中国严重的以煤烟型为主的大气污染。因此，改变中国的发电结构，使用更加清洁的燃气、太阳能等能源发电对减少大气污染尤为重要。其次，石油、天然气和瓦斯的消耗分别占24%、16%和15%。其中，瓦斯本身即为采煤过程中产生的CH_4和CO等废气，瓦斯的消耗实现了对废气的循环利用，减少了大气污染。

表15-5 介孔Co_3O_4环境排放清单

排放物质	区隔	单位	共计	介孔Co_3O_4生产	运输
CO_2	空气	kg	4.57×10^6	4.57×10^6	3.07×10
硬煤	未加工	kg	2.54×10^6	2.54×10^6	1.98
SO_2	空气	kg	5.44×10^4	5.44×10^4	5.62×10^{-2}
颗粒物	空气	kg	4.58×10^6	4.58×10^6	3.07×10
原油	未加工	kg	3.64×10^4	3.63×10^4	9.29
甲烷	空气	kg	3.50×10^4	3.50×10^4	3.70×10^{-2}
天然气	未加工	m^3	2.91×10^4	2.91×10^4	7.47×10^{-1}
瓦斯	未加工	m^3	2.64×10^4	2.64×10^4	1.89×10^{-2}
NO_x	空气	kg	1.67×10^4	1.67×10^4	1.74×10^{-1}
砷	水	kg	7.03	7.03	3.03×10^{-5}
镉	水	kg	2.70	2.70	1.37×10^{-5}

由表15-5可知，介孔Co_3O_4生命周期排放的物质主要来自介孔Co_3O_4生产阶段，生产过程消耗的煤最多，而煤完全燃烧产生的干烟气主要为CO_2、SO_2和N_2，产生的烟尘主要包括黑烟和飞灰，这两种物质均以颗粒物的形式存在。石油和天然气是生产乙醇和

氨水的主要原材料，石油主要是烃类化合物，天然气85%由甲烷组成。因此，空气中排放量最大的是CO_2，其次是SO_2、颗粒物和CH_4等；向水中排放的污染物主要是砷和镉；整个生命周期还产生了未加工的资源，主要为煤、原油和天然气，可以通过再加工循环使用。运输阶段污染物排放较少，对人体和环境影响最大的污染物主要是CO_2和颗粒物。因此，通过对介孔Co_3O_4催化剂的生命周期评价可知，催化剂生产过程中产生的气体污染物是全生命周期产生的主要污染物。

15.2.3 生命周期影响评价

运用Eco-Indicator 99将介孔Co_3O_4的环境排放清单数据进行标准化，加权结果如图15-10所示。

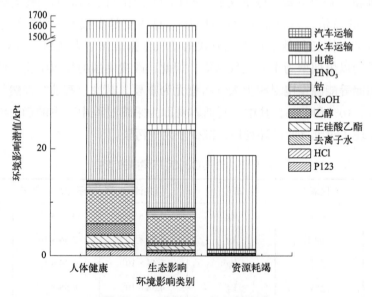

图15-10 介孔Co_3O_4环境影响

通过对介孔Co_3O_4生命周期环境排放数据分析（图15-10）可知，介孔Co_3O_4生命周期产生的污染物对人体健康的影响较大。其中，对人体健康影响、环境影响和资源耗竭影响最大的过程均是电能消耗。为避免因清单数据和影响评估之间的不匹配引起重要参数缺失，采取ReCiPe Endpoint和Eco-Indicator 99两种评估方法对介孔Co_3O_4生命周期排放的清单数据进行评估，计算每个环境影响类别的环境影响负荷（图15-11），结果表明污染物排放对环境的主要影响为人体健康、气候变化、化石燃料的消耗和颗粒物的生成。将污染物清单数据特征化分析发现影响除人体健康外，其余三种环境影响类别的污染物95%以上是生产阶段电能消耗产生的（图15-12）。其次，化石燃料的消耗是乙醇、NaOH和HNO_3等化学品的使用消耗的，气候变化和颗粒物的生成是NaOH使用造成的，但这些过程产生污染物都不足5%。人体健康的影响主要包括致癌、呼吸道影响和产生人体毒性、电能消耗产生的污染物造成的影响,分别占了72%、99%和77%,其次是银的消耗,分别占了25%、0.2%和18%。由此可见,除电能消耗以外,NaOH的使用是这些环境影响类别的主要贡献源。

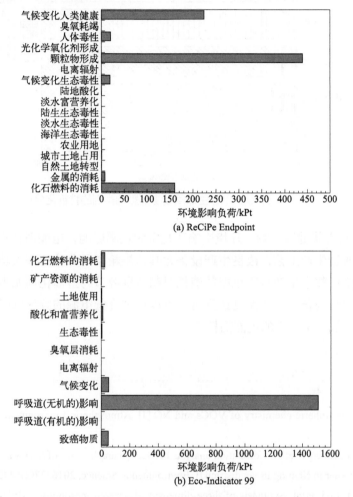

图15-11 基于两种环境评估方法的不同环境影响类型的环境影响负荷比较

综上所述,本章通过对介孔MnO_x和Co_3O_4催化剂的全生命周期进行评价,得到了如下结论:

① 尽可能通过科学研发,寻找低耗能化学品替代表面活性剂等资源消耗较多的化学品,从而降低总资源消耗。

② 介孔催化剂生命周期排放的污染物主要为气体污染物,建议采用气体收集装置或净化处理装置减少气体污染物排入大气。

③ 污染物排放对环境的主要影响为化石燃料的消耗、气候变化、酸化、影响人体健康和颗粒物的生成。其中,生命周期产生的污染物对人体健康的影响较大,尤其以SO_2和NO_x为前体物的颗粒物($PM_{2.5}$)会影响人体的呼吸道系统,产生的致癌物质还会诱发癌症。

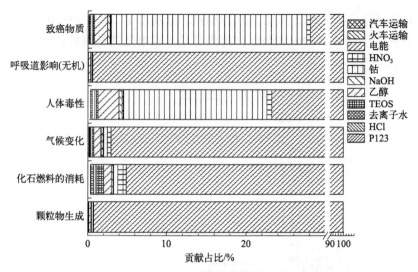

图15-12　介孔Co₃O₄生命周期主要影响类别的特征化分析

④ 无论是对人体健康影响、环境影响还是资源耗竭影响，电能消耗都是主要影响因素。因此适当改进生产工艺，改良生产设备尤其是烘箱和马弗炉这些大功率、高电耗的设备的性能来降低整个生产过程电能的消耗对制备资源节约型催化剂尤为重要。建议使用变频设备，变频设备在设置温度达到时，可以通过降低电源的频率以降低设备实际运行功率，从而降低整个过程的电能消耗。

参考文献

[1] Atkinson R. Atmospheric chemistry of VOCs and NO$_x$[J]. Atmospheric Environment, 2000, 34(12-14): 2063-2101.

[2] Yang X, Tang L, Zhang J, et al. Correlation analysis between characteristics of VOCs and ozone formation potential in summer in Nanjing urban district[J]. Environmental Science, 2016, 37(2): 443-451.

[3] Bai B, Qiao Q, Li J, et al. Synthesis of three-dimensional ordered mesoporous MnO$_2$, and its catalytic performance in formaldehyde oxidation[J]. Chinese Journal of Catalysis, 2016, 37(1): 27-31.

[4] 张晓东，王吟，杨一琼，等. 介孔硅材料及其负载型催化剂去除挥发性有机物的最新进展[J]. 物理化学学报，2015, 31(9): 1633-1646.

[5] Lin T, Yu L, Sun M, et al. Mesoporous alpha-MnO$_2$ microspheres with high specific surface area: Controlled synthesis and catalytic activities[J]. Chemical Engineering Journal, 2016, 286: 114-121.

[6] Guo L, Kuang M, Li F, et al. Engineering of three dimensional (3-D) diatom@TiO$_2$@MnO$_2$ composites with enhanced supercapacitor performance[J]. Electrochimica Acta, 2016, 190: 159-167.

[7] 杨肖，贾志刚，季生福，等. Al-MnO$_2$/SBA-15催化剂的制备及其催化燃烧甲醛的性能[J]. 化工环保，2011, 31(4): 369-374.

[8] Du Y, Wang X, Wang J, et al. Fabrication of three-dimensional ordered mesoporous manganese oxides used as high-efficient catalysts for removal of toluene and carbon monoxide[J]. Journal of Nanoelectronics and

Optoelectronics, 2017, 12(5): 518-525.

[9] Wu Y, Liu X, Huang X, et al. Interface synthesis of MnO_2 materials with various structures and morphologies and their application in catalytic oxidation of *o*-xylene[J]. Materials Letters, 2015, 139: 157-160.

[10] Wu Y, Yin X, Xing S, et al. Synthesis of P-doped mesoporous manganese oxide materials with three-dimensional structures for catalytic oxidation of VOCs[J]. Materials Letters, 2013, 110: 16-19.

[11] Wu S, Li S, Cao Y, et al. Facile synthesis of mesoporous alpha-MnO_2 nanorod with three-dimensional frameworks and its enhanced catalytic activity for VOCs removal[J]. Materials Letters, 2013, 97: 1-3.

[12] Saqer M, Kondarides I, Verykios E. Catalytic oxidation of toluene over binary mixtures of copper, manganese and cerium oxides supported on γ-Al_2O_3[J]. Applied Catalysis B: Environmental, 2011, 103(3-4): 275-286.

[13] Zhu J, Gao Q, Zhi C. Preparation of mesoporous copper cerium bimetal oxides with high performance for catalytic oxidation of carbon monoxide[J]. China Synthetic Resin & Plastics, 2006, 81(3): 236-243.

[14] Wang F, Li J, Yuan J, et al. Short channeled Zr-Ce-SBA-15 supported palladium catalysts for toluene catalytic oxidation[J]. Catalysis Communications, 2011, 12(15): 1415-1419.

[15] Wei C, Huang Y, Cai Q, et al. Catalytic oxidation of alpha-eicosanol to alpha-eicosanoic acid over Ti, Zr and Mn doped MCM-48 molecular sieves[J]. Studies in Surface Science & Catalysis, 2002, 141: 511-516.

[16] 郑秀君，胡彬. 我国生命周期评价(LCA)文献综述及国外最新研究进展[J]. 科技进步与对策，2013, 30(6): 155-160.

[17] Li Q, McGinnis S, Sydnor C, et al. Nanocellulose life cycle assessment[J]. ACS Sustainable Chemistry & Engineering, 2013, 1(8): 919-928.

[18] 陈亮，刘玫，黄进. GB/T 24040—2008《环境管理 生命周期评价 原则与框架》国家标准解读[J]. 标准科学，2009, 2: 76-80.

[19] Guillet C, Kammann C, Andresen L, et al. Episodic high CH_4 emission events can damage the potential of soils to act as CH_4 sink: Evidence from 17 years of CO_2 enrichment in a temperate grassland ecosystem[J]. Procedia Environmental Sciences, 2015, 29: 208-209.

[20] Audenaert A, Cleyn D, Buyle M. LCA of low-energy flats using the Eco-indicator 99 method: Impact of insulation materials[J]. Energy & Buildings, 2012, 47(4): 68-73.

[21] 梁增英，马晓茜. 选择性催化还原烟气脱硝技术的生命周期评价[J]. 中国电机工程学报，2009, 29(17): 63-69.

第16章
纯电动泥头车生命周期评价

☐ 功能单位和系统边界界定
☐ 清单分析
☐ 影响评价

随着城镇化水平不断提高，我国机动车的保有量不断上升，车辆运输产生的空气污染物包括一氧化碳（CO）、二氧化硫（SO_2）、氮氧化物（NO_x）和颗粒物（PM_{10}和$PM_{2.5}$）等已成为城市大气污染的主要原因，且流行病学调查研究证明空气污染会造成人类呼吸系统疾病增加[1]。而重型柴油车是主要的排放源，已成为机动车污染防治的重点[2]。泥头车作为市内工程运输车辆，是我国开展城市建设的重要保障，运输需求量也随着城镇化进程的持续加快而逐年上升，泥头车的尾气排放已成为城市空气污染物的重要贡献源。相应地，传统燃油泥头车的电动化转型成为城市交通领域低碳发展的重要工作之一。

深圳市是首批新能源车辆示范推广城市之一。截至2020年底，深圳市新能源汽车保有量达到48万辆，占全市机动车保有量的14%。但以新能源公交车和出租车为主（均100%电动化），在货运或重型载重客车（柴油车）领域推广较为缓慢[3]。2019年深圳市发布了纯电动泥头车推广使用实施方案，以纯电动泥头车为突破口，逐步推广其他新能源工程车辆和重型柴油车辆。目前缺乏有关纯电动泥头车代替传统柴油泥头车在全生命周期过程——生产制造、运行、维修和报废回收的环境影响或效益相关研究，纯电动泥头车是否能够降低能源消耗、减少空气污染物的排放，或是否具有经济效益并不明晰。

生命周期分析（LCA）是针对产品或服务系统从"摇篮到坟墓"全过程的资源消耗和环境影响评价的方法，也是机动车生命周期环境影响定量化评价的主要方法之一，可用于研判其低碳绿色发展水平。在车辆生命周期环境影响评价研究领域，前期各学者[4-14]主要针对燃料周期即燃料从上游开采、加工到使用阶段的环境影响，进而得出新能源车辆显著优于传统燃油车辆的结论，然而以电动汽车为代表的新能源车辆相较于传统燃油车辆在生产制造过程中的环境影响差异并未考虑进来，因此近年来各学者完善了车辆生命周期评价模型，在燃料周期的基础上考虑了车辆原材料生产及加工、车辆制造等阶段，车辆周期和燃料周期的结合可以更为客观地评估两类车辆的生命周期环境影响。我国于2009年开始在私家车、出租车和城市公交车等领域推广新能源车辆，且目前这些车辆均未到达报废年限，因此目前相关研究多集中在私家乘用车和运营公交车，并未关注重型货车领域，同时侧重于运营阶段，生命周期系统边界较少考虑车辆的维修及报废等阶段。此外，由于数据的可获得性，大多研究也并未将充电配套设施周期纳入系统边界，生命周期系统边界不够完善。

本章通过构建泥头车车辆全生命周期评价模型，可量化纯电动泥头车和柴油泥头车的全生命周期能源消耗和大气污染物排放强度和水平，为企业和个人选购纯电动泥头车以及相关部门制定纯电动泥头车推广政策提供科学依据。

16.1 功能单位和系统边界界定

16.1.1 功能单位

本案例选取纯电动泥头车与柴油泥头车进行生命周期评价。通过实地调研深圳市泥头车运输企业并选取代表车型，其纯电动泥头车主要以本地品牌比亚迪车型为主，柴油泥头车主要以华菱为主，两类泥头车的主要参数见表16-1。将运营阶段的功能单位考虑为车辆行驶1km里程。

表16-1 泥头车主要技术参数

动力	整备质量	能耗	发动机	电动机	电池类型	动力电池质量	电池容量	启动电池
柴油	15.5t	0.5L/km	247kW	—	—	—	—	24V 铅酸
电力	16.5t	1.4kW·h/km	—	240kW	磷酸铁锂	2.11t	422.88kW·h	24V 铅酸

资料来源：车型参数来源卡车之家（www.360che.com.cn），能耗信息来源于实地调研。
注：动力电池比例参照李艳丽的纯电动重卡动力电池质量占整备质量的10.0%计算。

16.1.2 系统边界

根据国际标准ISO 14040的规定，LCA包括目的与范围确定、清单数据分析、环境影响评价及结果解释四个阶段。本案例以纯电动泥头车推广使用的减排效益分析为目标，引入传统泥头车作为对照，美国阿贡实验室（Argonne National Laboratory，ANL）开发研究的GREET（Greenhouse Gases, Regulated Emissions, and Energy Use in Transportation，GREET）模型被广泛应用于车辆燃料的生命周期评价，为了衔接GREET模型的结果，本案例将系统边界分为燃料周期和车辆周期。按LCA研究方法基本原则，不考虑诸如厂房建设和设备制造等间接影响；此外，电动车用车和电动出租车系统中其充电设施的充电设施污染物排放量占车辆生命周期系统排放量的比例分别为0.55%~4.96%和1.41%~7.30%，其总体影响较小，而充电设施的使用阶段占充电设施全生命周期的排放比例约为60%，本章将这一部分的环境影响归为燃料周期下游阶段的环境影响，因此不额外考虑充电设施其他阶段的影响，建立的泥头车系统边界如图16-1所示。

16.2 清单分析

清单数据包括燃料周期（燃料上游、下游，车辆运行能耗）和车辆周期（车辆原材料的生产与加工、车辆装配与运输、车辆维护和报废各阶段）的能耗与相关污染物排

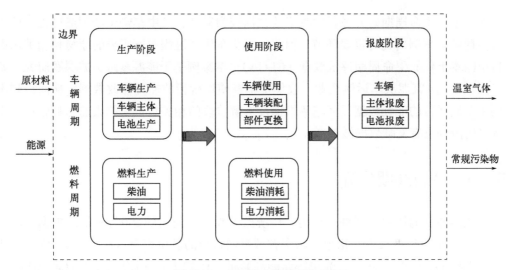

图16-1 车辆生命周期系统边界

放,数据来源主要有文献、国家统计局、中国能源统计年鉴和ANL开发的GREET软件等,具体见表16-2。

表16-2 数据分类及来源

生命周期阶段	数据类别	数据来源
燃料生产	一次能源(如煤、石油、天然气)生命周期评价数据	中国能源统计年鉴2020、文献[15]
	深圳市电力构成及生命周期评价数据	广东电力市场2020年年度报告、文献[16]
车辆原材料生产	钢铁、铜、铝等车辆主体原材料生命周期评价数据	GREET内置数据、文献[17, 18]
	镁、塑料、石墨二极管等电池系统生命周期评价数据	GREET内置数据、文献[19, 20]
	机油、传动液等流体系统生命周期评价数据	文献[20]
车辆生产、维保和报废	车辆主体、电池系统和流体系统构成比例	GREET内置数据
	车辆喷涂、焊接和组装等装配阶段的能耗	GREET数据、文献[20]
	车辆配送距离及其能耗	文献[21, 22]
	维修阶段部件(如轮胎、机油等)的更换次数及能耗	文献[12, 20]
	车辆报废回收能耗	文献[22, 23]
车辆运行	车辆的百公里油耗/电耗	调研

泥头车全生命周期研究过程中收集的数据较为复杂，其中车辆生产制造过程、使用阶段能耗是本案例研究的重要环节。因此，泥头车生产过程中所需要的原材料相关数据来自中国本土化的生命周期评价数据（CLCA）；本案例基于能源基金会的课题研究，调研了深圳市内6家泥头车运输企业，收集了车辆使用阶段的能耗修改数据，从而得到本案例中车辆运行的能耗数据；而车辆维保及拆解阶段的相关数据对结果的影响较小，本案例采用国外已有文献数据做参考。

16.2.1 燃料周期分析

本案例涉及的燃料为柴油和电力，传统柴油泥头车使用的是0号柴油。根据《广东电力市场2020年年度报告》指出，广东省域电网核电的装机容量占比11.5%，气电占比19%，煤电占比46.8%，风电、光电等新能源装机占比22.7%；而周长宝[16]的研究表明深圳电网核电的装机容量占比44.3%，气电占比38.6%，煤电占比13.5%，风电、光电等新能源装机占比22.7%；南方电网深圳供电局的相关访谈指出深圳电网属于典型受端电网，外来电量即购省网电量的比例大约为70%，本地调管的电源电量占30%，由此可以得到深圳市消费电力构成为核电占比21.3%、气电占比24.9%、煤电占比36.8%和新能源占比16.97%。

柴油的WTP结果采用已有研究数据[15]，电力WTP结果基于深圳市消费电力结构，在GREET软件模拟得到。根据调研，纯电动泥头车的能耗为1.2kW·h/km，柴油泥头车的能耗为0.5L/km；柴油热值为42652kJ/kg，密度为0.84～0.86kg/L，本案例取0.85kg/L，电力热值为3600kJ/（kW·h）[24]，根据以上数据可算出柴油泥头车和纯电动泥头车在行驶里程的能耗为18.1MJ/km和4.3MJ/km，根据GREET模型可得出车辆燃料周期内的能耗与排放结果，如表16-3所列。

表16-3　燃料周期评价结果

燃料	能耗/10^4MJ	燃料周期空气污染物排放/kg								
		VOCs	CO	NO_x	PM_{10}	$PM_{2.5}$	SO_2	CH_4	N_2O	CO_2
柴油	1269	201	276	6127	76	199	2,919	521	11	345158
电力	348	53	165	322	76	34	353	824	10	15187

16.2.2 车辆周期分析

车辆装配需要多种零部件，而每种零部件的生产工艺不同，根据生产工艺将其划分为车辆主体、电池和流体三部分。电池包括启动和动力电池两种类型，其中启动电池为车辆启动提供电力，而动力电池为车辆行驶提供动力。柴油泥头车只有启动电池，而纯电动泥头车有启动和动力电池。流体是指车辆中的机油、冷却液、制动液等。车辆除了流体和电池两部分外，其余部件归入车辆主体部分。本案例假设柴油泥头车车辆主体占比95%，而纯电动重卡的电池占车身整备质量的10%[25]。车辆装配主要能源消耗发生在车间压缩、焊接、涂装等工艺中，车辆配送阶段的环境影响与运输装置和距离相关，本案例假设采用重卡和铁路运输，平均运距为1600km[22]；车辆的报废包括车辆主体和电池的报废处理，各个阶段的能源消耗强度如表16-4所列，除了加热工序使用煤，其余均采用电能。

表16-4　车辆装配、配送和报废的能耗强度

环节	涂装	照明	供暖	压缩	焊接	运输	主体报废	电池报废
能耗/(MJ/kg)	2.72	2.18	2.03	0.90	0.61	1.0 MJ/(t·km)	0.37	31

车辆维修阶段主要更换的零部件是轮胎和流体，根据已有研究，车辆行驶80000km需要更换一次轮胎[25]，重卡生命周期内加注机油44次[12]。雨刷液行驶12500km更换一次，制动液和冷却液行驶62500km更换一次[20]，车辆周期各阶段的计算结果如表16-5所列。

表16-5　车辆周期评价结果　　　　　　　　　　　　单位：10^4MJ/kg

阶段	类别	总能耗	VOCs	CO	NO_x	PM_{10}	$PM_{2.5}$	SO_2	CH_4	N_2O	CO_2
Ⅰ.车辆生产阶段的能耗及空气污染物排放	柴油	664.31	211.55	509.65	886.21	746.20	341.75	3390.55	2059.70	8.97	585057
	电动	816.18	235.49	528.38	925.41	776.31	355.98	3532.61	2155.76	9.36	610373
Ⅱ.车辆装配阶段的能耗及空气污染物排放	柴油	2.33	0.44	0.59	13.80	0.16	0.41	5.67	0.98	0.02	1153.48
	电动	2.48	0.52	0.76	14.68	0.22	0.61	9.99	1.89	0.03	1455.68
Ⅲ.车辆维修阶段的能耗及空气污染物排放	柴油	2.44	2.98	5.27	3.83	2.78	1.32	9.77	6.68	0.02	2041.12
	电动	2.12	2.92	5.18	3.33	2.62	1.22	9.33	6.22	0.02	2049.92
Ⅳ.车辆报废阶段的能耗及空气污染物排放	柴油	1.03	0.15	0.56	1.09	0.20	0.10	1.20	2.80	0.03	1459.24
	电动	6.15	0.90	3.35	6.54	1.18	0.59	7.18	16.75	0.20	8746.13

16.3　影响评价

根据《机动车强制报废标准规定》规定重型载货汽车行驶70万千米需引导报废，并结合行业现状，本案例设定泥头车生命周期的行驶里程为70万千米，所分析的直接环境影响主要包括温室气体如CO_2、CH_4、N_2O和常规空气污染物SO_x、NO_x、CO、VOCs和

颗粒物8种，其中颗粒物包括了$PM_{2.5}$和PM_{10}。本案例还考虑了综合环境影响（各类污染物产生的间接影响），包括全球变化、酸化、烟尘及灰尘和光化学臭氧合成潜势4个指标的影响，同时进行了归一化计算。

（1）特征化

是指将不同环境影响物对相关影响类型的贡献进行核算，转化成统一单位，最后合并，即全生命周期环境影响的总和，计算公式如式（16-1）所示：

$$EP_j = \sum EP(j)_i = \sum [Q_i \times EF(j)_i] \tag{16-1}$$

式中　EP_j——第j种环境影响潜值，kg；

　　　Q_i——第i种污染物的排放量，kg；

　　　$EF(j)_i$——第i种污染物对第j种潜在环境影响的当量因子，kg/kg。

本案例考虑的影响尺度为100a。

（2）标准化

标准化是指将通过特征化获得的各个环境影响的潜值除以各自的标准化基准值，其结果是一个没有单位的量，使得数据具有可比性，为下一步评估提供参考。本案例采用杨建新的"1990年人均当量基准值"构建标准人当量[26]，即人均综合环境影响潜值，计算公式如式（16-2）所示：

$$NEP_j = \frac{EP_j}{EP_{j,1990}} \tag{16-2}$$

式中　NEP_j——标准化后的影响潜值（标准人当量）；

　　　$ER_{j,1990}$——1990年全球人均第j种环境影响潜值。

（3）加权

标准值只能反映各种环境影响类型的相对大小，不能反映出该影响的重要性，因此需要对不同环境影响潜值进行加权，汇总成一个综合环境影响数值，进而衡量某一产品的总体环境影响，给决策者制定相应的目标提供参考，重要性即权重因子，加权后得到第j种环境影响潜值。

$$WP_j = WF_j \times NEP_j \tag{16-3}$$

式中　WF_j——权重因子，

　　　WP_j——加权后的环境影响潜值。

本案例采用政策削减目标来确定权重，当量因子、标准化基准值和权重如表16-6所列。

表16-6 环境影响评价当量因子、基准值和权重

环境影响类型	物质名称	当量因子	单位	标准化基准值/[kg/(人·a)]	权重
全球变暖	CO_2 CH_4 N_2O	1 21 310	kg CO_2-eq/kg	8700	0.83
酸化	SO_2 NO_x	1 0.7	kg SO_2-eq/kg	36	0.73
光化学烟雾	NO_x VOC CO	0.028 0.337 0.027	kg C_2H_4-eq/kg	0.65	0.53
烟尘和粉尘	PM_{10}	1	kg PM_{10}-eq/kg	18	0.61

(4) 环境影响负荷

环境影响负荷（environmental impact load，EIL）即将加权后的不同类型的环境影响潜值相加，反映所研究的系统其全生命周期对环境造成的压力。

$$EIL=\sum WP_j \tag{16-4}$$

16.3.1 生命周期能耗评价结果对比分析

根据上文构建的车辆生命周期系统模型，柴油泥头车和纯电动泥头车的能耗分别为28.1MJ/km和17.2MJ/km，由于目前还没有针对泥头车这类工程车辆的生命周期评价，而公交车的整备质量与泥头车相差不大，与黎土煜等[24]的研究做对比，传统柴油公交车和纯电动公交车的结果分别为21.2MJ/km和15.0MJ/km，结果产生的差异主要是由泥头车的运行过程消耗的燃料水平和系统边界不同引起的，由于行驶速度和行驶工况的不同，泥头车的百公里油耗和油耗水平均高于公交车，此外，本案例泥头车的系统边界包含了车辆配送、组装和维修阶段的过程，因此整体计算结果偏高。

纯电动泥头车全生命周期能耗较传统柴油泥头车减少38.7%，表明纯电动泥头车能降低能源消耗，如图16-2所示，柴油泥头车的运行能耗占其总能耗的64.5%，而纯电动的泥头车能耗仅占总能耗的28.8%，主要原因是柴油泥头车在运行作业的过程中频繁启动，怠速和刹车等操作使得油耗水平很高，而纯电动泥头车处于经济运行状态，运行效率高于传统泥头车；纯电动泥头车的制造能耗占比56%，是全生命周期内能耗最高的阶段，主要原因是由于纯电动泥头车的自重比柴油泥头车大，所需原材料更多，若能进一步将纯电动泥头车轻量化，其节能效果将更加显著。

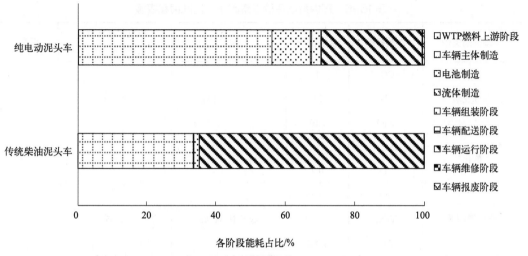

图16-2 泥头车生命周期各阶段能耗比例

16.3.2 生命周期综合环境影响评价结果

国际上目前还没有统一的综合环境影响评价指标分类方法，但关于机动车排放（与废气）有关的主要选取全球变暖、酸化、光化学烟雾及颗粒物四类指标。研究结果如图16-3所示，柴油泥头车的归一化指标为572.57人当量，即一辆传统柴油泥头车全生命周期环境影响为1990年人均综合环境影响的572.57倍，同理可得到纯电动泥头车的 EIL 为346.29人当量。柴油泥头车的 EIL 是纯电动泥头车的1.65倍，纯电动泥头车的环境影响优于柴油泥头车，对于柴油泥头车，造成光化学烟雾合成的影响最大，达到51%，而酸化和全球变暖次之，分别占27%和17%，而烟尘及粉尘的影响最小，占比5%，这是由于柴油燃烧产生的挥发性有机物参与光化学反应合成光化学烟雾。

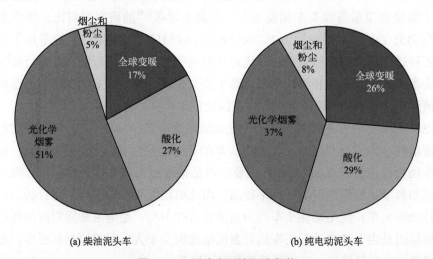

(a) 柴油泥头车　　　　　　　　　(b) 纯电动泥头车

图16-3 泥头车环境影响负荷

16.3.3 全生命周期污染物减排效果

如图16-4所示,纯电动泥头车的NO_x减排效果最为明显,降低了81.5%,根据2021年中国移动源环境管理年报,"十三五"期间NO_x的减排比例仅为2%,重型柴油货车NO_x的排放量分担率达到了75%,推广纯电动泥头车可以减少移动源NO_x的排放。而SO_2、VOCs和$PM_{2.5}$的减排效果次之,分别降低了37.9%、29.1%和27.5%,在一定程度上也能降低CO_2和CO的排放,柴油泥头车的CO和VOCs排放高的原因是柴油燃烧不完全生成了燃烧废物;从固体颗粒物的减排效果看,PM_{10}的排放增加3.9%,然而$PM_{2.5}$的排放降低了27.5%,重型柴油卡车的废气会加重颗粒物的浓度进而危害人体健康。CO_2是温室气体的主要来源,减排效率为15.2%,虽然纯电动泥头车会增加CH_4和N_2O的排放,两者全生命周期排放量之和是CO_2的0.3%,对温室气体的减排效果影响可以忽略不计,因此推广纯电动泥头车可以助力实现道路货运行业"双碳"目标。

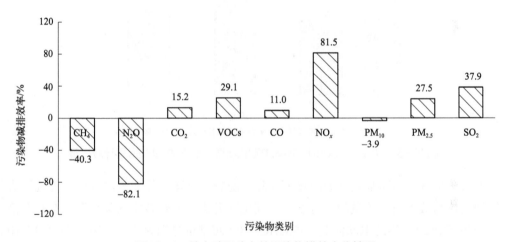

图16-4 纯电动泥头车的污染物排放变化情况

16.3.4 碳减排分析

纯电动泥头车和柴油泥头车的GHGs排放强度分别为796.2g/km和936.1g/km,降低14.9%,Song等[27]对比不同吨位传统柴油和LNG泥头车的GHGs排放结果为1200~1500g/km和1100~1400g/km,减少约8.3%。这一结果表明纯电动泥头车减排效果比LNG更加显著,主要原因是珠江三角洲地区清洁能源发电比例较高[28],截至2020年12月深圳市泥头车保有量14061辆,其中纯电动泥头车的比例为29.8%[29],本案例参考Liu等[30]的研究设置2030年广东省泥头车电动化的比例为37.7%作为基准情景,相较于2020年增长7.7%,同时本案例设置5.0%和10.4%两种情景,分别表示较慢和较快的增长速率。三种情境下泥头车电动化的比例如表16-7所列。

表16-7 三种情境下泥头车电动化的比例 单位：%

年份	2020	2030	2040	2050
低速增长模式	29.8	34.8	39.8	44.8
基准情景	29.8	37.7	45.6	53.3
高速增长模式	29.8	40.2	50.6	61.0

泥头车的年均运营里程为8万～10万千米[31]，调研表明深圳市泥头车平均行驶里程为250～300km/d，本案例假设泥头车的年运营里程为10万千米，基于年运营里程和不同电动化渗透比例对2030～2050年推广纯电动泥头车的碳减排总量进行预测，结果如图16-5所示。

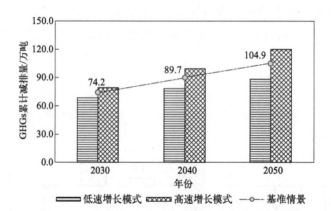

图16-5 2030～2050年不同电动化渗透比例下的GHGs累计减排量

泥头车是城市内新基建开展的重要保障，随着国家蓝天保卫战的开展，传统泥头车的转型是提高城市空气质量的关键之一，纯电动泥头车的碳减排效果显著。在基准情景下，2030年和2050年纯电动泥头车的GHGs累计减排量分别为7.42×10^5t和1.049×10^6t，可以有效减少城市内碳排放总量，在高增长率的情景下2050年其累计减排量达到1.2×10^6t。然而纯电动泥头车的推广也存在难度，根据调研，制约其推广的两个重要因素是车辆的初始购置成本和车辆的售后维修服务能力，纯电动泥头车相较于燃油车的燃料补给费用大幅降低，但其初始购置成本是柴油的2倍，在没有财政补贴的情况下企业更愿意使用传统泥头车；同时由于纯电动泥头车的市场占有率相对较低，相应的维修厂家数量较少，车辆的维修等待时间过长会影响其运营效率，导致企业的利润下降。

通过本章分析，推广纯电动泥头车可以有效减少NO_x、CO_2等空气污染物的排放，提高城市空气质量。因此，可以通过降低纯电动泥头车的造价、提高基础服务设施数量和售后维修服务能力、制定相应的经济补贴政策等方式逐步提高纯电动泥头车的市场份额，推动纯电动泥头车的应用。

综上所述，本章基于生命周期评价方法计算出纯电动泥头车和柴油泥头车的能源消耗与污染物排放，同时分析了四种环境影响和生命周期成本，得出以下结论：

① 纯电动泥头车全生命周期能耗较传统柴油泥头车减少38.7%，柴油泥头车的运行能耗占其总能耗的64.5%，而纯电动的泥头车能耗仅占总能耗的28.8%，主要原因是柴油泥头车在运行作业的过程中频繁启动，怠速和刹车等操作使得油耗较高。

② 纯电动泥头车的NO_x减排效果最为明显，为81.5%；SO_2、VOCs和$PM_{2.5}$的减排效果次之，分别降低了37.9%、29.1%和27.5%。从综合环境影响结果看，纯电动泥头车的环境影响负荷（EIL）比柴油泥头车下降了39.5%。

③ 纯电动泥头车GHGs排放强度比传统柴油泥头车降低14.9%，在基准情景下，2030年和2050年纯电动泥头车的GHGs累计减排量分别为7.42×10^5t和1.049×10^6t，推广纯电动泥头车可以助力实现道路货运行业"双碳"目标。

④ 纯电动泥头车节能减排效果显著，但初始购置成本和售后维修服务保障是制约其推广的重要因素，可以通过降低纯电动泥头车的造价、提高基础服务设施数量和售后维修服务能力、制定相应的经济补贴政策等方式逐步提高纯电动泥头车的市场份额。

参考文献

[1] Liu L, Wang K, Wang S S, et al. Assessing energy consumption, CO_2 and pollutant emissions and health benefits from China's transport sector through 2050[J]. Energy Policy, 2018, 116: 382-396.

[2] Jasmin C, Adam H, Paul B. Life cycle environmental impacts of natural gas drivetrains used in UK road freighting and impacts to UK emission targets[J]. Science of The Total Environment, 2019, 674:482-493.

[3] 商讯. 深圳市：印发《深圳市新能源汽车推广应用工作方案（2021—2025年）》[J]. 商用汽车, 2021(4): 1.

[4] Noshadrayan A, Cheah L, Roth R, et al. Stochastie comparative assessment of life-cycle greenhouse gas emissions from conventional and electric vehicles[J].The International Journal of Life Cycle Assessment, 2015, 6(20): 854-864.

[5] Shavak S, Daniel S C. Fuel cycle emissions and life cycle costs of alternative fuel vehicle policy options for the City of Houston municipal fleet[J]. Transportation Research Part D: Transport and Environment, 2017, 54:160-171.

[6] Yusuf B,Ibrahim D. Comparative life cycle assessment of hydrogen, methanol and electric vehicles from well to wheel[J]. International Journal of Hydrogen Energy, 2016, 42(6): 3767-3777.

[7] Troy R H, Bhawna S, Guillaume M B, et al. Comparative environmental life cycle assessment of conventional and electric vehicles[J]. Journal of Industrial Ecology, 2013, 17(1): 53-64.

[8] Evanthia A N, Christopher J K. Comparative economic and environmental analysis of conventional, hybrid and electric vehicles-the case study of Greece[J]. Journal of Cleaner Production, 2013, 53: 261-266

[9] Antonio G, Javier M, Santiago M, et al. Dual fuel combustion and hybrid electric powertrains as potential solution to achieve 2025 emissions targets in medium duty trucks sector[J]. Energy Conversion and Management, 2020, 224: 113020.

[10] Yang Z, Mehdi N, Omer T. Vehicle to Grid regulation services of electric delivery trucks: Economic and environmental benefit analysis[J]. Applied Energy, 2016, 170: 161-175.

[11] Burak S, Tolga E, Omer T. Does a battery-electric truck make a difference? –Life cycle emissions, costs, and externality analysis of alternative fuel-powered Class 8 heavy-duty trucks in the United States[J]. Journal of Cleaner Production, 2017, 141(JAN.10): 110-121.

[12] 余大立，张洪申. 纯电动与柴油货车全生命周期能耗及排放分析[J]. 环境科学学报，2019, 39(6): 2043-2052.

[13] Lee D, Thomas V M, Brown M A. Electric urban delivery trucks: Energy use, greenhouse gas emissions, and cost-effectiveness[J]. Environmental Science & Technology, 2013, 47(14): 8022-8030.

[14] Taylor Z, Matthew J R, Heather L M, et al. Life cycle GHG emissions and lifetime costs of medium-duty diesel and battery electric trucks in Toronto, Canada[J]. Transportation Research Part D, Transport and Environment, 2017, 55(Aug.): 91-98.

[15] 高有山. 车辆燃料生命周期能耗和排放分析方法[M]. 北京：冶金工业出版社，2013.

[16] 周长宝. 不确定条件下深惠莞区域能源电力系统规划研究[D]. 北京：华北电力大学（北京），2020.

[17] 丁宁，高峰，王志宏，等. 原铝与再生铝生产的能耗和温室气体排放对比[J]. 中国有色金属学报，2012, 22(10): 2908-2915.

[18] 丁宁，杨建新. 中国化石能源生命周期清单分析[J]. 中国环境科学，2015, 35(5): 1592-1600.

[19] 沈万霞. 镁合金材料的全生命周期评价[D]. 北京：北京工业大学，2011.

[20] 李书华. 电动汽车全生命周期分析及环境效益评价[D]. 长春：吉林大学，2014.

[21] Weiss M A, Heywood J B, Drake E M, et al. On the road in 2020: A life-cycle analysis of new automobile technologies [EB/OL]. 2000.

[22] Li S, Li N, Li J, et al. Vehicle cycle energy and carbon dioxide analysis of passenger car in China[J]. Aasri Procedia, 2012, 2(Complete): 25-30.

[23] Aguirre K, Eisenhardt L, Norring A, et al. Life cycle analysis comparison of a battery electric vehicle and a conventional gasoline vehicle[J]. 2012.

[24] 黎土煜，余大立，张洪申. 基于GREET的纯电动公交车与传统公交车全生命周期评估[J]. 环境科学研究，2017, 30(10): 1653-1660.

[25] 李艳丽，吕锦旭，李晓越. 碳中和背景下低碳运输工具比选研究[J]. 交通节能与环保，2021, 17(04): 1-8.

[26] 杨建新，徐成，王如松. 产品生命周期评价方法及应用[M]. 北京：气象出版社，2002.

[27] Song H, Ou X, Yuan J, et al. Energy consumption and greenhouse gas emissions of diesel/LNG heavy-duty vehicle fleets in China based on a bottomup model analysis[J]. Energy, 2017, 140(pt.1): 966-978.

[28] 王人洁. 电动车和天然气车能源环境影响的燃料生命周期评价研究[D]. 北京：清华大学，2015.

[29] 深圳市交通运输局. 深圳市泥头车整治办关于2020年12月泥头车运输行业运营情况的通告[Z]. 2021.

[30] Liu J, Cui J, Li Y, et al. Synergistic air pollutants and GHG reduction effect of commercial vehicle electrification in Guangdong's public service sector[J]. Sustainability, 2021, 13(19).

[31] Song H Q, Qu X M, Yuan J H, et al. Energy consumption and greenhouse gas emissions of diesel/LNG heavy-duty vehicle fleets in China based on a bottom-up model analysis[J]. Energy, 2017, 140(pt.1): 966-978.

第17章
工程渣土利用与处置的生命周期评价

□ 功能单位和系统边界界定
□ 清单分析
□ 影响评价

我国持续稳定的经济社会发展和快速城镇化引发了大规模城市建设活动，造成了大量建筑废弃物的产生。随着城市建设持续大规模推进，特别是大规模、深层次、多功能的地下空间开发与利用，全国每年将产生20亿～30亿吨的工程渣土。工程渣土也称为余泥渣土或工程弃土，属于固体废物建筑材料的范畴，是指各类建筑物、构筑物、管网等地基开挖过程中产生的渣土及泥浆。根据部分城市《大中城市固体废物污染环境防治信息》发布内容，2020年，北京、上海、广州和深圳等城市建筑垃圾产生量分别达到1.47×10^8t、1.08×10^8t、1.85×10^8t和1.52×10^8t，特别是深圳市，"十四五"期间每年仍将产生近亿立方米的工程渣土。尽管深圳市"十三五"期间已规划建设新增8处受纳场，因地质灾害易发区、功能调整和邻避效应等，过半数已调整且建设进度严重滞后。异地土方平衡特别是委外（市外）协同处置实施困难且不可持续，因随着周边城市开发建设的不断推进，其消纳能力也会逐步下降，与此同时，随着生态环保要求的不断提升，特别是深圳市"无废城市"建设试点，以及《中华人民共和国固体废物污染环境防治法》对建筑垃圾管理新的要求，完善本地建筑废弃物如工程渣土的综合利用和处置，加强其环境管理是深圳市城市建设与可持续发展面临的重要课题。

目前，用于对各种环境影响进行评价的方法主要有生命周期评价（LCA）、环境影响评价（environmental impact assessment，EIA）、战略环境影响评价（strategic environment assessment，SEA）、环境风险评价（environmental risk assessment，ERA）、物质流分析（material flow analysis，MFA）等。生命周期评价方法是目前建筑废弃物处置管理环境负荷评价的主流评价方法。国际标准化组织（ISO）提出的生命周期评价框架主要包括四个阶段（见图17-1），四个阶段互相关联并重复进行。基于LCA方法，首先需要确定本案例的研究范围与边界，并通过详细清单分析识别与量化处置过程的输入与输出，最后借助环境影响背景数据开展环境影响评估与结果解释。需要注意的是，LCA主要对人类生产、生活活动可能造成的潜在环境影响进行衡量、评价，评价结果具有相对性。

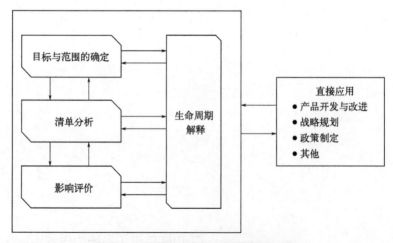

图17-1　ISO 14040生命周期评价框架

17.1 功能单位和系统边界界定

17.1.1 功能单位

以处置1t工程渣土为功能单位，在评价过程中涉及渣土量的单位换算时，换算系数参考《深圳市余泥渣土受纳场专项规划（2011—2020）》报告，统一取1.6t/m³。

17.1.2 系统边界

工程渣土的处置链条始于建设工地，串联中间运输过程，直至最终处置环节，因此，渣土全处置链条的效益评价范围一般包括了工程渣土产出后的运输阶段、预处理阶段以及末端处置阶段。工程渣土回填是指渣土在工程现场进行就地回填或将渣土交换至其他有回填需求的工程项目进行回用，属于简单、常规的再利用方式，而回填需求一般受到工程建设期的限制，消纳量小且不固定，处置量提升空间受限。泥砂分离工艺是目前工程渣土主要且高效的预处置工艺，该工艺生产线可在工程现场及固定式综合利用厂区设立运行，能够对工程渣土进行组分分离与脱水干化处理，同时满足深圳市对渣土排放含水率必须低于40%的硬性要求。免烧结与烧结处置能够以渣土及压滤泥饼为处置原料制备再生砖类建材，解决渣土主要组成部分的泥土去向问题，几乎实现渣土的完全消纳。尽管填埋处置不可持续且处置有限，但填埋场同时还具有转运、堆存工程渣土的城市应急功能，一段时间内仍将作为城市废物的辅助消纳方式。同时，渣土异地利用与处置将伴随必须的运输任务，运输过程兼具一定的环境、经济与社会属性，在相应处置方案中予以考虑。综上所述，本案例首先提倡工程渣土的就地、异地回用，但对于多余的、无法再消纳的工程渣土，所确定的最终处置方案有渣土填埋、渣土免烧结与渣土烧结利用，泥砂分离作为预处置过程与运输环节也包含在处置方案中。

工程渣土利用与处置的生命周期评价范围如图17-2所示，包括渣土自产出后的运输及处置过程，过程的关键环境影响主要来自物料与能源消耗以及工艺过程伴随的直接与间接排放，研究暂不考虑相关的营运人员生产生活及固定设施设备的投建、维护与运行等带来的环境影响。处置过程包括了预处置及末端处置过程，预处置过程（以泥砂分离为主）可以根据原料特征选择进行，而末端处置主要包括现行的填埋与免烧结处置方式，以及拓展的烧结处置三种途径。特别地，工程渣土进行综合利用后可获得再生建材，这些产品可以用来替代具有高消耗与高排放生产制备过程的原生建筑材料，被深圳市工程建设使用，从而产生环境正效益，同样纳入评价范围。结合企业调研情况，再生产品具体的替代效益方案为，砂石骨料作为再生砂、再生骨料替代天然开采与生产砂和骨料；免烧结砖替代传统灰砂砖；考虑到目前国家及墙材行业对普通黏土烧结砖的禁用与淘汰规定，渣土烧结砖则可用来替代普通混凝土墙材（砖）。

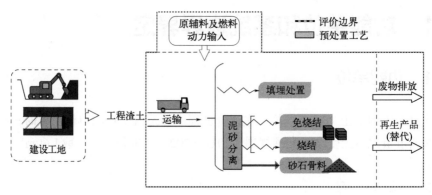

图17-2 工程渣土利用与处置的系统边界

17.2 清单分析

在目标与范围确定的基础上,建立具体的投入产出清单是开展LCA的核心一步,此步骤需要对过程的输入与输出流数据进行整合。对于各处置过程,应进一步明确其处置流程与单元过程的物料及能源投入与输出数据清单,处置过程中若废物(废料、废水等)循环利用将不造成环境影响。处置过程的清单构建主要基于现场调研与政府公布的环境评价报告,在形成数据清单表时采集了主要的投入产出数据。

(1) 泥砂分离处置

泥砂分离是目前渣土的主流预处置方式,是渣土实现脱水减量及组分分离减量的有效途径,工艺流程如图17-3所示。渣土经初步筛分获得粗骨料,细骨料需进一步清洗与脱水,土粒进入污水形成泥浆物后经压滤形成泥饼。

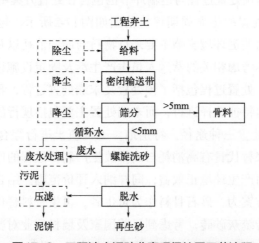

图17-3 工程渣土泥砂分离环保处置工艺流程

工程渣土泥砂分离处置过程的物料及排放清单数据来源于具有一定处置规模及运营年限的企业生产数据，具体如表17-1所列（以处置1t渣土的功能单位为准）。由表17-1可知，泥砂分离过程原辅物料投入一般包括原渣土、消泡剂、絮凝剂、生产用水等，燃料及能源使用主要为电力与柴油消耗，产出物为泥饼、砂石骨料，全过程循环用水，基本无外排废水。此外，泥砂分离通常为湿式作业，实际处置过程中注意除尘、降尘，粉尘产生率低。

表17-1 泥砂分离的投入产出清单数据

过程名称	数据类别	名称	数值	单位	来源
泥砂分离	投入	工程原渣土	1.00	t	建设工地
		絮凝剂	0.03	kg	外购
		消泡剂	0.06	kg	外购
		电力	3.71	kW·h	市政电网
		柴油	0.15	L	外购
		新水	0.04	t	市政用水
		回用水	0.90	t	市政用水
	产出	泥饼	0.36	t	外运
		砂	0.19	t	外售市场
		骨料	0.04	t	
		废水			循环使用，不外排

（2）免烧结处置

工程渣土及泥砂分离预处理获得的泥饼是免烧砖的制备原料，重要辅料还包括石粉、水泥以及其他添加剂等，经配料后进行搅拌混匀，并输送至成型机进行压制，最后经养护检验后获得成品砖，其工艺流程如图17-4所示。免烧砖重点在于其不利用热量制砖，而是通过"冷"工艺将原料黏结、成型。

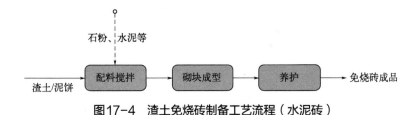

图17-4 渣土免烧砖制备工艺流程（水泥砖）

免烧结制砖投入产出清单数据来源于深圳新型建材企业的年平均运行数据，据了解，该企业生产的渣土免烧砖可用于建筑非承重墙、围墙以及装饰用途，有一定市场需求。从表17-2可以看出，原辅料中水泥与水的投入较大，并有少量外加剂，能源消耗以电力为主，同时伴随少量柴油消耗，最后生成环保砖成品，粉尘为过程主要排放废物。

表17-2 免烧结制砖的投入产出清单数据

过程名称	数据类别	名称	数值	单位	来源	备注
免烧结制砖	投入	工程渣土	1.00	t	建筑废弃物	
		水泥	93.75	kg	外购	聚丙烯改性造粒专用增硬剂
		专用造粒剂	5.00	kg	外购	
		水泥外加剂	6.25	kg	外购	石灰
		水	103.82	kg	市政供给	
		柴油	0.35	kg	外购	
		电	9.17	kW·h	市政供给	
	产出	环保免烧砖	1.19	t		
		粉尘	0.04	kg		

（3）烧结处置

工程渣土以外燃与内燃方式进行烧结的投入产出清单数据，见表17-3和表17-4。不同烧结工艺的企业的原辅料投入类型与用量存在差异，但产出均可概括为烧结再生建材与"三废"，包括废水、废气及固体废物，其中生产过程产生的废水与一般废弃物回用生产，环境影响可忽略，而生产过程废气排放符合现行行业排放控制要求。烧结工艺过程除工程渣土这一主要投入外，还可以对其他城市固体废物和工业固体废物如淤泥、污泥、炉渣等进行协同处置，外燃工艺协同处置废物量大，工程渣土掺量约20%，而内燃的渣土掺量达到约50%，烧结过程消耗的能源及燃料为电力与天然气，一些氢氧化钠、氢氧化钙等化学试剂用于废气处理。

表17-3 工程渣土烧结（外燃）制砖投入产出清单数据

过程名称	数据类型	名称	数值	单位	备注
烧结制砖	投入	工程渣土	1	t	工程建设弃土
		淤泥	0.51	t	当地河道淤泥
		页岩	0.51	t	—
		抛光砖泥渣	1.52	t	废料
		煤渣	0.52	t	工业废渣
		天然气	94.99	m³	燃烧供热
		水	0.24	t	市政用水
		电	250.43	kW·h	市政电网
	产出	建筑废物烧结砖建材	3.79	m³	—
		颗粒物（含粉尘、烟尘）	0.0166	kg	均达标排放
		SO_2	0.0373	kg	
		NO_x	0.1822	kg	
		生产废水 其他生产固体废物			回用生产，不外排

表17-4 工程渣土烧结（内燃）制砖投入产出清单数据

过程名称	数据类型	名称	数值 企业1	数值 企业2	单位	备注
烧结制砖	投入	工程渣土	1.00	1.00	t	建筑及道路基础产生垃圾
		炉渣	0.38	0.50	t	电厂、企业锅炉燃烧废弃料
		粉煤灰	0.19	0.30	t	
		污泥	0.14	0.20	t	城镇污水处理厂污泥
		氢氧化钠	1.36	1.60	kg	尾气处理
		氢氧化钙	1.09	2.56	kg	
		水	0.26	0.28	m³	市政供水
		电	29.12	36.00	kW·h	市政电网
	产出	烧结砖建材	1.00	1.17	m³	—
		颗粒物	6.02×10^{-3}	1.12×10^{-2}	kg	
		SO_2	1.01×10^{-1}	1.19×10^{-1}	kg	
		NO_x	1.13×10^{-1}	1.33×10^{-1}	kg	废气等达标排放
		氨	1.05×10^{-3}	1.40×10^{-3}	kg	
		硫化氢	7.28×10^{-5}	1.00×10^{-4}	kg	
		生产废水				回用生产，不外排
		其他生产固体废物				

（4）填埋处置

受纳填埋场所的废物填埋处置流程情况如下（图17-5），渣土填埋过程的主要消耗为填埋机械（推土机、碾压机等）的燃料使用（以柴油为主）伴随的环境影响排放，并伴随着粉尘排放。

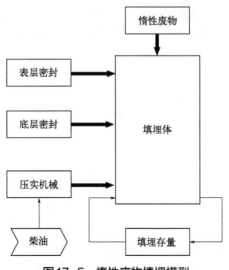

图17-5 惰性废物填埋模型

(5)运输

工程渣土运输过程为主要且关键环节，由于施工现场场地有限，在渣土处置端口输入前，往往需要将渣土运至另外处置地。深圳市工程渣土运输方式包括水运（船舶）和陆运（车辆），运输过程环境影响评价边界包括了工程渣土从产出地（施工现场）到接收地（处置系统）的中间运输过程中燃料使用产生的直接排放以及考虑燃料/能源使用造成的间接排放（来自燃料/能源的生产、分配等上游过程），不考虑运输交通工具本身造成的直接间接排放。工程渣土外运处置不包含在评估范围，因此仅针对渣土车在市内运输造成的环境排放进行评估。

此外，根据工程渣土陆路运输案例，总结了渣土车的一般行驶轨迹和装载模式，如图17-6所示（书后另见彩图）。当渣土车最开始接受并执行任务时，车辆以空载状态离开初始停车地点，接着抵达装渣点进行渣土装运，装满后运送至接收场所进行排放，此过程可能重复多次，直到运输任务结束。在运输行程中，渣土车还可能会就近寻找燃料/能源供应站及车辆修理站进行燃料补充、车辆维护等。可以看到，渣土车从装渣地点到渣土接收地点的运输距离与装载模式较为确定，本案例仅评价车辆满载渣土所产生的运输环境影响。

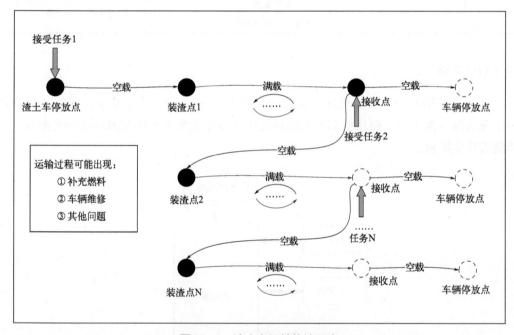

图17-6 渣土车运输轨迹示意

根据深圳市泥头车运输管理协会的调查数据，满载时的纯电动渣土车的电力消耗量约为139（±19）kW·h/100km，柴油渣土车单位里程耗油量约为5kg/km。市内陆运距离归纳为渣土车将渣土从深圳的建筑工地运到填埋场所与综合利用场所间的运输距离，相应的运输距离取值参考社会调研及文献数据，分别取20km与15km。

17.3 影响评价

17.3.1 评价模型

工程渣土处置过程环境排放计算模型应包括原辅料的投入、燃料能源的使用及废物排放伴随的环境影响,计算公式如式(17-1)所示:

$$E_D = \sum_i (M_i \times E_i) + \sum_j (F_j \times E_j) + \sum W \tag{17-1}$$

式中 E_D——工程渣土处置过程的环境排放;
M_i——过程中第i类材料的消耗量;
E_i——第i种能源/燃料的消耗量;
F_j——过程中第j类材料的消耗量;
E_j——第j种能源/燃料的环境排放系数;
W——过程中直接排放的废弃物。

以运输工具在满载状态行驶为基准评价单位,建立了运输阶段环境排放的专门估算模型,见式(17-2),最后将排放结果平均为运输单位吨渣土造成的排放。运输阶段环境影响评价仅针对原料-工程渣土或泥饼,辅料及其他材料运输不进行单独考虑。

$$E_T = D_t \times (E_t + FC_t \times E_F) \tag{17-2}$$

式中 E_T——渣土车每车次运输工程渣土产生的环境排放总量;
D_t——渣土从施工现场到处置场所的运输距离;
E_t——渣土运输工具行驶单位里程的直接排放系数;
FC_t——渣土运输工具单位里程的燃料/能源消耗;
E_F——渣土运输工具行驶单位里程的间接排放系数。

17.3.2 评价指标类型选取

本案例采取基于荷兰莱顿大学环境研究中心的CML法的中点(破坏)模型,环境影响评价终止于环境机制的中间环节,CML法的技术框架如图17-7所示。由图可知,人类活动伴随着不同影响物质的产生与排放,这些影响物质可归类到不同影响类型中,包括全球变暖影响、酸化影响等,并可通过特征化将各种影响物质采用统一的基准物质单位(当量因子)进行换算与合并,最终得到包括主要类型环境影响的结果值。

环境影响评估所选取的指标包括全球变暖潜势(global warming potential,GWP,以CO_2当量表示)、酸化潜势(acidification potential,AP,以SO_2当量表示)、富营养化潜势(eutrophication potential,EP,以磷酸当量表示)、初级能源消耗(primary energy demand,PED)及颗粒物(particulate matter,PM)。其中,全球变暖是温室气体排放增

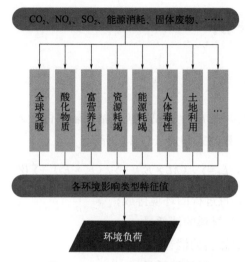

图17-7 CML法的技术框架

加的环境问题体现,正受到世界各国的广泛关注;酸化潜势、富营养化潜势与大气、土壤和水环境质量等有着紧密关联,能反映SO_2、NO_x及其他常规污染物造成的环境影响;初级能源消耗PED表示的是过程一次能源例如煤炭、石油、天然气等的耗竭情况;PM颗粒物作为与人类社会密切相关的重要(大气)环境监控指标,也包含在内。表17-5列出了造成相关环境影响的部分环境因素的特征化参数。

表17-5 部分环境影响类型特征化参数

环境影响类型	当量指标单位	CO_2	CO	CH_4	SO_2	NO_x	H_2S	NH_3	磷酸盐	粉尘	烟尘
GWP	kg CO_2-eq	1	2	25							
AP	kg SO_2-eq				1	0.7	1.88	1.88			
EP	kg PO_4^{3-}-eq								1		
颗粒物	kg									1	1

17.3.3 环境排放影响量化

工程渣土处置过程中的相应环境排放背景系数主要来源于GaBi生命周期评价商业数据库(GaBi 9.2.0.58版),优先选择中国(平均)数据,若部分数据条缺失则考虑使用工艺近似或成分近似的数据集进行替代。处置方案包括泥砂分离、填埋、免烧结与烧结处置,其中烧结还考虑了采取外燃与内燃不同供热方式的处置途径。环境评价单位以处置1t渣土为基准进行,对于不同处置途径的环境影响评价指标结果分析如下。需要说明的是,环境正效益为再生建材替代其他传统或普通建材产生的,各图表坐标轴负值表示正效益大小，负值越小，正效益越明显，净值则表示对处置方案的排放影响及替代效益进行综合考量后的最终环境影响评价值。

GWP指标评价结果见图17-8（书后另见彩图）。相比其他处置过程的GWP排放影响，运输过程及泥砂分离过程的排放影响微小，而渣土采用外燃方式烧结制砖的GWP影响是最高的，其次分别为免烧结处置、填埋处置，采用内燃方式烧结制砖的排放影响最小。对于不同再生制品产生的环境正效益，泥砂分离获得的再生砂及骨料的正效益较小，烧结处置制备的烧结砖替代效益高于免烧结砖建材带来的正效益，尤其是采取外燃方式进行烧结处置所带来的正效益最为明显。从各处置方案的GWP环境评价净值来看，填埋处置的环境影响最大，填埋1t渣土约产生51kg CO_2-eq排放影响，其次为泥砂分离过程，在扣除再生砂石骨料的正效益后仍会产生约2kg CO_2-eq排放，免烧结与烧结处置的GWP净值表现为负值，显示处置途径具有一定环境正效益，其中免烧结能够比填埋方式节省约132kg CO_2-eq排放，而烧结处置的减排量约是免烧结处置的2～6倍。

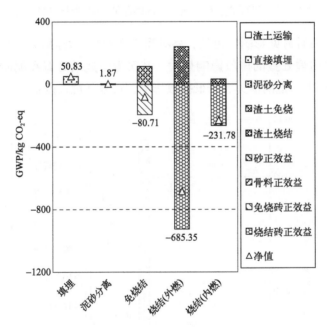

图17-8　工程渣土利用与处置环境评价-GWP指标评估结果

不同处置途径的AP指标评价结果如图17-9所示（书后另见彩图），就处置过程的环境排放而言，烧结（外燃）的AP值是最大的，泥砂分离与运输工程的排放影响依旧是较小的。与GWP评价结果不同，烧结（内燃）的AP值大于免烧结处置途径与填埋处置。根据各处置途径的AP环境评价净值结果，填埋处置仅存在排放，产生的环境影响最大，处置1t渣土产生约0.09kg SO_2-eq排放，其次为免烧结处置（约0.06kg），免烧结砖产生正效益无法完全抵消其处置过程带来的排放影响，泥砂分离会产生约0.01kg SO_2-eq排放，而烧结处置具有明显的减排效应，烧结（外燃）的减排量是烧结（内燃）的4倍以上，是免烧结处置排放净值的20倍以上。

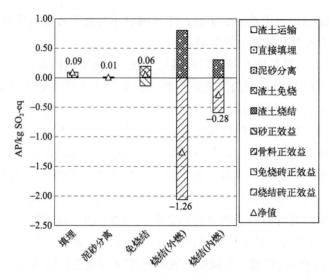

图17-9 工程渣土利用与处置环境评价-AP指标评估结果

由图17-10（书后另见彩图）可知，各处置途径的EP指标最终结果大小趋势基本与AP指标一致，以填埋处置的排放影响最大，其次为免烧结处置和泥砂分离处置，烧结处置过程表现出较大的抵消潜力，降低排放影响，带来环境正效益。

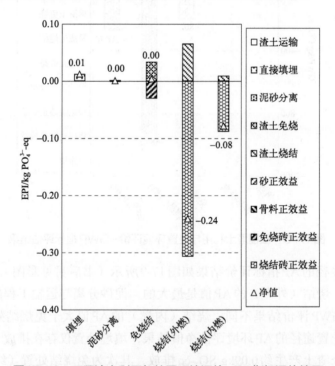

图17-10 工程渣土利用与处置环境评价-EP指标评估结果

根据PED指标结果（见图17-11，书后另见彩图），烧结（外燃）处置排放影响明显大于其他处置过程。综合不同处置方式的PED影响结果净值比较分析，渣土烧结（外燃）处置的PED指标值最大，原因是该处置方式对天然气资源以及电力的消耗大，其制备的再生建材带来的替代效益仍然无法抵消烧结过程的PED排放影响，最终带来环境影响；其次为填埋处置以及泥砂分离处置，免烧结处置方式具有一定环境效益，烧结（内燃）处置的效益最大，约为免烧结处置净值的9倍。

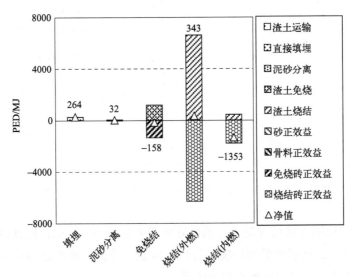

图17-11　工程渣土利用与处置环境评价-PED指标评估结果

就渣土不同利用与处置途径的PM指标评估结果（图17-12，书后另见彩图）而言，渣土采用免烧结处置与烧结（外燃）处置产生的环境影响均较大，填埋处置排放与以内燃方式烧结制砖的排放较小。对于其环境评价净值，泥砂分离处置的PM净值为负值，其处置获得的再生砂的颗粒物排放正效益大，能够完全抵消过程的PM排放影响。免烧结与烧结处置的PM值均表现为负值，具有不同程度的减排量，以烧结处置的PM排放节省最大。处置1t工程渣土，相比填埋方式，泥砂分离与免烧结处置具有0.03kg与0.07kg的颗粒物减排量，烧结（外燃）处置的减排量可以达到近1kg。

综上所述，本案例通过对工程渣土处置和利用进行生命周期评价，得出以下结论：

① 总体上，在各处置方案中，运输阶段产生的环境排放微量，造成的环境影响几乎可忽略。

② 作为预处置工艺的泥砂分离相对于其他最终处置过程而言，各项环境排放指标均最小，这是因为其工艺简单，资源能源耗费小。

③ 相对而言，免烧结处置的所有指标结果值均较大，因为免烧结设备设施主要依靠电力运行，加上使用了具有高排放的水泥材料，由此造成的间接排放大。

④ 烧结（外燃）处置工艺过程的天然气及电力消耗较大，其各项环境影响指标值均是最大的，以初级能源消耗造成的排放影响最为明显，而烧结（内燃）不依靠燃料燃烧供热，环境排放主要来自使用的尾气处理试剂与电力的间接排放，以及工艺直接排放，其处置排放比烧结（外燃）方式的排放小。

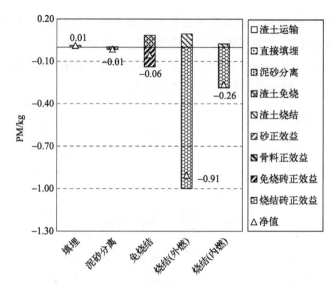

图17-12　工程渣土利用与处置环境评价-PM指标评估结果

⑤ 通过生命周期评价结果显示，填埋处置带来的是环境排放，而其他的综合利用处置方式获得的再生建材能够带来环境（替代）效益，降低与抵消过程排放，产生减排效应，尤其是烧结处置带来的正效益更为明显。

综上所述，将各处置方案按照环境效益大小排序，依次为烧结处置、免烧结处置与泥砂分离处置，填埋处置只会造成环境排放，不具有效益表现。

参考文献

[1] 林烽. 城市建筑泥浆渣土集中收纳、无害化处理及再生利用工作初探[J]. 海峡科学, 2018(5): 28-30.

[2] 朱考飞, 张云毅, 薛子斌, 等. 盾构渣土的环境问题与绿色处理[J]. 城市建筑, 2018(29): 108-110.

[3] 陈观连. 地铁盾构渣土合理化处置探讨[J]. 中外建筑, 2019(1): 206-207.

[4] 程思超, 李孝安, 冯一军, 等. 杭州市区渣土消纳规划策略研究[A]. 中国城市规划学会、重庆市人民政府. 活力城乡 美好人居——2019中国城市规划年会论文集（03城市工程规划）[C]. 中国城市规划学会、重庆市人民政府：中国城市规划学会, 2019: 10.

[5] 李思文, 王毅, 李师. 国外余泥渣土的处置方法及其借鉴作用[J]. 中国土地, 2020(12): 44-46.

[6] 深圳市交通运输局. 深圳市泥头车运输行业运营月报（2020年1月-12月）, http://www.sz.gov.cn/cn/xxgk/zfxxgj/tzgg/.

[7] Magnusson S, Lundberg K, Svedberg B, et al. Sustainable management of excavated soil and rock in urban areas – A literature review[J]. Journal of Cleaner Production, 2015, 93: 18-25.

[8] Zhang N, Zhang H, Schiller G, et al. Unraveling the global warming mitigation potential from recycling subway-related excavated soil and rock in China via life cycle assessment[J]. Integrated Environmental Assessment and Management, 2021, 17(3): 639-650.

[9] Haas M, Galler R, Scibile L, et al. Waste or valuable resource – A critical European review on re-using and

managing tunnel excavation material[J]. Resource Conservation and Recycling, 2020, 162: 105048.
[10] Hale S E, Roque A J, Okkenhaug G, et al. The reuse of excavated soils from construction and demolition projects limitations and possibilities[J]. Sustainability, 2021, 13(11): 6083.
[11] 黄桐，寇世聪，赵玉龙，等.日本余泥渣土管理经验与启示[J].环境卫生工程，2020, 28(5): 61-67.
[12] 江一舟.深圳地区基坑工程发展综述[J].工程技术研究，2019, 4(16): 210-211. DOI:10.19537/j.cnki.2096-2789.2019.16.100.
[13] 郭海轮.深圳地区房屋建筑基坑工程监管措施概述[J].工程质量，2021, 39(S1): 135-138.
[14] 杨明，田文，熊文林.钻孔泥浆配比及性能试验要点[J].建材世界，2012, 33(05): 13-17.
[15] 李振国，刘强，刘泽，等.土工管袋脱水技术在桩基废弃泥浆处理中的应用[J].建筑技术开发，2021, 48(11): 100-101.
[16] Chen R, Li L X, Yang K, et al. Quantitative methods for predicting underground construction waste considering reuse and recycling[J]. Environmental Science and Pollution Research, 2022, 29(3): 3394-3405.
[17] 曾利群，鄢雨南，陈信峰.深圳地区风化花岗岩渣土资源化利用试验研究[J].非金属矿，2020, 43(5): 80-83.
[18] 李静，闵浩.土壤中氟化物对人体健康风险评估研究[J].资源节约与环保，2020(5): 124-126.
[19] 韩伟，黄少辰，叶渊，等.基于风险防控的土壤氟污染特征及修复目标探讨[J].环境保护科学，2020, 46(6): 160-166.
[20] 王婧，冯春华，曾庆军，等.深圳红坳渣土受纳场污染及人体健康风险评价[J].环境科学与技术，2019, 42(7): 213-218.
[21] 林跃生，吴耀建，欧阳玉蓉，等.某填海工程生态评估及生态修复建议[J].能源与环境，2021(03): 91-93.
[22] 林跃生，孔昊，侯建平.填海造地导致的海洋生态系统服务损失研究——以某地填海工程为例[J].环境生态学，2021, 3(2): 23-26.
[23] 邹颖，彭盈.建筑废弃物管理的生命周期评价综述[J].建材与装饰，2018(12): 168.
[24] 陈博武，祁海军.建筑固体废弃物治理全生命周期环境影响评价[J].绿色环保建材，2017(2): 198.
[25] 杨浩然.基于生命周期评价的城市建筑垃圾管理模式研究[D].重庆：重庆大学，2009.
[26] 方珂.基于LCA的建筑垃圾管理模式研究[D].大连：大连理工大学，2016.
[27] Zhou A, Zhang W J, Wei H N, et al. A novel approach for recycling engineering sediment waste as sustainable supplementary cementitious materials[J]. Resource Conservation and Recycling, 2021, 167: 105435.
[28] 刘明辉.城市轨道交通工程环境影响评价[M].北京：中国建筑工业出版社，2018:12-22.
[29] 王地春.废旧粘土砖治理生命周期环境影响评价[D].北京：清华大学，2013.
[30] 田金枝.建筑垃圾生产再生骨料的综合效益分析[D].重庆：重庆大学，2019.
[31] 柏静，张宇，刘恒，等.深圳市工程渣土产生特性及其优化管理特征研究[J].环境卫生工程，2021, 29(2): 16-21.

第18章
风电场建设与运营的生命周期评价

- 功能单位和系统边界界定
- 清单分析
- 影响评价

近十年来，我国风电产业迅猛发展，截至2020年底，我国已建成并网的规模化风电场超4000个，累计装机容量达2.81×10^8kW，约占全国发电总装机的13%。然而，快速发展的风电产业不可避免地出现了资源环境问题。随着风电技术的规模化推广应用，风电场建设隐含的环境问题也逐渐显现。尽管风能是清洁的可再生能源，但清洁并不直接等于绿色，在其开发利用过程中，仍然会引起相应的生态环境影响，例如植被破坏、水土流失、光污染及噪声污染等问题[1,2]。风能是一种分散型资源，在风电场上游产业链即风机设备和关键部件生产制造、风电场基础设施建设与施工以及拆除废弃等各个环节，均会导致大量的资源与能源消耗，以及污染物或废弃物排放，随之产生与之相关的环境影响，如碳排放[3]。因此，有必要采用生命周期评价法对风电场建设全生命周期过程中的环境影响进行全面系统评价，进而科学评估其综合环境效益与减碳潜力，以期为风电场的合理规划与建设提供依据。

18.1　功能单位和系统边界界定

18.1.1　功能单位

本案例在参考国内外已有的相关领域研究成果的基础上，分别选取120MW陆上风电场、206.4MW海上风电场作为功能单位。

18.1.2　系统边界

为全面评估风电场整体环境影响及有效识别不同环节的碳排放源，根据"从摇篮到坟墓"的LCA理论，将风电场工程的生命周期划分为生产制造阶段、运输阶段、施工与安装阶段、运营阶段及拆除废弃阶段，系统边界见图18-1。

生产制造阶段主要考虑3个环节：玻璃纤维、环氧树脂等原材料生产加工与运输，风电机组构配件（包括风轮、机舱和塔架）的制造过程，以及风电场电气设备生产过程。运输阶段考虑的是风电场投入物资，如风电机组、电气设备、建筑材料等，从生产厂商到施工现场的运输过程。施工与安装阶段考虑的环节包括：混凝土、钢筋、砂石等建筑材料的生产过程；从人材机进场开始，安装、土建等工程施工的机械设备运作及施工现场的能源消耗。运营阶段考虑的是检修维护中设备、配件的更新替换以及检修过程的交通运输。拆除废弃阶段，包括风电场设备、设施拆除时施工机械的能源能耗，拆除后产生的废弃物从风电场到处置场地的运输过程，以及废弃物的处理与回收利用过程。

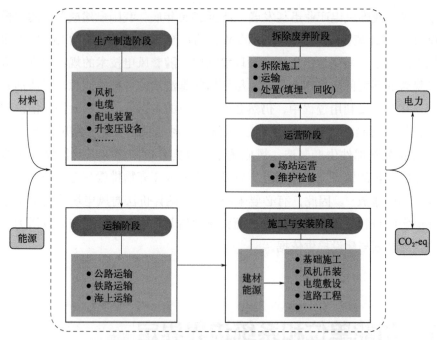

图18-1　风电场工程生命周期评价系统边界

18.2　清单分析

风电场生命周期碳排放计算模型中的前景数据主要来源于实地调研、专业访谈以及相关企业和政府工作报告，部分是从企业单位调研获取的一手数据，还有部分是假设数据或由理论模型估算得出。碳排放因子主要来源于GaBi数据库、CLCD数据库或《建筑碳排放计算标准》（GB/T 51366—2019）[4]。具体数据类型及数据来源见表18-1。

表18-1　风电场LCA主要数据类型及数据来源

生命周期阶段	数据类型	数据来源	时间/年
生产制造阶段	设备投入清单	调研数据；风电场环评报告；项目竣工验收报告	2017～2019
	风机参数	调研数据；风电场环评报告	
	风机材料消耗量	风机设备生产商调研数据	2019～2021
	风机能源消耗量	风机设备生产商调研数据	2019～2021
	电气设备材料消耗量	产品技术手册；相关文献	2019～2021
	电气设备能源消耗量	产品技术手册；相关文献	2019～2021
运输阶段	运输方式	实地调研	2017～2019
	运输距离	实地调研；假设数据	2017～2019

续表

生命周期阶段	数据类型	数据来源	时间/年
施工与安装阶段	工程量清单	调研数据；风电场环评报告；项目竣工验收报告	2017～2019
	建筑材料消耗量	调研数据；风电场环评报告；《陆上风电场工程概算定额》《海上风电场工程概算定额》	2019～2021
	施工机械台班	《陆上风电场工程概算定额》《海上风电场工程概算定额》	2017～2019
	单位台班能源消耗	《陆上风电场工程概算定额》《海上风电场工程概算定额》	
运营阶段	风电场设计寿命期	调研数据；风电场环评报告	
	检修耗材	调研数据；相关文献	
	器材更换	Xu等[6]	
	年均利用小时数	调研数据	
拆除废弃阶段	施工能源消耗量	《陆上风电场工程概算定额》《海上风电场工程概算定额》；假设数据	2017～2019
	回收利用率	《中国再生资源回收行业发展报告》	
	运输方式	实地调研；假设数据	
	运输距离	实地调研；假设数据	
其他	碳排放系数	GaBi（10.5版本）；CLCD数据库；《建筑碳排放计算标准》（GB/T 51366—2019）	2019～2021
	中国减排项目基准线因子	国家生态环境部	2006～2019
	广东省风电建设量	《中国电力年鉴》《中国电力统计年鉴》	2005～2020
	风力发电量	《中国电力年鉴》《中国电力统计年鉴》	2005～2020

18.2.1 生产制造阶段

生产制造阶段的碳排放包括风电场投入的主要设备的加工制作及其原材料获取、加工等过程产生的碳排放，即从原材料开采、加工、制造到形成最终产品整个过程中因资源、能源消耗及废弃物输出而产生的碳排放。

风机部件材料消耗量的前景数据主要由部件生产企业提供，此外，根据项目合作提供的设备清单选取重点对象进行材料消耗清单的收集，主要通过设备产品手册结合各设备质量及其核心材料构成进行测算，考虑的关键材料包括钢、铜、聚乙烯、聚丙烯、聚氯乙烯等材料。经过收集和处理，形成如表18-2所列的材料清单。

表18-2 风电场生命周期生产制造阶段材料清单

项目	陆上风电场			海上风电场		
	材料/能源	消耗量	单位	材料/能源	消耗量	单位
风机	钢	16185.62	t	钢	22039.04	t
	铁	466.22	t	铁	994.88	t
	铜	45.57	t	铜	249.6	t
	玻璃纤维	1467.09	t	玻璃纤维	2089.28	t
	环氧树脂	705.6	t	环氧树脂	1022.4	t
	固化剂	132.87	t	固化剂	201.92	t
	漆料	44.32	t	漆料	62.72	t
	石英砂	196.85	t	石英砂	419.84	t
	聚酯树脂	77.42	t	聚酯树脂	134.72	t
	稀土永磁体	19.2	t	稀土永磁体	33.02	t
	塑料膜	2.94	t	塑料膜	5.44	t
	色浆	1.47	t	色浆	2.56	t
	电力	1641.313	MW·h	电力	1717.404	MW·h
电气设备	钢	340.118	t	钢	1266.64	t
	铜	436.374	t	铜	613.04	t
	聚乙烯	88.686	t	聚乙烯	533	t
	聚氯乙烯	95.42	t	聚丙烯	95.42	t
	树脂	12.30	t	铅合金	291	t
	铝合金	27	t	铝合金	19.89	t
	电力	86	MW·h	电力	198	MW·h

资料来源：风机材料清单数据主要由风机整机生产商或相关部件生产商提供，个别材料数据如稀土永磁体根据Angela等[5]研究中的相关强度数据估算；电气设备数据主要通过产品技术手册获取。

18.2.2 运输阶段

物资运输是工程建设的必经环节，也是风电场生命周期碳排放的一个重要来源。运输阶段的碳排放是指将风电场设备和建筑材料从产地运送到施工现场运输工具产生的直接排放及其所消耗能源生产的碳排放。假设物资从产地到风电场的过程为满载运输，对于返程时运输工具的能源消耗与环境排放不做考虑。

对于运输工具和运输距离的确定，首先采用项目单位提供的数据或环评报告的公开数据，缺失的数据则依据工程情况和文献研究进行确定。根据物资的采购地点以采购地所在市到施工现场的平均距离进行计算，风电场物资运输方式及运输距离见表18-3。运输工具的单位运输碳排放系数=运输工具直接排放系数+单位运输量燃料消耗量×燃料生产碳排放因子，具体数据信息如表18-4所列。

表18-3 风电场物资运输方式与运输距离

风电场	设备/项目	运输方式	运输距离/km
陆上风电场	风机	公路运输	400
	电气设备	公路设备	400
	施工建材	公路运输	150
海上风电场	风机	水路运输	300
	风机基础钢结构	公路运输	360
		水路运输	2460
	电气设备	公路运输	50
		水路运输	500
	海上升压站钢结构	公路运输	50
		水路运输	500
	施工建材[①]	公路运输	150
		水路运输	16

① 不包括风机基础钢结构与海上升压站钢结构。
注：为便于计算，本章包括水路运输在内的所有运输距离单位均用km表示。

表18-4 运输工具单位运输碳排放

运输工具	运输方式	燃料类型	单位运输碳排放/[kg CO_2-eq/(t·km)]
重型柴油货车运输（40t）	公路运输	柴油	0.057
重型卡车（32t）	公路运输	柴油	0.068
重型柴油货车运输（18t）	公路运输	柴油	0.13
重型柴油货车运输（10t）	公路运输	柴油	0.16
5000t级运输船	水路运输	重油	0.0038
干散货船运输（2500t）	水路运输	重油	0.015

数据来源：GaBi（10.5版本）；CLCD数据库；《建筑碳排放计算标准》（GB/T 51366—2019）。

18.2.3 施工与安装阶段

施工与安装阶段即风电场配套基础设施建设施工与设备安装的阶段，其碳排放主要是建筑材料和工程现场能源所带来的排放，包括建筑材料的开采、加工生产等过程因资源能源消耗产生的碳排放，风电场建造期间因施工机械运行过程能源消耗产生的碳排放（包括能源使用环节的直接排放及上游生产环节的间接排放），以及施工现场其他活动能源消耗等产生的排放。

风电场建设主要包括设备安装工程施工和基础设施工程施工，根据风电场的工程量清单和相关统计数据，分析计算后得到施工建设阶段的材料消耗清单（表18-5）。施工与安装阶段电力排放因子使用的是基于能源平衡表计算得到的广东省电网排放系数。根据施工方案、工程量清单及风电场工程综合定额,计算各施工机械台班,再结合施工机械台班费定额与现场记录估算施工与安装阶段能源消耗(表18-6)。

表18-5 风电场施工与安装维护阶段材料清单

风电场	材料	消耗量/t
陆上风电场	C15混凝土	6113
	C20混凝土	12
	C30混凝土	8387
	C35混凝土	61880
	钢筋	3097
	钢	294
	灰砂砖	3451
	标准砖	843
	水泥砂浆	636
	细砂	34403
	碎石	123752
海上风电场	钢	47433
	铝合金	416
	粗砂	27955
	土工布	35
	环氧涂料	18
	C30混凝土	2472
	钢筋	101
	标准砖	507
	灰砂砖	386
	水泥砂浆	352
	碎石	1397

数据来源:通过环评报告、竣工验收报告提供的工程量清单计算。

表18-6 风电场施工与安装阶段能源消耗量

风电场	能源	单位	消耗量
陆上风电场	汽油	t	2
	柴油	t	8352
	电力	kW·h	61805
海上风电场	汽油	t	14
	柴油	t	827
	电力	kW·h	909350

数据来源:通过环评报告、竣工验收报告提供的工程量清单以及风电场工程相关定额计算。

18.2.4 运营阶段

此阶段的碳排放主要来源于风电场运行期间资源能源消耗和构配件检修更换产生的碳排放，在风电场运营阶段主要考虑因运营维护而导致的资源能源消耗（包括生产环节和运输环节）产生的碳排放。

风电场运行方式是设备自动化控制无人值班方式，仅在巡视和检修时有人员进站，检修维护主要是更换风机部件的润滑油和液压油，由于计划外的大修随机性较大，难以预测，故本章不做考虑。风电场运营阶段各资源能源具体消耗量见表18-7。

表18-7 风电场运营维护阶段材料清单

风电场	设备/项目	材料/能源	消耗量/t
陆上风电场	检修耗材	润滑油	117
		液压油	235
		汽油	89
		柴油	22
	器件更换	玻璃纤维	467
		环氧树脂	222
		固化剂	37
		漆料	15
海上风电场	检修耗材	润滑油	98.4
		液压油	80
		燃料油	928
	器件更换	玻璃纤维	658
		环氧树脂	313.2
		固化剂	52
		漆料	21

18.2.5 拆除废弃阶段

风电场的拆除废弃阶段是指风机寿命终止停止使用后对风电场内各设备、设施进行拆除并处置的过程。该阶段的碳排放主要包括风电场拆除施工过程中机械设备能源消耗产生的碳排放、废弃物从风电场到处置地运输产生的碳排放及废弃物填埋、回收利用等处置过程产生的碳排放。设施拆除过程施工机械能源消耗参考施工与安装阶段见表18-8，结合调研结果、Xu等[6]的研究和商务部发布的《中国再生资源回收行业发展报告》[7]中的数据对金属材料的回收利用进行假设，废弃物处置情况见表18-9。

表18-8　风电场拆除废弃阶段能源消耗量

风电场	能源	单位	消耗量
陆上风电场	汽油	t	6.92
	柴油	t	413.46
	电力	kW·h	454675
海上风电场	汽油	t	1.19
	柴油	t	6013.31
	电力	kW·h	44500

表18-9　风电场废弃物处置方式　　　　　　　　　　单位：%

材料	回收利用		填埋
	回收率	替代利用率	填埋率
钢	85	20	15
铸铁	85	20	15
铝	75	20	25
铜	90	25	10
其他材料	0		100

18.3　影响评价

基于风电场生命周期清单及各阶段碳排放测算模型，对陆上风电场和海上风电场全生命周期内各阶段的碳排放进行测算，最终得到陆、海风电场生命周期碳排放总量分别为105407 t CO_2-eq、322714 t CO_2-eq。

风电场生命周期碳排放构成如图18-2所示。对陆上风电场而言，其生命周期中碳排放来源最大的阶段是生产制造阶段，该环节的碳排放约为75354 t CO_2-eq，占生命周期碳排放总量的71.5%；其次是施工与安装阶段，其碳排放约为23106 t CO_2-eq，占生命周期碳排放总量的21.9%；相比之下，运输阶段、运营阶段和拆除废弃阶段的碳排放量要低于其他环节，其碳排放量分别占生命周期碳排放总量的2.9%、2.7%和1%。对于海上风场而言，施工与安装阶段是其生命周期碳排放的最主要阶段，该环节碳排放量约为198534 t CO_2-eq，占海上风电场生命周期碳排放总量的61.5%；其次是生产制造阶段，该环节的碳排放量为106935 t CO_2-eq，约占生命周期碳排放总量的33.1%；拆除废弃阶段的碳排放量为11580 t CO_2-eq，占比3.6%；而运输阶段与运营阶段的碳排放量明显低于前三个环节，其占比分别为0.6%、1.2%。

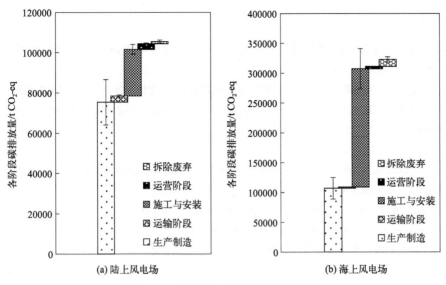

图18-2 风电场工程生命周期碳排放

以上可看出,无论是海上风电场还是陆上风电场,其生命周期碳排放主要来源于生产制造阶段和施工与安装阶段,而拆除废弃阶段的废弃物回收利用在一定程度上减少了风电场碳排放总量,其余阶段的碳排放量相对较小。同时,风力发电过程的碳排放环境负荷转移到了风电场开发建设的上游过程,其运营阶段的碳排放在生命周期中占比较小。

综上所述,本案例通过实地调研收集一手数据,运用生命周期评价方法评估风电场建设全生命周期资源、能源消耗与碳排放,基于上述研究工作,得出以下主要结论:

① 结果表明,120 MW陆上风电场、206.4 MW海上风电场生命周期碳排放总量分别约为 $10.54 \times 10^4 tCO_2$-eq、$32.27 \times 10^4 tCO_2$-eq,基于20年和25年的运营周期,风电场的碳排放强度分别为20(± 2.4)$g\,CO_2$-eq/(kW·h)、22.4(± 2.7)$g\,CO_2$-eq/(kW·h)。

② 从生命周期碳排放构成看,风电场的碳排放主要集中在上游,以生产制造阶段和施工与安装阶段为主。生产制造阶段是陆上风电场生命周期碳排放最高的阶段,其次是施工与安装阶段。海上风电场碳排放来源最大的阶段是施工与安装阶段,其次是生产制造阶段。

③ 生产制造阶段的碳排放主要来源于风机与电缆制造生产,其中由风机生产造成的碳排放占生产制造阶段的90%左右。施工与安装阶段75%左右的碳排放是发电场工程材料消耗造成的,约15%的碳排放由风电场施工能源消耗引起,升压站工程材料消耗的碳排放约占施工与安装阶段的5.5%。从材料消耗碳排放的角度分析,陆上风电场施工与安装阶段材料碳排放主要来源于混凝土和钢材,海上风电场施工与安装阶段材料碳排放主要来源于钢材消耗。陆上风电场拆除废弃阶段的碳排放主要来源于废弃物的填埋,海上风电场拆除废弃阶段碳排放主要由风电场设备、设施拆除施工造成;废金属的回收利用分别一定程度上减轻了风电场全生命周期的环境影响。

④ 风电场建设生命周期内会造成一定的碳排放,但相比生物质与传统的火力发电项目同样存在一定的碳减排优势,是我国优化电力结构的重要途径。

参考文献

[1] 朱蓉，石文辉，王阳，等. 我国风电开发利用的生态和气候环境效应研究建议[J]. 中国工程科学，2018, 20(3): 39-43.

[2] 李国庆，李晓兵. 风电场对环境的影响研究进展[J]. 地理科学进展，2016, 35(8): 1017-1026.

[3] An J, Zou Z, Chen G, et al. An IoT-based life cycle assessment platform of wind turbines[J]. Sensors (Basel, Switzerland), 2021, 21(4): 1233.

[4] GB/T 51366—2019，建筑碳排放计算标准[S].

[5] Farina A, Anctil A. Material consumption and environmental impact of wind turbines in the USA and globally[J]. Resources, Conservation and Recycling, 2022, 176: 105938.

[6] Xu L, Pang M, Zhang L, et al. Life cycle assessment of onshore wind power systems in China[J]. Resources, Conservation and Recycling, 2018, 132: 361-368.

[7] 中国再生资源回收行业发展报告2020[R]. 商务部流通业发展司，2020.

第19章
以深圳市为例的城市公共交通系统生命周期评价

□ 功能单位和系统边界界定
□ 清单分析
□ 影响评价

城市碳排放主要有工业、建筑和交通三个部门。交通是迄今为止全球碳排放第二大行业，根据国际能源署估算数据显示，2014年交通部门能源消耗产生的碳排放约占全球碳排放量的23%[1]。城市公共交通系统是全球碳排放的主要贡献者之一，其产生的碳排放量占城市交通碳排放量的24%[2]。深圳市是中国快速发展的城市之一，随着城市化率的提高，机动化水平的提升，深圳市交通需求的规模在不断扩大。近些年来，尽管深圳市相关部门出台了一系列的交通节能减排技术措施与政策方案，交通运输也将朝着高效、舒适和快捷的方向发展，但是，随着深圳市社会经济的不断增长及人民生活水平的提升，交通运输客运量以及各类车辆与设施依旧快速增长，能源需求也会加速增长。

因此，本案例开展了系统地量化特别是预估全市公共交通系统碳排放量的研究，并全面解析其产生源，揭示其随着公共交通运输结构调整和运力变化造成的发展趋势与变化规律，结果对于城市交通系统的绿色发展及城市环境质量改善具有重要的意义。

19.1 功能单位和系统边界界定

19.1.1 功能单位

本章节功能单位为深圳市城市公共交通系统。

19.1.2 系统边界

（1）研究对象范围界定

本案例涉及城市公共交通系统，主要包含城市公交（市内公交）系统和地铁系统两大方面。城市公共交通系统LCA模型的系统边界如图19-1所示。

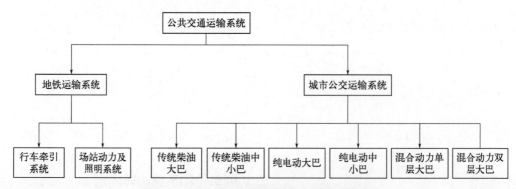

图19-1　城市公共交通系统生命周期系统边界

（2）城市公共交通系统生命周期阶段界定

城市公共交通系统的生命周期边界只涉及其运营阶段，主要原因是城市公共交通系统运营阶段产生的温室气体排放，占其整个生命周期排放量的绝大部分（由二氧化碳测量）。故本章节主要针对公共交通系统的主要碳排放源及其运行阶段进行研究。

（3）温室气体核算范围界定

公共交通运行的生命周期中，车辆行车消耗大量能源，排放大量的尾气，严重污染了环境。由于此次研究条件的限制，本案例的环境影响只包括温室气体排放，并以碳排放的形式表示，CO_2当量计算。

（4）能源系统边界

本案例考察的公共交通系统的能源边界，只包括二次能源（柴油、电力等）。此外，地铁牵引总能耗包含纯牵引能耗和车上辅助设备能耗（例如车载设备能耗、对客室的广播系统能耗、车载乘客信息系统能耗等）。地铁车站的动力和照明系统不包括商业运营性质的能耗等。

19.2　清单分析

清单分析阶段，数据来源与质量水平十分重要，本研究所需要的基础数据类型包含以下3种。

（1）城市公共交通系统运营过程中的能耗清单数据

这类清单数据包括地铁和公交系统在运行过程中消耗的电力、柴油等能耗数据。其中，不同类型巴士的百千米能耗数据来源于实地调研及"深圳市交通运输委员会"官网（见表19-1）。地铁各条线路历年的电力消耗数据（包含动力及照明系统和行车牵引系统），可从"深圳市地铁运营公司"官方网站中获得（见表19-2）。

表19-1　不同类型巴士百千米能耗

年份	能源经济					
	传统大巴（柴油）/（L/100km）	传统中小巴（柴油）/（L/100km）	纯电动大巴（电力）/[（kW·h）/100km]	纯电动中小巴（电力）/[（kW·h）/100km]	单层混合大巴（柴油）/（L/100km）	双层混合大巴（柴油）/（L/100km）
2005	34.6	24.3	—	—	—	—
2006	34.6	24.3	—	—	—	—

续表

年份	能源经济					
	传统大巴（柴油）/（L/100km）	传统中小巴（柴油）/（L/100km）	纯电动大巴（电力）/[(kW·h)/100km]	纯电动中小巴（电力）/[(kW·h)/100km]	单层混合大巴（柴油）/（L/100km）	双层混合大巴（柴油）/（L/100km）
2007	34.6	24.3	—	—	—	—
2008	34.6	24.3	—	—	—	—
2009	34.6	24.3	—	—	36.5	—
2010	34.6	24.3	—	—	36.5	—
2011	34.6	24.3	139.9	91.7	36.5	50.5
2012	34.6	24.3	139.9	91.7	36.5	50.5
2013	37.3	26.2	132.7	86.9	36.2	50.1
2014	39.9	28.1	125.5	82.2	35.8	49.6
2015	39.9	28.1	117.4	76.9	37.2	51.5

注：混合动力巴士（单层混合大巴、双层混合大巴）的能源消耗主要是柴油，单车耗电量是平均每个月0.02 kW·h。

表19-2 地铁系统各线路行车牵引与场站动力及照明系统耗电量　　　单位：10^8kW·h

年份	包含的线路	场站动力及照明耗电量	行车牵引耗电量	总耗电量
2005	L1, L4	0.63	0.29	0.92
2006	L1, L4	0.51	0.42	0.92
2007	L1, L4	0.53	0.43	0.96
2008	L1, L4	0.55	0.44	0.99
2009	L1, L4	0.58	0.45	1.03
2010	L1, L4	0.66	0.55	1.21
2011	L1, L2, L3, L4, L5	2.42	2.11	4.53
2012	L1, L2, L3, L4, L5	3.09	3.57	6.66
2013	L1, L2, L3, L4, L5	3.07	3.67	6.75
2014	L1, L2, L3, L4, L5	3.01	3.69	6.69
2015	L1, L2, L3, L4, L5	3.00	4.05	7.05

（2）能源碳排放因子清单数据

这类清单数据包括地铁和公交系统运营过程中，消耗能源的碳排放因子数据（车辆能耗类型：电力、柴油）。其中，电力的碳排放因子来源于"中国清洁发展机制网"[3]（见表19-3）；柴油的碳排放因子采用IPCC 2006报告中的2.73kg CO_2-eq/L[4]。

（3）深圳市公共交通系统年度行驶距离清单数据

深圳市地铁各条线路的开通时间，线路里程及场站数据，分别来源于"深圳市地铁运营公司"官网和"深圳市交通运输委员会"官网，如表19-4所列。

表19-3 电力的历年碳排放因子

年份	碳排放因子	单位	区域	数据来源
2005	0.985			
2006	0.985			
2007	1.012			
2008	1.063	$kgCO_2$-eq/(kW·h)	中国南方电网	中国清洁发展机制官网
2009	0.999			
2010	0.976			
2011	0.949			
2012	0.934			
2013	0.922			
2014	0.918			
2015	0.896			

表19-4 地铁各条线路的开通时间、线路里程及场站数（2005～2015年）

线路	区间	开通时间	线路里程/km	场站数/个
1号线	罗湖—世界之窗	2004.12.28	17.39	15
1号线	世界之窗—深圳大学	2009.09.28	3.39	3
1号线	深圳大学—机场东	2011.06.15	19.94	12
2号线	赤湾—世界之窗	2010.12.28	13.76	11
2号线	世界之窗—新秀	2011.06.28	20.65	18
3号线	益田—双龙	2011.06.28	41.80	30
4号线	福田口岸—少年宫	2004.12.28	4.48	5
4号线	少年宫—清湖	2011.06.16	15.80	10
5号线	前海湾—黄贝岭	2011.06.28	40.00	27
总计			177.21	125

数据来源："深圳地铁运营公司"官网（2017）；"深圳市交通运输委员会"官网。

深圳市公交系统的单车日均营运里程（表19-5）及年度车辆保有量（表19-6）数据，可从深圳市统计年鉴[5]、深圳交通邮政统计年报[6]及"深圳市交通运输委员会"官网中获取。

表19-5 不同类型公交单车日均营运里程　　　　　　　　　　单位：km

年份	传统大巴	传统中小巴	纯电动大巴	纯电动中小巴	单层混合大巴	双层混合大巴
2005	228.8	228.8	—	—	—	—
2006			—	—	—	—
2007			—	—	—	—
2008			—	—	—	—
2009					185	

续表

年份	传统大巴	传统中小巴	纯电动大巴	纯电动中小巴	单层混合大巴	双层混合大巴
2010			—	—	185	—
2011			124	124	185	185
2012			124	124	185	185
2013			142.6	142.6	192.2	192.2
2014			161.1	161.1	199.3	199.3
2015			173.7	173.7	189.1	189.1

表19-6 每年各种类型公交车保有量　　　　单位：辆

年份	传统大巴	传统中小巴	纯电动大巴	纯电动中小巴	单层混合大巴	双层混合大巴	总计
2005	6091	2312	—	—	—	—	8403
2006	7305	2773	—	—	—	—	10078
2007	8188	3108	—	—	—	—	11296
2008	8396	2670	—	—	—	—	11066
2009	8245	3282	—	—	401	—	11928
2010	8158	3427	—	—	871	—	12456
2011	9123	4204	253	24	1741	20	15365
2012	8530	3978	253	24	1741	20	14546
2013	8331	3998	503	24	1741	20	14617
2014	7913	4123	1253	24	1741	20	15074
2015	4346	4136	4853	24	1741	20	15120

19.3 影响评价

2005～2015年深圳市公共交通系统总体碳排放曲线见图19-2（书后另见彩图），2005～2015年深圳市公共交通系统的碳排量迅速增长，从2005年的0.70Mt CO_2-eq（最大值0.78Mt CO_2-eq，最小值0.63Mt CO_2-eq），增长至2015年的1.74Mt CO_2-eq（最大值1.87Mt CO_2-eq，最小值1.60Mt CO_2-eq），相当于2014年蒙古等其他国家整个交通运输部门的碳排放量[1]。

此外，图19-2表明，深圳市公共交通系统碳排放量的年均增长率为10.4%。2010年以来碳排放量急剧上升，主要是由于公共交通系统的客运量和车辆保有量的快速增长

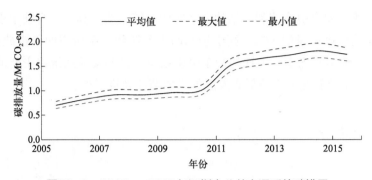

图19-2 2005～2015年深圳市公共交通系统碳排量

（详见表19-7）。此外，从2009年开始，大量投入使用新能源公交，此措施减缓了碳排放的增长速度。

表19-7 深圳市地铁线路里程、公交车保有量及各自客运量（2005～2015年）

年份	地铁客运量/百万人次	地铁线路里程/km	公交车保有量/辆	公交客运量/百万人次
2005	58	22	8403	1255
2006	90	23	10078	1418
2007	118	24	11296	1543
2008	136	25	11066	1663
2009	138	25	11928	1820
2010	163	39	12456	1942
2011	460	177	15365	2237
2012	781	177	14546	2283
2013	917	177	14617	2202
2014	1037	177	15074	2257
2015	1122	177	15120	2070

数据来源：深圳市交通运输委员会运输生产统计月报（2005～2011）[7]；深圳市交通运输委员会交通运行主要情况及分析（2012～2015）[8]；2016年深圳市统计局[5]。

2015年，深圳市公交运输和地铁运输分别占城市公共交通运输碳排放总量的64%和36%，由此说明公交运输是城市公共交通运输碳排放量的主要来源。传统柴油巴士（0.66Mt CO_2-eq）的情况尤其如此，其产生的碳排放量超过纯电动巴士和混合动力巴士的总排放量（0.45Mt CO_2-eq）。其中，传统柴油大巴、传统柴油中小巴、纯电动大巴、纯电动中小巴、混合动力单层大巴、混合动力双层大巴的碳排放比例分别为35.7%、23.9%、29.1%、0.1%、11%、0.2%。

此外，桑基图19-3（书后另见彩图）的结果表明，地铁运输系统由不同地铁线路

（1～5号线）的行驶牵引系统和场站动力及照明系统组成。其中，行驶牵引系统碳排放量占到地铁运输碳排放量的57%，高于场站动力及照明系统所占的碳排放比例。因此，传统柴油巴士、纯电动巴士、地铁的行车牵引系统是公共交通系统中主要的碳排放贡献者，同时也是城市公共交通系统低碳发展的重要节能减排对象。

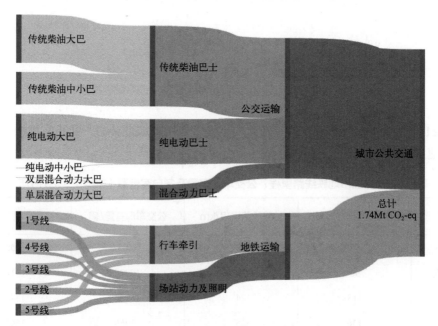

图19-3　2015年公共交通系统在运营阶段的碳流向

综上所述：

尽管许多特大城市大力发展低碳公共交通，但在资源和环境方面依然面临诸多挑战。深圳市由于在此领域不断进行改革，有可能成为城市公共交通低碳转型的示范案例。本章旨在评估城市公共交通运输节能减排的潜力及效果，为城市公共交通低碳转型提供理论参考，得出以下主要结论。

① LCA分析结果表明，2005～2015年公共交通系统的碳排放量保持较快增长，从2005年的0.70Mt CO_2-eq增长至2015年的1.74Mt CO_2-eq，年均增长率为10.4%。

② 从公共交通系统碳流向的分析来看，公交系统是公共交通系统碳排放的主要贡献者。其中，传统柴油大巴、传统柴油中小巴、纯电动大巴、纯电动中小巴、混合动力单层大巴、混合动力双层大巴的碳排放比例分别为35.7%、23.9%、29.1%、0.1%、11%、0.2%。地铁行驶牵引系统碳排放量占地铁运输系统碳排放总量的57%，高于场站动力及照明系统所占的碳排放比例。因此，传统柴油巴士、纯电动巴士、地铁的行车牵引系统是公共交通系统碳排放的主要来源。

③ 为了实现城市公共交通低碳化转型，特大城市应该继续大力发展新能源公交，提高其能源效率（特别是纯电动大巴），其中包括提高车辆电池及其他技术，完善配套服务设施和建立相关标准和规范等措施，来进一步深化城市公共交通的低碳转型，以达到

国家的节能减排目标。此外，应该深入推广清洁能源进行发电，改善电力能源结构，以降低电力的碳排放因子。最后，特大城市应优先发展地铁，加强地铁的低碳建设，采用绿色技术和产品。

参考文献

[1] International Energy Agency (IEA). CO_2 emissions from fuel combustion highlights [R]. 2016.

[2] Duan H, Hu M, Zuo J, et al. Assessing the carbon footprint of the transport sector in mega cities via streamlined life cycle assessment: A case study of Shenzhen, South China[J]. The International Journal of Life Cycle Assessment, 2017, 22(5): 683-693.

[3] Clean Development Mechanism in China (CMD). China regional grid baseline emission factor (2007～2014) [R], 2016.

[4] IPCC I. IPCC Fourth Assessment Report: Climate Change 2007[J]. 2007, 1340-1356.

[5] 深圳市统计局. 深圳统计年鉴2017[M]. 北京：中国统计出版社，2017.

[6] 深圳市交通运输委员会，深圳市港务管理局. 深圳交通邮政统计年报[R].《深圳交通邮政统计年报》编委会编辑部，2017.

[7] 中华人民共和国交通运输部. 2016中国交通运输统计年鉴[M]. 北京：人民交通出版社，2017.

[8] Frischknecht R, Jungbluth N, Althaus H J, et al. The ecoinvent database: Overview and methodological framework. [J]. International Journal of Life Cycle Assessment, 2004, 10(1): 39.

第20章
公路路面工程生命周期评价

□ 功能单位和系统边界界定
□ 清单分析
□ 影响评价

与铁路、航空、水路等运输方式相比，公路仍是我国最方便和最广泛的运输方式，是经济社会发展的核心要素，但据统计，公路基础设施建设的碳排放占到交通运输排放量的5%～25%[1]，交通运输部门的排放大部分是由车辆行驶带来的直接排放，而忽略了公路建设过程中由于消耗资源能源带来的间接排放。公路作为城市交通基础设施的重要组成部分，全生命周期会消耗大量高能耗材料和矿物集料，由此带来了大量碳排放。

目前面向碳排放环境影响的相关研究或管理策略主要侧重于公路设施的运营阶段，针对其路面材料、施工、养护维修、拆除等生命周期各阶段的综合碳排放相关研究仍较少。作为国家战略，粤港澳大湾区（以下简称大湾区）正在建设成为世界级的湾区经济带，其发展规划提出将会加大基础设施建设的需求，并会建成全国乃至全球密度最高的公路网之一，大规模的公路建设活动势必会带来资源能源的持续大量消耗，因此亟须对其建设过程中的碳排放进行系统分析，包括对资源能源强度和使用效率进行综合评价。

20.1 功能单位和系统边界界定

20.1.1 功能单位

路面工程生命周期分析中，功能单位应在保证整体性的同时突出所分析路面的特点，因此选取1km路面为功能单位，同时对应五种等级公路，每种等级公路包含两种路面结构，故产生十种组合。如图20-1所示。

图20-1 功能单位

20.1.2 系统边界

城市区域研究范围包括大湾区广东省九市（珠海市、深圳市、佛山市、中山市、东莞市、肇庆市、江门市、广州市、惠州市）。大湾区中的香港特别行政区、澳门特别行政区统计年鉴中仅对公共道路进行统计，并且其公路设计规范、养护规范与广东省九市存在一定差别，难以统一量化，并且大部分工程数据未对外开放，难以采用实际调研的方式获得，故本章城市区域研究范围不包括香港特别行政区、澳门特别行政区。生命周期包括材料物化、施工、使用、养护维修、拆除等阶段，如图20-2所示。

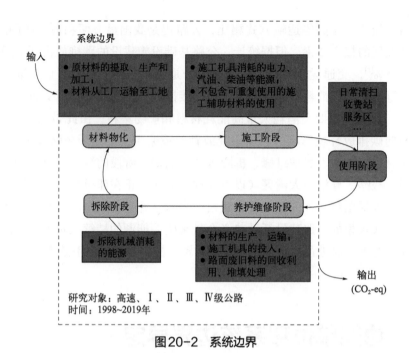

图20-2 系统边界

20.2 清单分析

LCA分析过程中,清单数据的准确性对计算结果影响较大,需对其进行详细界定。由于研究范围为广东省九个城市,难以收集所有城市1998～2019年在公路路面工程投入的物料,故引入精简型LCA的思想[2]。首先收集一条公路的路面工程数据,涵盖其所有生命周期阶段,进行生命周期清单分析及结果计算,得出带来碳排放量以及最大的阶段,分析其原因。后续收集数据时,影响程度较大的因素则确定为数据收集的重点,扩大其数据收集的范围与深度,尽量将每个城市该因素数据都收集到,尽可能保证结果的可靠性。由于数据收集过程中的初步计算结果表明,材料的使用是公路路面工程碳排放的主要因素,故将材料物化作为清单分析的重要阶段。城市路面生命周期各阶段的主要参数及数据来源如表20-1所列。

表20-1 主要参数及数据来源

生命周期阶段	参数	时间范围/年	数据来源	说明
材料物化阶段	典型路面结构	—	实地调研;公路项目建设用地指数;《公路工程技术标准》;广东省交通厅报告	选取广东省沥青路面以及水泥混凝土的典型路面结构,确定代表性路面、进行城市尺度公路材料存量的测算

续表

生命周期阶段	参数	时间范围/年	数据来源	说明
材料物化阶段	材料消耗量及路面层厚度	2017	实地调研;《公路工程预算定额》;潘美萍[3];Duan等[4];李肖燕等[5];Mao等[6]	计算材料物化阶段中由于材料消耗而带来的碳排放
	运输距离、方式	2016	实地调研	考虑材料从工厂运输至工地所带来的能源消耗
施工阶段	施工机械消耗	2016	实地调研,获取工程量结算清单,《公路工程机械台班费用定额》	计算施工机械带来的汽油、柴油、电力消耗,进而带来的碳排放
养护维修阶段	养护维修方式	2016	实际工程项目技术评定表	考虑不同等级、不同类型的路面基于不同的养护维修方式
	材料消耗量	2017	实地调研;《公路工程预算定额》;相关文献	计算养护维修阶段中由于材料消耗而带来的碳排放
	施工机械消耗	2016	实地调研,获取工程量结算清单,《公路工程机械台班费用定额》	计算施工机械带来的汽油、柴油、电力消耗,进而带来的碳排放
	养护维修周期	—	总结项目技术评定表维修周期	由于无法精确统计每条公路的寿命、养护维修周期,通过已有的实际项目案例,确定每种路面的大修周期
	路面寿命周期	—	公路路面设计标准;潘美萍[3];Mao等[6]	
拆除阶段	施工机械消耗	2016	实地调研,获取工程量结算清单,《公路工程机械台班费用定额》	计算施工机械带来的汽油、柴油、电力消耗,进而带来的碳排放
其他	公路通车里程	1979～2019	城市统计年鉴;交通统计年鉴;交通运输行业发展统计公报;高速公路发展行业报告	本研究仅包括铺装路面,不包括简易铺砖路面和未铺装路面
	人口、GDP、城市面积	1998～2019		与公路通车里程结合,计算公路密度、单位GDP、单位人口拥有公路通车里程量
	客、货运量	1998～2019		作为投入、产出指标进行城市层面的资源能源评价
	运营性运输车辆拥有量	1998～2019		
	公路运输从业人员	1998～2019		
	CO_2排放因子	—	GaBi数据库;CLCD数据库;文献	CO_2排放因子与资源能源的消耗结合,以CO_2-eq为单位,估算建设活动全生命周期所产生的碳排放

由于官方发布的城市层面的等级公路通车里程、公路结构、建成年份、公路路面材料组成、公路网空间分布等数据不完整，并且不能完整获得广东省九市1998～2019年公路路面建设所有的材料消耗数据，根据LCA方法设置了取舍原则。

公路路面生命周期碳排放评价涉及参数众多，因为每个指标都会对结果产生影响，所以在进行各阶段碳排放清单分析之前，需要明确以下重点参数的取值与计算。

（1）路面生命周期

路面寿命是路面生命周期确定的基础，表20-2为我国公路路面结构设计使用年限。考虑养护维修周期阶段，故假设各等级路面均能够达到公路工程技术标准中的设计使用年限。

表20-2　公路路面结构设计使用年限　　　　　　　　　　　　单位：年

公路等级	高速公路	I	II	III	IV
沥青路面	15	15	12	10	8
水泥混凝土路面	30		20	15	10

资料来源：《公路工程技术标准》（JTG B01—2014）。

（2）路面工程材料

针对沥青路面选取了6种主要材料（沥青、水泥、碎石、砂、矿粉、土工膜）进行研究。针对水泥混凝土路面选取了4种主要材料（水泥、碎石、砂、钢材）。为统一量化，研究所采用混凝土均为现场拌合的方式，涉及材料包括水泥、砂、碎石、水。

（3）CO_2排放因子

表20-3列出了CO_2排放因子数据，来源包括GaBi数据库与文献。

表20-3　主要材料CO_2排放因子

资源/能源	CO_2排放因子
沥青	250（208～280）kg CO_2-eq/t
水泥	740（732[①]，740.6[②]，761[③]）kg CO_2-eq/t
砂	2.79[[6]]～3.2[①] kg CO_2-eq/t
碎石	3.2[①] kg CO_2-eq/t
矿粉	3.63 kg CO_2-eq/t
钢筋	2.34[①] kg CO_2-eq/kg
工业用自来水	0.19[[6]] kg CO_2-eq/t
汽油（使用）	3.043[④] kg CO_2-eq/kg
柴油（使用）	3.145[④] kg CO_2-eq/kg

续表

资源/能源	CO_2排放因子
汽油（生产）	0.541[①] kg CO_2-eq/kg
柴油（生产）	0.495[①] kg CO_2-eq/kg
燃煤（生产）	0.298[①] kg CO_2-eq/kg
电力	0.77[③] kg CO_2-eq/(kW·h)

资料来源：①来自GaBi数据库。②来自碳交易网（2019）建筑材料。③来自中国质量认证中心（2014）-低碳产品。④来自国家发展和改革委员会（2015）-工业其他行业。⑤来自清洁发展机制（CDM）。

材料物化阶段包括材料的运输阶段，目前各种运输车辆由于使用燃料、载重不同，排放因子之间也存在较大的差异，表20-4为《建筑碳排放计算标准》中各类运输方式的碳排放因子。材料运输阶段的排放因子按照该标准进行取值。

表20-4 各类运输方式排放因子

运输方式	排放因子/[kg/(t·km)]
轻型汽油货车运输（载重2t）	0.334
中型汽油货车运输（载重8t）	0.115
重型汽油货车运输（载重10t）	0.104
重型汽油货车运输（载重18t）	0.104
轻型柴油货车运输（载重2t）	0.286
中型柴油货车运输（载重8t）	0.179
重型柴油货车运输（载重10t）	0.162
重型柴油货车运输（载重18t）	0.129
重型柴油货车运输（载重30t）	0.078
重型柴油货车运输（载重46t）	0.057
电力机车运输	0.01
内燃机车运输	0.011
铁路运输（中国市场平均）	0.01
液货船运输（载重2000t）	0.019
干散货船运输（载重2500t）	0.015
集装箱船运输（200TEU）	0.012

资料来源：《建筑碳排放计算标准》（GB/T 51366—2019）。

（4）新增里程及养护维修里程

从统计数据中获得的公路通车里程为当年年末可通车公路的存量，在这一年中存在新建、拆除的里程会相互抵消，故需要对新增里程进行测算。新增公路通车里程计算如式（20-1）所示。其拆除里程的确定为达到设计使用寿命后随即拆除。

$$C_{t+1} = (S_{t+1} - S_t) + D_{t+1} \qquad (20\text{-}1)$$

式中　C_{t+1} ——第 $t+1$ 年新建公路通车里程，km；
　　　S_t ——第 t 年公路通车里程存量，km；
　　　D_{t+1} ——第 $t+1$ 年公路通车里程拆除量，km；
　　　t ——年份。

每一年年末的养护维修里程同样与新建、拆除里程合在一起统计，本研究采用养护维修周期的方式，确定每年的养护维修量。每年养护维修的里程量计算如式（20-2）所示：

$$M_t = C_t - p \qquad (20\text{-}2)$$

式中　M_t ——第 t 年养护维修公路通车里程，km；
　　　C_t ——第 t 年新建公路通车里程，km；
　　　t ——年份；
　　　p ——养护周期。

（5）养护维修周期

图20-3结合各学者的研究，总结了路面使用寿命与养护周期间的关系。当不进行任何措施时，路面结构强度衰减成"S"形曲线，但实际情况下，在局部出现病害，大约路面使用寿命40%时开始采取措施，当采取一次措施后强度衰减呈抛物线，若每次达到养护触发值时，进行养护维修，则路面结构可一直维持在一个较为舒适的水平。

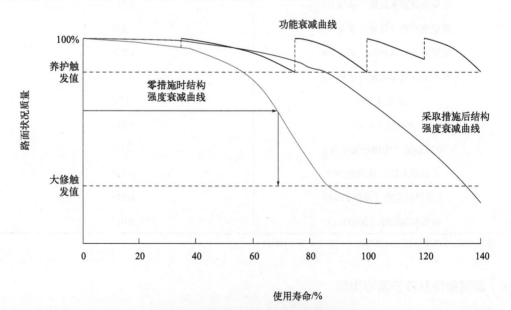

图20-3　路面使用寿命与养护周期关系

20.3 影响评价

20.3.1 单位里程建设材料碳排放分析

对材料物化阶段中各材料对该阶段碳排放的贡献进行分析，如图20-4所示，发现单位里程沥青路面中水泥材料带来的碳排放最大，占据87%。原因有两点：一是路面结构中水泥稳定级配碎石厚度占据60%的厚度；二是水泥生产过程的CO_2排放因子较大，达到了700 kg CO_2-eq/t以上，碳交易网中普通硅酸盐水泥（中国市场平均）达到了740.6 kg CO_2-eq/t。

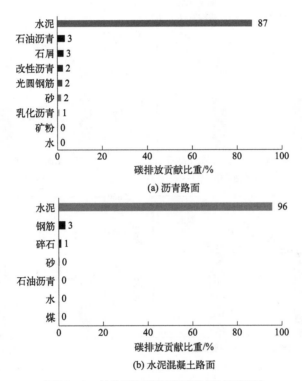

图20-4 单位里程路面碳排放各材料贡献

表20-5给出了不同材料在材料物化阶段的碳排放贡献。水泥、沥青等材料在材料使用阶段对碳排放的影响很大。在沥青混凝土路面和水泥混凝土路面的生命周期中，主要影响是水泥材料的生产。针对沥青路面，其次是沥青生产产生的碳排放。

表20-5 单位里程高速公路典型路面主要材料碳排放　　　　单位：kg CO_2-eq

路面类型	沥青	碎石	水泥	钢材
沥青路面	150889	48913	1958459	—
水泥混凝土路面	915	42670	2190170	367779

20.3.2 各阶段碳排放分析

结合大湾区的实际情况，选择不同路面结构（沥青和水泥混凝土路面）的高速公路进行比较。由图20-5（a）可知，沥青路面其中材料物化阶段占79%、施工阶段占9%、养护阶段占10%、拆除阶段占2%、1 km沥青路面的高速公路全生命周期碳排放量为3142 t CO_2-eq；水泥混凝土路面的全生命周期碳排放量达到4057 t CO_2-eq，其中材料物化阶段占70%、施工阶段占3%、养护阶段占19%、拆除阶段占8%。图20-5（书后另见彩图）包含了高速、Ⅰ、Ⅱ、Ⅲ、Ⅳ公路路面单位里程不同阶段排放结果。

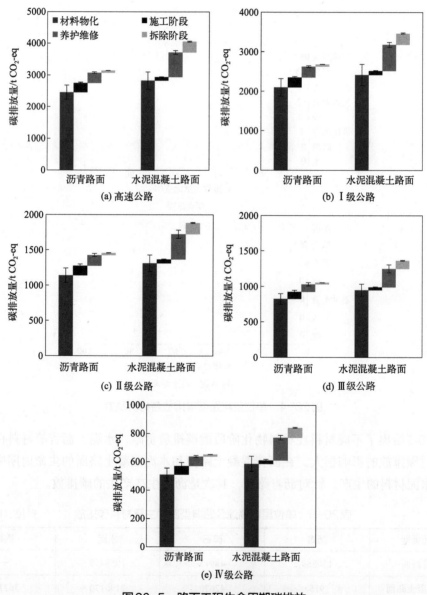

图20-5 路面工程生命周期碳排放

20.3.3 各等级公路路面工程碳排放分析

图20-6为1 km不同等级、不同路面的碳排放情况。从五种等级公路不同路面生命周期碳排放结果来看，水泥混凝土路面排放均高于沥青路面。对于高速公路，两种路面排放相差915 t CO_2-eq，Ⅰ级公路相差786 t CO_2-eq，Ⅱ级公路相差427 t CO_2-eq，Ⅲ级公路相差308 t CO_2-eq，Ⅳ级公路相差191 t CO_2-eq。从高速公路到Ⅳ级公路，设计时速、路面宽度、载荷能力、路面厚度均有不同程度下降，故生命周期碳排放也按照高速公路、Ⅰ、Ⅱ、Ⅲ、Ⅳ级公路依次递减。

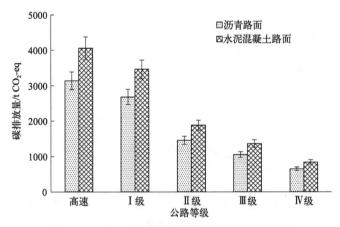

图20-6　1km不同等级典型路面工程碳排放量

20.3.4 大湾区公路路面工程碳排放分析

图20-7为广东省九市1998～2019年公路路面工程建设造成的年碳排放量，每年的碳排放量均超过2×10^6 t CO_2-eq，且各年的排放量均呈现波动。

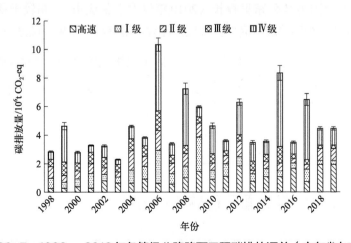

图20-7　1998～2019年各等级公路路面工程碳排放汇总（广东省九市）

图20-8是1998～2019年大湾区广东省九市公路路面工程累计碳排放量，根据前文分析，计算碳排放时将材料、能源等一次性投入计入路面通车年份，路面养护时间根据养护维修方式确定，数据波动存在人为的影响，所以每年的排放量并不能完全代表实际数据波动水平，故用累计量的结果能够更直观地看出二十多年，大湾区广东省九市由于公路路面工程建设带来的碳排放。其中包括了新建公路建设和公路的养护。公路建设过程中碳的累计排放量逐年增加。1998～2019年，累计碳排放超过$1.04(\pm0.02)\times10^8$ t CO_2-eq。由于单位里程材料消耗不是唯一确定的，所以在计算过程中使用最大值和最小值来反映误差，误差由Oracle Crystaball模拟计算。

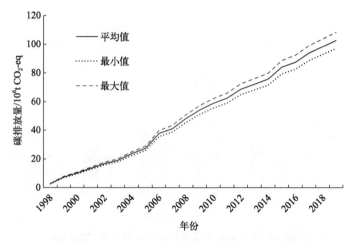

图20-8　大湾区广东省九市1998～2019年公路路面工程建设碳排放（累计值）

由于累计量更加能够代表整个城市公路路面工程碳排放，故对其进行各地区累计量分析，表20-6为大湾区广东省九市1998～2019年公路路面工程碳排放累计情况。从中可以看出惠州市碳累计排放最多，超过2×10^7 t CO_2-eq。各城市累计排放量结果为惠州市＞广州市＞江门市＞肇庆市＞东莞市＞中山市＞佛山市＞深圳市＞珠海市。惠州市累计碳排放量最大的原因为其公路里程长（2019年仅次于肇庆市），相较于肇庆市，其公路等级又高于肇庆市，公路等级越高，其排放量越大，最终惠州市累计碳排放量高于肇庆市。

表20-6　1998～2019年大湾区广东省九市公路路面工程累计碳排放量范围

地区	珠海市	深圳市	佛山市	中山市	东莞市	肇庆市	江门市	广州市	惠州市
累计碳排放量/10^4 t CO_2-eq	＜330	301～487	488～868	869～974	975～1134	1135～1423	1424～1705	1706～1891	1892～2037

20.3.5　深圳市公路路面工程碳排放分析

深圳市作为经济特区以及中国特色社会主义先行示范区，有关研究表明，在过去10

年，深圳市在经济高质量增长的同时实现了生态环境质量的明显改善。有研究分析显示深圳市的绿色能源发展战略和产业转型升级显著促进了碳排放和大气污染物排放减排，同时碳排放交易体系运行效果评价显示城市积极应对气候变化和日益增强的环境管制已经形成"倒逼"机制。此外，城市碳排放和主要大气污染物排放表现出显著的同根同源性。气候变化与大气污染协同治理能够降低总体减排成本，需求管理和结构调整相关的减排措施或技术协同减排效应最显著，应当优先实施。其次深圳市公路通车里程虽短，但是其道路密度却是大湾区广东省九市之中最高的，下文对深圳市进行单独分析。

对1998～2019年深圳市公路通车里程、高速公路、Ⅰ级公路、Ⅱ级公路、Ⅲ级公路、Ⅳ级公路、人口、GDP进行相关性分析，如图20-9所示，结果表明年末常住人口与人均GDP为正相关，并且相关性达到了80%以上。公路通车总里程与人均GDP以及年末常住人口呈正相关，其中与年末常住人口相关性更强；Ⅳ级公路里程与其余各级公路、人均GDP以及年末常住人口呈现负相关，尽管Ⅳ级公路在全国范围内占据主体地位，但是根据深圳市统计年鉴，深圳市Ⅳ级公路逐年递减，已趋近零，一方面存在统计的原因，深圳市总公路通车里程下降，但是道路里程快速增长，公路统计中很大一部分包含了农村公路，深圳作为城市化率100%的城市，将市内街道部分全部计入市政道路通车里程，另一方面深圳市相对于其他城市较为特殊，人口以及人均GDP的增速超过其他8个城市。高速公路里程与人均GDP、年末常住人口呈现强正相关，高速公路发展是国民经济发展的重要支撑，深圳市高速公路发展迅速，截至2019年，深圳市境内共有5条高速公路。《深圳市综合交通"十三五"规划》中提到，全面加强次支路网规划建设，

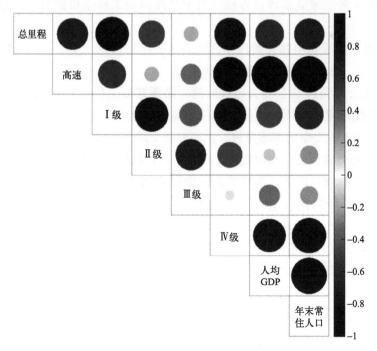

图20-9 深圳市公路通车里程相关性分析

到2020年,全市平均道路网密度达到7.9km/km²。根据2020年度《中国主要城市道路网密度监测报告》,深圳市道路密度网为9.5 km/km²,达到规划目标。

图20-10为1998～2019年深圳市公路路面工程每年碳排放量及累计值,每年碳排放量呈现波动,原因与广东省九市各年碳排放波动的原因一致,累计排放量更能够代表深圳市公路路面建设碳排放水平,1998～2019年,深圳市由于公路路面建设带来的碳排放量达到近$5×10^6$t CO_2-eq。

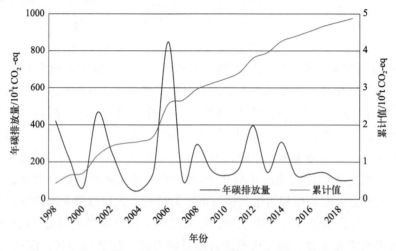

图20-10 1998～2019年深圳市公路路面工程碳排放汇总

综上所述,将生命周期评价方法应用于公路路面工程碳排放分析,最后得到如下结论:

① 公路路面工程材料物化阶段中,从高速公路到Ⅳ级公路,无论是沥青路面还是水泥混凝土路面,水泥材料对碳排放贡献最大。

② 从高速公路到Ⅳ级公路,设计时速、路面宽度、载荷能力、路面厚度均有不同程度下降,单位里程生命周期碳排放也按照高速公路、Ⅰ、Ⅱ、Ⅲ、Ⅳ级公路依次递减。同等级公路路面工程生命周期碳排放,水泥混凝土路面高于沥青路面。

③ 无论是沥青路面还是水泥混凝土路面,材料物化阶段都是生命周期中碳排放最高的阶段,占比达到70%以上。沥青路面其中材料物化阶段占79%,施工阶段占9%,养护阶段占10%,拆除阶段占2%;水泥混凝土路面的材料物化阶段占70%,施工阶段占3%,养护阶段占19%,拆除阶段占8%。水泥路面施工阶段的碳排放低于沥青路面,材料物化阶段、养护阶段及拆除阶段的碳排放均高于沥青路面。

④ 广东省九市每年因公路路面工程造成的碳排放超$2×10^6$t CO_2-eq。1998～2019年,累计碳排放超过$1.04(±0.02)×10^8$t CO_2-eq。材料使用阶段产生的碳排放量最大,减排潜力也是最大的。

参考文献

[1] 李顿. 基于LCA的城市道路养护工程施工活动及交通影响碳排放研究[D]. 西安：长安大学，2019.

[2] Huabo Duan, Hu M, Zhang Y, et al. Quantification of carbon emissions of the transport service sector in China by using streamlined life cycle assessment[J]. Journal of Cleaner Production, 2015.

[3] 潘美萍. 基于LCA的高速公路能耗与碳排放计算方法研究及应用[D]. 广州：华南理工大学，2011.

[4] Duan, H, Wang, J. Quantification of the carbon emission of road and highway construction in China using streamlined LCA//Proceedings of the 19th International Symposium on Advancement of Construction Management and Real Estate[C].Heidelberg: Springer Books, 2015.

[5] 李肖燕. 基于LCA的水泥路面与沥青路面环境影响评价[D]. 南京：南京大学，2015.

[6] Mao R, Duan H, Dong D, et al. Quantification of carbon footprint of urban roads via life cycle assessment: Case study of a megacity—Shenzhen, China[J]. Journal of Cleaner Production, 2017, 166(10): 40-48.

第 21 章
地铁建设生命周期碳排放

☐ 功能单位和系统边界界定
☐ 清单分析
☐ 影响评价

对于城市而言，交通系统在城市发展的过程中具备经济功能和服务功能双重属性，能够为国民经济和解决就业问题带来显著正效益，是城市发展的重要象征[1]。因此，交通基础设施如公路、机场、铁路、港口、快速公交、地铁等得到迅速发展[2]，以满足各种出行交通和物流运输需求，如全国地铁于2015年底和2020年底开通里程分别为2658km和6281km，"十三五"期间累计新增运营线路长度为3623km，年均新增里程725km[3]。粤港澳大湾区（以下简称大湾区）建设是国家重大发展战略，深圳市作为其核心引擎，积极推进交通设施互联互通建设，旨在能够在深圳都市圈构建世界级的轨道交通网络和国际性综合交通枢纽，努力打造"轨道上的城市"和"轨道上的都市圈"[4]。截至2020年，大湾区的11座城市中，已经有香港特别行政区、广州市、深圳市、佛山市和东莞市5座城市开通了地铁，地铁开通里程超过1000km。深圳地铁开通里程从2004年的20.9km扩大到2020年的411.8km，截至2020年底，共有11条线路和243个车站（不重复计算换乘站）建成并投入使用[5]，深圳市在建及规划建设的地铁里程超过800km。

尽管地铁系统是城市交通运输最有效的途径之一，但随着地铁建设活动不断地推进会出现地铁建设消耗大量建筑材料、各类能源并带来极大的环境影响。深圳市作为全国低碳示范城市之一，进一步提高能源效率和落实低碳减排措施，是今后绿色低碳发展的重要议题。在深圳市生态环境局《关于做好2019年度碳排放权交易相关工作的通知》[6]中，深圳市共有721家单位被列入2019年度碳排放权交易管控单位名单，深圳市地铁集团有限公司被列入其中。就规划方案来看，深圳市地铁的建设强度较大，基于建设节约型城市交通的背景下，本章以深圳市地铁建设为例，核算分析地铁建造阶段的材料消耗、能源使用及环境影响，确定及解析碳排放产生源及主控因子，并分析地铁线路节能途径，为地铁领域实施节能减排的各项举措和促进其绿色地铁发展提供参考。

21.1 功能单位和系统边界界定

21.1.1 功能单位

建设阶段的盾构隧道和地下车站分别以单位建设里程（1km）和单位建筑面积（100m^2）来作为功能单位。

21.1.2 系统边界

关于深圳地铁建设的系统边界如图21-1所示。一方面，鉴于基础数据的可得性及获取难度，仅选取地铁生命周期内的建设阶段展开研究，具体而言包含建设阶段的建材生产过程、建材运输过程及施工机械设备能耗3个方面。另一方面，鉴于高架区间和地上车站数据的准确度和完整度，只考虑了盾构隧道和地下车站建造的环境影响，并且深圳地铁高架区间里程仅占总里程不到20%。

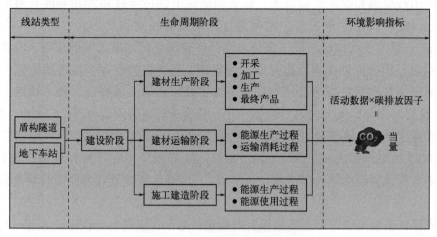

图21-1 地铁建设阶段系统边界

21.2 清单分析

针对深圳市地铁建设阶段碳排放研究所使用的数据类型及来源明细，如表21-1所列。

表21-1 深圳市地铁建设阶段数据类型及来源明细

数据类型Ⅰ	数据类型Ⅱ	数据来源	时间跨度
工程量清单	深圳市某线路区间段	项目合作单位	2010年
	深圳市某线路车站主体结构		
运输距离	建筑材料	《建筑碳排放计算标准》	2019年
机械台班	台班消耗量	《广东省城市轨道交通工程综合定额（2018）》	2018年
能源消耗	单位台班能源消耗量	《广东省建设工程施工机具台班费用编制规则（2018）》	2018年
碳排放因子	电力	《中国区域电网基准线排放因子》	2008～2017年
	建材及能源	《建筑碳排放计算标准》 GaBi数据库（9.2.0.58版本） 文献引用	2019年 2019～2021年 2009～2015年
	运输方式	《建筑碳排放计算标准》	2019年

选取二氧化碳当量（CO_2-eq）作为量化指标，而二氧化碳当量是利用清单数据乘以相应碳排放因子所得，材料消耗及能源使用的清单分析是进行研究的重要基础。本章将碳排放因子分为建材生产、建材运输及能源消耗三类，主要根据权威机构、专题研究、文献发布以及推算的方法确定。具体所采用的各碳排放因子数值如表21-2～表21-4所列。

表21-2 建筑材料碳排放因子

建材类型	碳排放因子	单位	来源
管片C50	8870.56	kg CO_2-eq/环	
混凝土C45	397.32	kg CO_2-eq/m³	
混凝土C30	273.43	kg CO_2-eq/m³	
混凝土C25	239.36	kg CO_2-eq/m³	
混凝土C20	209.64	kg CO_2-eq/m³	
混凝土C15	183.61	kg CO_2-eq/m³	
混凝土C35P8	292.55	kg CO_2-eq/m³	
混凝土C30S10、C30S8	273.69	kg CO_2-eq/m³	
水泥砂浆	400.94	kg CO_2-eq/m³	
水玻璃	1.04	kg CO_2-eq/kg	
水泥混合砂浆、防水砂浆	444.11	kg CO_2e/m³	黄旭辉[7]
钢筋接驳器	2.97	kg CO_2-eq/kg	俞海勇[8] 杨倩苗[9]
型钢、工字钢	3.71	kg CO_2-eq/kg	GaBi数据库（2015～2021）
橡胶止水带	3.95	kg CO_2-eq/m	碳排放交易网（2019）
水泥#42.5	0.74	kg CO_2-eq/kg	《建筑碳排放计算标准》（GB/T 51366—2019）
钢筋	2.34	kg CO_2-eq/kg	
镀锌钢管	2.53	kg CO_2-eq/kg	
无缝钢管	3.15	kg CO_2-eq/kg	
钢绞线	2.38	kg CO_2-eq/kg	
钢板	2.40	kg CO_2-eq/kg	
高密度聚乙烯泡沫板	5.02	kg CO_2-eq/kg	
实心灰砂砖	0.20	kg CO_2-eq/块	
管片螺栓	1.54	kg CO_2-eq/kg	
PVC复合防水板	8.69	kg CO_2-eq/kg	
沥青防水卷材	4.01	kg CO_2-eq/㎡	

表21-3 运输方式碳排放因子

运输工具	碳排放因子	单位	来源
中型柴油货车运输（载重8t）	0.18		
重型柴油货车运输（载重10t）	0.16	kg CO_2-eq/(t·km)	《建筑碳排放计算标准》（GB/T 51366—2019）
重型柴油货车运输（载重18t）	0.13		
重型柴油货车运输（载重30t）	0.08		

表21-4 能源碳排放因子

燃料类型	平均低位发热量A[①]/(kJ/kg)	单位热值碳排放因子B[②]/(t CO_2-eq/TJ)	能源使用过程排放因子C/(kg CO_2-eq/kg) $C=A×B$	能源生产过程排放因子D/(kg CO_2-eq/kg)	能源总碳排放因子E/(kg CO_2-eq/kg) $E=C+D$
汽油	43070	67.91	2.92	0.54	3.47
柴油	42652	72.59	3.10	0.50	3.59
电力	—	—	0	0.87	0.87

①数据来源于国家统计局《中国能源统计年鉴（2019）》。
②数据来源于《建筑碳排放计算标准》（GB/T 51366—2019）。

21.3 影响评价

单位里程盾构区间和单位面积地下车站各阶段的碳排放量占比如图21-2及图21-3所示。单位里程盾构隧道土建工程建设阶段碳排放总量为13245.4t CO_2-eq/km，建材生产阶段、建材运输阶段及施工建造阶段的碳排放量分别为9971.8 CO_2-eq/km、227.4 CO_2-eq/km及3046.2t CO_2-eq/km。如图21-2所示，碳排放量占比分别为75.3%、1.7%及23.0%，单位里程盾构区间建材生产阶段碳排放量分别是建材运输阶段和施工建造阶段碳排放量约44倍和3倍。

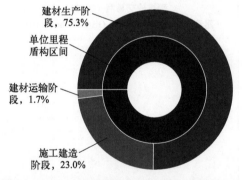 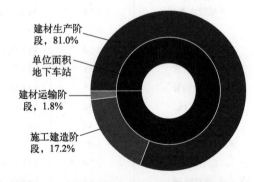

图21-2 单位里程盾构区间各阶段碳排放占比　　图21-3 单位面积地下车站各阶段碳排放占比

单位面积地下车站土建工程建设阶段碳排放总量为371.2t CO_2-eq/100m^2，建材生产阶段、建材运输阶段及施工建造阶段的碳排放量分别为300.5 CO_2-eq/100m^2、6.7 CO_2-eq/100m^2及63.9t CO_2-eq/100m^2。如图21-3所示，碳排放量占比分别为81.0%、1.8%及17.2%，单位面积地下车站建材生产阶段碳排放量分别是建材运输阶段和施工建造阶段碳排放量约45倍和5倍。由此可见，不管是盾构隧道还是地下车站，建材生产阶段可以作为减排的重点。

综上所述，深圳市一直大力发展低碳交通模式，但要建设国际一流综合交通体系，资源能源和环境影响方面依然存在较大压力。通过实地调研，收集深圳地铁建设的结算工程量清单数据，利用生命周期评价量化评估深圳地铁建设的资源能源消耗强度及环境影响，得出结论：截至2020年，深圳地铁开通运营总里程约411km，其中，地下区段约329km，盾构隧道的建设碳排放强度为 1.3×10^4 t CO_2-eq/km，就已开通地铁线路而言，盾构隧道的总碳排放量预估达到 5.638×10^6 t CO_2-eq，在建材生产阶段、建材运输阶段及施工建造阶段的碳排放量占比分别是75.3%、1.7%和23.0%；车站运营总个数为284个，其中，地下车站有237个，总建筑面积约 $4.95 \times 10^6 m^2$，地下车站的建设碳排放强度为371.2tCO_2-eq/100m^2，地下车站的总碳排放量预计为 2.1706×10^7 t CO_2-eq，在以上3个阶段碳排放量占比为81.0%、1.8%及17.2%。由此，深圳地铁的建材生产阶段有较大的碳减排空间，相比于建材运输阶段，施工建造阶段也可以作为减排的重点对象之一。

参考文献

[1] 刘小明. 城市交通与管理——中国城市交通科学发展之路 [J]. 交通运输系统工程与信息，2010, 10(6): 11-21.

[2] Jie L, Van Zuylen H J. Road traffic in China[J]. Procedia-Social and Behavioral Sciences, 2014, 111: 107-116.

[3] 中国城市轨道协会. 城市轨道交通2020年度统计和分析报告 [R]. https://www.camet.org.cn/tjxx/7647. 2020-04-10.

[4] 深圳特区报. 深圳积极作为深入推进粤港澳大湾区建设 [N/OL]. http://www.sz.gov.cn/cn/xxgk/zfxxgj/zwdt/content/post_8197537.html. 2020-10-26.

[5] 深圳市地铁集团有限公司. 深圳市地铁集团有限公司2019年年度报告 [R]. https://www.szmc.net/jituagaikuang/touzizheguanxi/niandubaogao/202006/81590.html. 2020-06-30.

[6] 深圳市生态环境局. 关于做好2019年度碳排放权交易相关工作的通知 [EB/OL]. http://meeb.sz.gov.cn/xxgk/qt/hbxw/content/post_7650472.html. 2020-05-28.

[7] 黄旭辉. 地铁土建工程物化阶段碳排放计量与减排分析 [D]. 广州：华南理工大学，2019.

[8] 俞海勇，曾杰，胡晓珍，等. 基于LCA的化学建材生产碳排放量研究分析 [J]. 化工新型材料，2015, 43(2): 218-221.

[9] 杨倩苗. 建筑产品的全生命周期环境影响定量评价 [D]. 天津：天津大学，2009.

附录

□ 附录一
□ 附录二
□ 附录三

附录一

GB

中华人民共和国国家标准

GB/T 24044—2008/ISO 14044:2006
部分代替 GB/T 24040—1999；GB/T 24041—2000；
GB/T 24042—2002；GB/T 24043—2002；

环境管理

生命周期评价　要求与指南

Environmental management—Life cycle assessment—Requirements and guidelines
（ISO 14044:2006, IDT）

2008-05-26发布　　　　　　　　　　　　　　2008-11-01实施

中华人民共和国国家质量监督检验检疫总局　　发布
中国国家标准化管理委员会

环境管理

生命周期评价　要求与指南

1　范围

本标准规定了生命周期评价（LCA）的要求，并提供了指南，包括：

a）LCA 目的和范围的确定；

b）生命周期清单分析（LCI）阶段；

c）生命周期影响评价（LCIA）阶段；

d）生命周期解释阶段；

e）LCA 的报告和鉴定性评审；

f）LCA 的局限性；

g）LCA 各个阶段间的关系；

h）价值选择和可选要素应用的条件。

本标准涵盖生命周期评价（LCA）研究和生命周期清单（LCI）研究。

对 LCA 和 LCI 结果的应用应考虑在所定义的目的和范围之内进行，但对它的应用不在本标准的范围之内。

本标准不拟用于契约、法规、注册和认证等。

2　规范性引用文件

下列文件中的条款通过本标准的引用而成为本标准的条款。凡是注日期的引用文件，其随后所有的修改单（不包括勘误的内容）或修订版均不适用于本标准，然而，鼓励根据本标准达成协议的各方研究是否可使用这些文件的最新版本。凡是不注日期的引用文件，其最新版本适用于本标准。

GB/T 24040—2008 环境管理 生命周期评价 原则与框架（ISO 14040: 2006，Environmental management—Life cycle assessment—Principles and frameworks, IDT）

3　术语和定义

下列术语和定义适用于本标准。

注：为使用本标准用户的方便，以下术语和定义摘自 GB/T 24040—2008。

3.1

生命周期　life cycle

产品系统中前后衔接的一系列阶段，从自然界或从自然资源中获取原材料，直至最终处置。

3.2

生命周期评价　life cycle assessment（LCA）

对一个产品系统的生命周期中输入、输出及其潜在环境影响的汇编和评价。

3.3

生命周期清单分析 life cycle inventory analysis（LCI）

生命周期评价中对所研究产品整个生命周期中输入和输出进行汇编和量化的阶段。

3.4

生命周期影响评价 life cycle impact assessment（LCIA）

生命周期评价中理解和评价产品系统在产品整个生命周期中的潜在环境影响的大小和重要性的阶段。

3.5

生命周期解释 life cycle interpretation

生命周期评价中根据规定的目的和范围要求对清单分析和（或）影响评价的结果进行评估以形成结论和建议的阶段。

3.6

对比论断 comparative assertion

对于一种产品优于或等同于具有同样功能的竞争产品的环境声明。

3.7

透明性 transparency

对信息的公开、全面和明确表述。

3.8

环境因素 environmental aspect

一个组织的活动、产品或服务中能与环境发生相互作用的要素。

[GB/T 24001: 2004，定义3.6]

3.9

产品 product

任何商品或服务。

注1：商品按如下分类：

——服务（例如运输）；

——软件（例如计算机程序、字典）；

——硬件（例如发动机械零件）；

——流程性材料（例如润滑油）。

注2：服务分为有形和无形两部分，它包括如下几个方面：

——在顾客提供的有形产品（例如维修的汽车）上所完成的活动；

——在顾客提供的无形产品（例如为纳税所进行的收入申报）上所完成的活动；

——无形产品的支付（例如知识传授方面的信息提供）；

——为顾客创造氛围（例如在宾馆和饭店）。

软件由信息组成通常是无形产品并可以方法、论文或程序的形式存在。

硬件通常是有形产品，其量具有计数的特性。流程性材料通常是有形产品，其量具有连续的特性。

注3：源自GB/T 24021—2001和ISO 9000: 2005。

3.10

　　共生产品　co-product

　　同一单元过程或产品系统中产出的两种或两种以上的产品。

3.11

　　过程　process

　　一组将输入转化为输出的相互关联或相互作用的活动。

　　[ISO 9000: 2005，定义3.4.1（不包括注解）]

3.12

　　基本流　elementary flow

　　取自环境，进入所研究系统之前没有经过人为转化的物质或能量，或者是离开所研究系统，进入环境之后不再进行人为转化的物质或能量。

3.13

　　能量流　energy flow

　　单元过程或产品系统中以能量单位计量的输入或输出。

　　注：输入的能量流称为能量输入；输出的能量流称为能量输出。

3.14

　　原料能　feedstock energy

　　输入到产品系统中的原材料所含的不作为能源使用的燃烧热，它通过热值的高低来表示。

　　注：有必要确保原材料的能量不被重复计算。

3.15

　　原材料　raw material

　　用于生产某种产品的初级和次级材料。

　　注：次级材料包括再生利用材料。

3.16

　　辅助性输入　ancillary input

　　单元过程中用于生产有关产品，但不构成该产品一部分的物质输入。

3.17

　　分配　allocation

　　将过程或产品系统中的输入和输出流划分到所研究的产品系统以及一个或更多的其他产品系统中。

3.18

　　取舍准则　cut-off criteria

对与单元过程或产品系统相关的物质和能量流的数量或环境影响重要性程度是否被排除在研究范围之外所做出的规定。

3.19

数据质量　data quality

数据在满足所声明的要求方面的能力特性。

3.20

功能单位　functional unit

用来作为基准单位的量化的产品系统性能。

3.21

输入　input

进入一个单元过程的产品、物质或能量流。

注：产品和物质包括原材料、中间产品和共生产品。

3.22

中间流　intermediate flow

介于所研究的产品系统的单元过程之间的产品、物质和能量流。

3.23

中间产品　intermediate product

在系统中还需要作为其他过程单元的输入而发生继续转化的某个过程单元的产出。

3.24

生命周期清单分析结果　life cycle inventory analysis result（LCI result）

生命周期清单分析的成果，据此对通过系统边界的能量流和物质流进行分类，并作为生命周期影响评价的起点。

3.25

输出　output

离开一个单元过程的产品、物质或能量流。

注：产品和物质包括原材料、中间产品、共生产品和排放物。

3.26

过程能量　process energy

在单元过程中，用于运行该过程或其中的设备所需的能量输入，不包括能量自身生产和运输所需的能量输入。

3.27

产品流　product flow

产品从其他产品系统进入到本产品系统或离开本产品系统而进入其他产品系统。

3.28

产品系统　product system

拥有基本流和产品流，同时具有一种或多种特定功能，并能模拟产品生命周期的单元过程的集合。

3.29

基准流　reference flow

在给定产品系统中，为实现一个功能单位的功能所需的过程输出量。

3.30

排放物　releases

排放到空气、水体和土壤中的物质。

3.31

敏感性分析　sensitivity analysis

用来估计所选用方法和数据对研究结果影响的系统化程序。

3.32

系统边界　system boundary

通过一组准则确定哪些单元过程属于产品系统的一部分。

注：在本标准中，术语"系统边界"与LCIA无关。

3.33

不确定性分析　uncertainty analysis

用来量化由于模型的不准确性、输入的不确定性和数据变动的累积而给生命周期清单分析结果带来的不确定性的系统化程序。

注：区间或概率分布被用来确定结果中的不确定性。

3.34

单元过程　unit process

进行生命周期清单分析时为量化输入和输出数据而确定的最基本部分。

3.35

废物　waste

处置的或打算予以处置的物质或物品。

注：本定义源自《控制危险废物越境转移及其处置的巴塞尔公约》（1989年3月22日），但在本标准中不局限于危险废物。

3.36

类型终点　category endpoint

用于识别特定环境问题所涉及的自然环境、人体健康或资源的属性或组成，并给出相应的原因。

3.37

特征化因子　characterization factor

由特征化模型导出，用来将生命周期清单分析结果转换成类型参数共同单位的因子。

注：共同单位使类型参数结果的计算得以实现。

3.38

环境机制 environmental mechanism

特定影响类型的物理、化学或生物过程系统,它将生命周期清单分析结果与类型参数和类型终点相联系。

3.39

影响类型 impact category

所关注的环境问题的分类,生命周期清单分析的结果可划归到其中。

3.40

影响类型参数 impact category indicator

对影响类型的量化表达。

注:为便于阅读,在本标准中使用缩略语"类型参数"。

3.41

完整性检查 completeness check

验证生命周期评价各阶段所得出的信息是否足以得出与目的和范围相一致的结论的过程。

3.42

一致性检查 consistency check

验证在得出结论之前研究过程中所应用的假设、方法和数据的前后一致性,以及是否与所规定的目的和范围保持一致的过程。

3.43

敏感性检查 sensitivity check

验证在敏感性分析中所获得的信息是否与结论和给出的建议相关的过程。

3.44

评估 evaluation

在生命周期解释阶段中用于确定生命周期结果置信度的要素。

注:评估包括完整性检查、敏感性检查、一致性检查以及对任何根据研究规定的目的和范围所进行的核查。

3.45

鉴定性评审 critical review

确保生命周期评价和生命周期评价标准的原则与要求保持一致的过程。

注1:原则在GB/T 24040的4.1中已做出规定。

注2:要求在本标准中做出了规定。

3.46

相关方 interested party

关注一个产品系统的环境绩效或其生命周期评价的结果,或受到它们影响的个人或团体。

4 LCA方法学框架

4.1 总体要求

LCA的原则和框架见GB/T 24040。

LCA研究应包括目的和范围的确定、清单分析、影响评价及对结果的解释。

LCI研究应包括目的和范围的确定、清单分析和对结果的解释。本标准所做出的要求和建议，除了针对影响评价的条款外，其余的都适用于生命周期清单分析研究。

单独的LCI研究不应用于向公众公布的对比论断的比较中。

宜意识到目前还没有一个科学的依据来将LCA结果简化为一个单一的综合得分或数值。

4.2 目的和范围的确定

4.2.1 概述

LCA的目的和范围应明确定义并符合应用的意图。鉴于LCA的反复性，可能需要对研究范围不断调整完善。

4.2.2 研究目的

定义LCA目的时，应明确说明以下问题：

——应用意图；

——开展该项研究的理由；

——沟通对象（即研究结果的接收者）；

——结果是否用于向公众发布的对比论断。

4.2.3 研究范围

4.2.3.1 概述

定义LCA范围时，应考虑以下内容并对其做出清晰描述：

——所研究的产品系统；

——产品系统的功能，或在比较研究的情况下系统的功能；

——功能单位；

——系统边界；

——分配程序；

——LCIA的方法学与影响类型；

——解释；

——数据要求；

——假设；

——价值选择和可选要素；

——局限性；

——数据质量要求；

——鉴定性评审的类型（如果有）；

——研究所要求的报告的类型和格式。

由于一些不可预见的限制或增添新的信息，研究的目的和范围在某些情况下可进行调整。调整的内容及理由宜进行书面说明。

上述内容在4.2.3.2～4.2.3.8中将会详细介绍。

4.2.3.2 功能和功能单位

LCA的研究范围中应明确规定所研究系统的功能（绩效特征）。功能单位应与研究的目的和范围保持一致。功能单位的主要目的之一是为输入和输出数据的归一化（从数学的角度）提供基准。因此应对功能单位做出明确的定义并使其可测算。

定义功能单位后，应对基准流做出说明。系统之间的比较应建立在相同功能的基础之上，这些功能通过相同的功能单位以基准流的形式来进行量化。在功能单位的比较中，如果没有考虑某个系统中的其他功能，那么对这些省略应进行解释并书面说明。反之，和某功能相关联的系统可以加入到其他系统的边界中以使系统之间更具可比性。在这种情况下，对所选择的过程应做出解释并书面说明。

4.2.3.3 系统边界

4.2.3.3.1 系统边界决定哪些单元过程应包括在LCA中。系统边界的选择应与研究的目的相一致。应对建立系统边界的准则做出说明并解释。

应对研究中所包括的单元过程以及对这些单元过程研究的详细程度做出规定。

对研究的总体结论不会造成显著影响的生命周期的阶段、过程、输入或输出才允许被排除，但应明确说明并解释排除的原因及可能造成的后果。

应对LCA所应包括的输入和输出及其详细程度做出说明。

4.2.3.3.2 以流程图形式来描述系统是十分有帮助的，它可以展现出各单元过程和它们之间的相互关系。宜对每个单元过程做出如下基本描述：

——通过原材料或中间产品的输入确定单元过程的起点；

——单元过程中的转化和运行特征；

——通过中间和最终产品的输出确定单元过程的终点。

在理想状况下，产品系统的模拟宜以输入和输出均为基本流和产品流的方式进行。对产品系统中宜追溯到环境中的输入输出的确定是一个反复的过程，即需要确定在所研究的产品系统中宜包括的输入输出单元过程。最初的确定是根据可获得数据而做出的。在研究的过程中宜通过对进一步的数据的收集而更加全面地确定输入输出，然后对其进行敏感性分析（见4.3.3.4）。

对于物质输入，分析应从初始选择的输入入手。这种选择宜基于每个所模拟的单元过程中对输入的确定。这项工作的开展有赖于从特定的地方或公开的来源所收集到的数据。目的就是要确定和每一个单元过程相关联的重要的输入。

能量的输入输出应作为LCA中其他的输入和输出。不同类型的能量输入和输出应包括所模拟的系统中燃料、原料能以及过程能量的生产和传输等。

4.2.3.3.3 对初始输入输出的取舍准则及其假设等应做出明确的描述。所选择的取舍准则对研究结果产生的影响也应在最终的报告中做出评价和解释。

LCA中用于确定输入的取舍准则应包括在评价中,例如物质、能量和环境影响重要性等。如果仅考虑物质的贡献来确定输入可能会导致研究中的某些重要的输入被忽略。因此,在这一过程中宜考虑将能量和环境影响重要性也作为取舍准则。

a) 物质量:在运用物质准则时,当物质输入的累计总量超过该产品系统物质输入总量一定比例时,就要纳入系统输入。

b) 能量:同样的,在运用能量准则时,当能量输入的累积总量超过该产品系统能量输入总量一定比例时,就要纳入系统输入。

c) 环境影响重要性:在运用环境影响重要性准则时,如果产品系统是通过环境相关性选择出来的,则当该产品系统中一种数据输入超过该数据估计量一定比例时,就要纳入系统输入。

相似的取舍准则可以被用来确定哪些输出宜追溯至环境中,例如通过最终废物的处置过程。

当研究用于进行向公众发布的对比论断,则输入输出数据的最终敏感性分析应包括物质、能量和环境重要性的准则,以使所有累积贡献超过一定比例的输入都包括在内。

所有在本过程中被确定的输入宜被作为基本流进行模拟。

宜确定哪些输入输出数据需追溯到其他的产品系统中,包括要分配的流。宜对系统进行详尽而明确的表述,以使其他人能反复进行清单分析。

4.2.3.4 LCIA方法学和影响类型

应确定在LCA研究中包括哪些影响类型、类型参数和特征化模型。在LCIA方法学中影响类型、类型参数和特征化模型的选择应与研究的目的保持一致(见4.4.2.2)。

4.2.3.5 数据的种类和来源

LCA中所选择的数据取决于研究的目的和范围。这些数据可以从系统边界内与单元过程相关的生产场所中收集,或者可以通过其他渠道获取或计算得出。实际上,所有的数据可能是通过测量、计算或估计得出的。

输入可以包括但不局限于矿物资源的利用(例如原生或再生金属、运输或能源供给等服务以及辅助物质的应用例如润滑剂或肥料等)。

作为大气排放物中的一部分,一氧化碳、二氧化碳、硫氧化物、氮氧化物等的排放可以单独确定。

向大气、水体和土壤中排放通常是指经过污染控制设施后从点源或面源中释放出来的排放物。如果无组织排放很重要,则数据中也宜包括它们。指标参数可以包括但不局限于下列:

——生化需氧量(BOD);

——化学需氧量(COD);

——可吸收的有机卤素化合物(AOX);

——总卤素物质（TOX）；

——挥发性有机化合物（VOC）。

另外，噪声和振动、土地利用、辐射、气味以及余热等数据也可收集。

4.2.3.6 数据质量要求

4.2.3.6.1 为满足LCA的目的和范围，应对数据质量要求做出规定。

4.2.3.6.2 数据质量要求宜注意如下问题：

a）时间跨度：数据的年限以及所收集数据的最小时间跨度；

b）地域范围：为实现研究目的所收集的单元过程数据的地域；

c）技术覆盖面：具体的技术或技术组合；

d）精度：对每一个数据值的变动的度量（例如方差）；

e）完整性：测量或测算的流所占的比例；

f）代表性：对数据集合反映实际关注群（例如地理范围、时间跨度以及技术覆盖面等）的定性评价；

g）一致性：对该研究的方法学是否能统一应用到不同的分析内容中而进行的定性评价；

h）可再现性：对其他独立从业人员采用同一方法学和数据值信息获取相同研究结果的可能性的定性评价；

i）数据源；

j）信息的不确定性（例如数据、模型和假设）。

当某研究拟应用到向公众公布的对比论断中时，应对上述a）～j）提到的数据质量要求做出说明。

4.2.3.6.3 对缺失数据的处理应做出书面说明、对每个数据缺失的单元过程和报告地点应予以识别，并宜对缺失数据及其断档进行处理，代之为：

——以"非零"数据表示；

——以"零"表示；

——以从采用类似技术的单元过程报送的数据计算得出的数值表示。

通过定量和定性因素以及收集和整合这些数据所使用的方法体现数据质量。

那些对所研究的系统贡献大部分物质流和能量流的单元过程宜使用现场收集的数据或具有代表性的平均数据，这些数据是在敏感性分析中（见4.3.3.4）确定的。如果可能，那些与环境相关的输入和输出的单元过程也宜使用现场收集的数据。

4.2.3.7 系统间比较

进行比较研究时，在对结果解释前应对所比较的系统间的等同性做出评估。因此，应基于系统的可比性确定研究范围。系统之间进行比较应采用相同的功能单位和等同的方法学的考虑，例如绩效、系统边界、数据质量、分配程序、评估输入输出和影响评价的决定规则等。系统之间的这些参数的任何差异都应识别并报告。如果该研究拟进行向公众发布的对比论断，则相关方应对这份评估做出鉴定性评审。

拟向公众发布对比论断的研究应进行生命周期影响评价。

4.2.3.8 对鉴定性评审的考虑

研究范围中应说明：

——是否有必要进行鉴定性评审，如果有，如何进行；

——所需的鉴定性评审的类型（见第6章）；

——参与评审者，以及他们的专业水平。

4.3 生命周期清单分析（LCI）

4.3.1 概述

研究目的和范围的确定提供了进行LCA中生命周期清单阶段的初始计划。图1列出了生命周期清单分析宜包括的步骤（注意：一些反复进行的步骤并没有显示在图1中）。

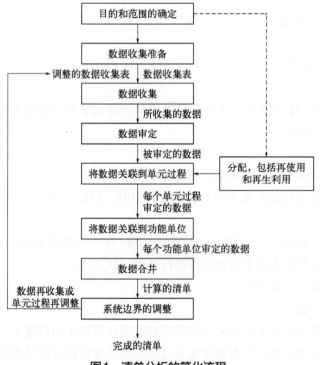

图1 清单分析的简化流程

4.3.2 数据收集

4.3.2.1 应在系统边界内的每一个单元过程中收集清单中的定性和定量数据。这些数据用来量化单元过程的输入输出，它们是通过测量、计算或估算得到的。

当数据是通过公开的来源收集到的，则应注明出处。对于那些可能对研究结论有重要影响的数据，则应注明相关的收集过程、收集时间以及关于数据质量指标的详细信息。如果这些数据不符合数据质量的要求，对此也应做出说明。

为减少误解的风险（例如在审定或再使用所收集的数据时所产生的反复计算），应对每个单元过程进行书面描述。

由于数据的收集可能源于多个报告地点和发表的文献，因此宜采取相应的措施以保证对所模拟的产品系统的理解是一致和统一的。

4.3.2.2 这些措施宜包括：

——绘制流程简图，以描绘所有被模拟的单元过程和它们之间的关系；

——详细描述每个单元过程中影响输入和输出的因子；

——列出所研究的单元；

——描述所有数据收集和计算所需的技术；

——提出要求，将所报送数据的特殊情况、异常点和其他问题予以明确记录。

数据收集表的示例参见附录A。

4.3.2.3 数据可归入的类型包括：

——能量输入、原材料输入、辅助性输入和其他实物输入；

——产品、共生产品和废物；

——向大气、水体和土壤中的排放物；

——其他环境因素。

应进一步细化上述各类型数据以满足研究目的。

4.3.3 数据计算

4.3.3.1 概述

应书面说明所有计算程序，所做的假设也应做出明确的说明和解释。相同的计算程序宜在整个研究中保持一致。

当确定和生产相关联的基本流时，宜尽可能地应用实际的生产组合以反映出所消耗的不同的资源类型。例如：对电力的生产和传输，应考虑电力结构，燃料的燃烧、转换、传输的效率以及配送的损失等。

与可燃物质相关的输入输出（例如油、气或煤）可通过乘以它们的燃烧热值而将其转化为能量的输入输出。在这种情况下，应对采用高热值还是采用低热值来进行计算做出说明。

数据计算所需的几个操作性的步骤在4.3.3.2～4.3.3.4以及4.3.4中做出了说明。

4.3.3.2 数据审定

在数据收集的过程中应对数据的有效性进行检查，以确保数据的质量要求符合其应用意图，并可以提供相应的证据予以证实。

有效性的确认可以包括建立如物质平衡、能量平衡和（或）进行排放因子的比较分析。由于每个单元过程都遵循物质和能量守恒定律，因此物质和能量的平衡能为单元过程的有效性提供有用的检查。通过该程序发现的明显异常的数据需用其他数据替换，这些数据的选择应符合4.2.3.5中的规定。

4.3.3.3 数据与单元过程和功能单位的关联

对于每一个单元过程都应确定个合适的流。单元过程中定量的输入和输出数据应以和这条流的关系为依据来进行计算。

以流程图和各单元过程间的流为基础,所有单元过程的流都与基准流建立了联系。计算宜以功能单位为基础得出系统中所有的输入和输出数据。

在合并产品系统的输入输出数据时应慎重。合并的程度应与研究的目的保持一致。仅当数据类型涉及等价物质并具有类似的环境影响时才允许进行数据合并。如果还有更详细的合并原则,则宜在研究的目的和范围确定阶段加以解释,或留到此后的影响评价阶段解释。

4.3.3.4 系统边界的调整

反复性是LCA的固有特征,应根据由敏感性分析所判定的数据重要性来决定数据的取舍,从而对4.2.3.3中所述的初始分析加以验证。初始系统边界应根据在范围界定中所规定的取舍准则进行调整。这个调整的过程和敏感性分析应书面说明。

敏感性分析可:

——排除经敏感性分析判定为缺乏重要性的生命周期阶段或单元过程;

——排除对研究结果缺乏重要性的输入和输出;

——纳入经敏感性分析认为重要的新的单元过程、输入输出。

进行敏感性分析有助于把数据处理限制在被判定为对LCA研究目的具有重要性的输入输出数据范围内。

4.3.4 分配

4.3.4.1 概述

应根据明确规定的程序将输入输出分配到不同的产品中,并与分配程序一并做出书面说明。

一个单元过程分配的输入输出的总和应与其分配前的输入输出相等。

当同时有几种备选的分配程序时,应通过敏感性分析来阐明背离所选方法的后果。

4.3.4.2 分配程序

研究应确定和其他产品系统共享的过程,并且根据以下程序❶逐步处理。

a) 第1步:只要可能,宜通过以下方法避免分配:

1) 将拟分配的单元过程进一步划分为两个或更多的子过程,并收集与这些子过程相关的输入和输出数据;

2) 把产品系统加以扩展,将与共生产品相关的功能包括进来,在进行这一处理时要考虑到4.2.3.3中的要求。

b) 第2步:如果分配不可避免时,则宜将系统的输入输出以能反映出它们潜在物理关系的方式划分到其中的不同产品或功能中;例如,输入输出如何随着系统所提供的产品或功能中的量变而变化。

c) 第3步:当物理关系无法建立或无法单独用来作为分配基础时,则宜以能反映它们之间其他关系的方式将输入输出在产品或功能间进行分配。例如可以根据产品的经济

---

❶ 通常,第1步不是分配程序的一部分。

价值按比例将输入输出数据分配到共生产品。

有些输出可能同时包括共生产品和废物两种成分，此时需确定两者的比例，因为输入输出只对其中共生产品部分进行分配。

对系统中相似的输入输出，应采用同样的分配程序。例如离开系统的可用产品（例如中间产品或丢弃的产品）的分配程序应和进入系统的同类产品的分配程序相同。

清单是以输入和输出之间的物质平衡为基础的。因此，分配程序宜尽可能地接近这些基本的输入输出关系和特征。

4.3.4.3 再使用和再生利用的分配程序❶

4.3.4.3.1 在4.3.4.1和4.3.4.2中述及的分配原则和程序也适用于再使用和再生利用。

应考虑物质固有属性的变化。另外，特别对于在初始和后续的产品系统之间的回收利用过程，系统边界应被界定并对其进行解释，以确保遵循在4.3.4.2中的分配原则。

4.3.4.3.2 然而，在上述情况下，对分配程序需要补充进一步的细节，因为：

——在再使用和再生利用（以及可归入再使用和再生利用的堆肥、能量回收和其他过程）中，有关原材料获取和加工或产品最终处置的单元过程的输入输出可能为多个产品系统所共有；

——再使用和再生利用可能在后续使用中改变材料的固有特性；

——宜特别注意对回收利用过程系统边界的确定。

4.3.4.3.3 某些分配程序适用于再使用和再生利用。这些程序的应用在图2中做了概念性的示意，下面将简述其中的区别，以说明如何满足上述限制条件。

a) 闭环分配程序适用于闭环产品系统。也适用于再生利用材料的固有特性不发生变化的开环产品系统。在这种情况下，由于是用次级材料取代初级材料，故不必进行分配。然而，在应用的开环产品系统中对初级材料的第一次使用可采用在b)中列出的开环分配程序。

b) 开环分配程序适用于材料被再生利用输入到其他产品系统且其固有特性发生改变的开环产品系统。

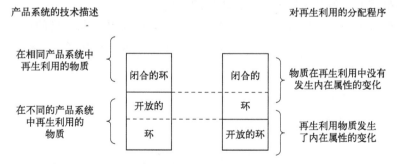

图2 产品系统的技术描述和再生利用分配程序之间的区别

---

❶ 在一些国家或地区，再生利用包括再使用、再循环以及物质和能量回收。

4.3.4.3.4 在4.3.4.3中提到的共享单元过程的分配程序（如果可行并且以此作为分配的基础）宜采用如下顺序：
——物理属性（例如质量）；
——经济价值（例如废料和再生利用物质的市场价值与初级材料市场价值的比值）；
——再生利用材料的后续使用的次数（见ISO/TR 14049）。

4.4 生命周期影响评价（LCIA）

4.4.1 概述

LCIA和其他技术，例如环境绩效评价、环境影响评价和风险评价等不同，因为它是一种基于功能单位的相对方法。LCIA可以使用来自这些其他技术的信息。

应对LCIA进行精心计划以满足LCA目的和范围。LCIA阶段应同LCA的其他阶段相协调，并且考虑下列可能的遗漏和不确定性的来源：

a）LCI在数据和结果质量上是否能满足根据目的和范围的需求开展LCIA的要求；

b）对系统边界和数据取舍的决定是否做了足够的评审以确保得到所需的LCI结果，以便计算LCIA的参数结果；

c）LCI阶段功能单位的计算、全系统内的平均、合并和分配等是否削弱了LCIA参数结果的环境相关性。

LCIA阶段包括不同的影响类型下参数结果的收集，这些指标结果体现了产品系统的LCIA结果。

LCIA包括必备和可选两类要素。

4.4.2 LCIA必备要素

4.4.2.1 概述

LCIA阶段应包括下列必备要素：
——影响类型、类型参数和特征化模型的选择；
——将LCI结果划分到所选的影响类型中（分类）；
——类型参数结果的计算（特征化）。

4.4.2.2 影响类型、类型参数和特征化模型的选择

4.4.2.2.1 在LCA中，对任何有关影响类型、类型参数和特征化模型的选择，均应注明相关信息及来源。这也适用于新的影响类型、类型参数或特征化模型的确定。

注：影响类型的示例见ISO/TR 14047。

应赋予影响类型和类型参数准确的描述性名称。

影响类型、类型参数和特征化模型的选择应通过验证并符合LCA的目的和范围。

所选择的影响类型在考虑到研究的目的和范围的同时，应能全面反映产品系统所涉及的环境问题。应对环境机制与特征化模型进行说明，它们将LCI结果和类型参数相联系并为特征化因子提供基础。

根据研究目的和范围，应对用来导出类型参数的特征化模型的适用性进行说明。

应对LCI结果中除物质流和能量流以外的数据（例如土地利用）也加以识别，并确

定它们和相应的类型参数之间的关系。

对于大多数的LCA研究，通常选择现有的影响类型、类型参数和特征化模型。然而，在有些情况下，现有的影响类型、类型参数和特征化模型不能满足LCA研究的目的和范围的需要，就要定义新的影响类型、类型参数和特征化模型，而这时本条款中的建议仍然适用。

图3说明了基于环境机制下的类型参数的概念。在图3中以"酸化"这一影响类型为例进行说明。每种影响类型都有其自身的环境机制。

特征化模型通过表述LCI结果、类型参数以及类型终点（在某些情况下）之间的关系反映环境机制。特征化模型用来导出特征化因子。环境机制是与影响的特征相关联的环境过程的总和。

4.4.2.2.2 对于每一种影响类型，LCIA内容应包括：
——识别类型终点；
——就给定的类型终点定义类型参数；
——识别能归属到一定影响类型的适当的LCI结果（考虑选定的类型参数和所识别的类型终点）；
——确定特征化模型和特征化因子。

这一程序有助于对LCI结果的收集、归类和建立特征化模型，同时有助于突出特征化模型的科学技术有效性、假设、价值选择和准确度。

可在LCI结果和类型终点之间的环境机制中任何环节选择类型参数（见图3）。表1提供了本标准术语的示例。

注：更详细的示例参见ISO/TR 14047。

环境相关性是对类型参数结果和类型终点之间关联程度的一个定性评价；例如可分为高、中、低关联程度。

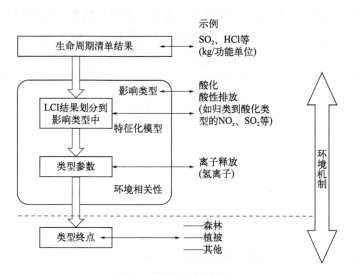

图3 类型参数的概念

表1 术语示例

术语	示例
影响类型	气候变化
LCI结果	每个功能单位的温室气体量
特征化模型	IPCC的100年基准线模型
类型参数	红外辐射强度（W/m^2）
特征化因子	每种温室气体（kg CO$_2$当量/kg气体）的全球变暖潜值（GWP$_{100}$）
类型参数结果	每个功能单位的千克CO$_2$当量
类型终点	珊瑚礁、森林、谷物
环境相关性	红外辐射强度反映了潜在的气候影响，这取决于由排放引起的总的大气热吸收以及在一定时期内热吸收的分布

4.4.2.2.3 除了在4.4.2.2.1中规定的要求外，以下建议也适用于影响类型、类型参数和特征化模型的选择：

a）影响类型、类型参数和特征化模型宜为国际上能接受的，例如：基于国际协议或被有资格的国际机构所批准的；

b）影响类型宜通过类型参数反映产品系统在类型终点的输入和输出的总影响；

c）在选择影响类型、类型参数和特征化模型时宜尽量少用价值选择和假设；

d）除非是出于研究目的和范围的要求，宜避免对影响类型、类型参数和特征化模型进行反复计算，例如研究中同时涉及人类健康和致癌性；

e）每种类型参数的特征化模型宜在科学技术上是有效的，并基于可明确识别的环境机制和可再现的经验观察；

f）宜对特征化模型和特征化因子在科学技术上的有效程度加以识别；

g）类型参数宜具有环境相关性。

根据环境机制和目的及范围，宜对LCI结果和类型参数相联系的特征化模型的空间和时间差异予以考虑。特征化模型中宜包含物质的转移和最终去向。

4.4.2.2.4 类型参数和特征化模型的环境相关性宜以下几个方面予以说明：

a）类型参数反映LCI结果对类型终点产生影响的能力（至少要定性说明）；

b）在特征化模型中添加有关类型终点的环境数据或信息，包括：

——类型终点的状况；

——评价各类型终点相对变化的大小；

——空间因素，例如面积和范围；

——时间因素，例如时间跨度、滞留时间、持久性和即时性等；

——环境机制的可逆性；

——类型参数和类型终点之间关系的不确定性。

4.4.2.3 将LCI结果划分到所选的影响类型（分类）

除非在目的和范围中有要求，否则将LCI结果划分到影响类型中时宜考虑以下因素：

a）LCI结果仅涉及一种影响类型时的归类；

b）LCI结果涉及不止一种影响类型时对它们的识别，包括：

——在并联机制中的区分（例如将SO_2按比例分配到人体健康和酸化两种影响类型）；

——在串联机制中分配（例如可将NO_x分别划归到地面臭氧形成和酸化两种影响类型中）。

4.4.2.4 类型参数结果的计算（特征化）

参数结果的计算（特征化）包括对LCI结果进行统一单位换算，并在相同的影响类型内对换算结果进行合并。这一转化采用特征化因子。特征化的结果是一个量化指标。

应对参数结果的计算方法，包括所使用的价值选择和假设，加以确定并进行书面说明。

如果LCI的结果无法获得，或者数据质量无法支持LCIA实现研究的目的和范围，则需要反复收集数据或调整目的和范围。

参数结果对特定目的和范围的适用性取决于特征化模型和特征化因子的准确性、有效性和性质。由于影响类型的不同，用于特征化模型类型参数的价值选择和简化假设的数量和种类也有所不同，这取决于地理区域。特征化模型的简化性和准确性之间往往存在折中。各种影响类型中类型参数质量的差异可能对整个LCA研究的准确性产生影响，引起这些差异的原因例如：

——系统边界和类型终点之间环境机制的复杂性；

——时间和空间特性，例如某种物质在环境中的持久性；

——剂量-反应特性。

关于环境状况的更多信息能赋予参数结果更多的含义并提高其可用性，在进行数据质量分析时也可加以考虑。

4.4.2.5 特征化后的结果数据

在进行特征化后及可选要素（见4.4.3）之前，产品系统的输入和输出通过下列方面来体现：

——将不同影响类型的LCIA类型参数结果分别进行汇总，成为LCIA的结果；

——一套基本流的清单结果，但由于缺少环境相关性，它们尚未划分至各影响类型中；

——一套没有反映基本流的数据。

4.4.3 LCIA的可选要素

4.4.3.1 概述

除了LCIA要素（见4.4.2.2）外，还可根据LCA的目的和范围，列出如下可选要素和信息：

a）归一化：根据基准信息对类型参数结果的大小进行计算；

b）分组：对影响类型进行分类并尽可能排序；

c）加权：使用基于价值选择所得到的数值因子对不同的影响类型的参数结果进行转化和尽可能地合并，加权前的数据宜保留；

d）数据质量分析：更好地理解参数结果收集的可靠性以及LCIA结果。

这些LCIA的可选要素可以使用来自LCIA框架外的信息。对这些信息的使用宜做出解释，并将这些解释予以记载。

归一化、分组和加权方法的应用应与LCA研究的目的和范围保持一致，并且它应是全部透明的。所有采用的方法和计算都应做出书面说明以提供透明性。

4.4.3.2 归一化

4.4.3.2.1 归一化是根据基准信息对类型参数结果的大小进行计算。归一化的目的是更好地认识所研究的产品系统中每一个参数结果的相对大小。它是一个可选要素，它有助于：

——检查不一致性；

——提供和交流关于参数结果相对重要性的信息；

——为其他阶段例如分组、加权、生命周期解释等做准备。

4.4.3.2.2 在归一化中，通过选定一个基准值做除数对参数结果进行转化，例如：

——特定范围内（例如全球、区域、国家和局地）的输入和输出总量；

——特定范围内人均（或类似均值）的输入和输出总量；

——基准线情景方案，例如特定的备选产品系统的输入和输出。

对基准系统的选择宜考虑环境机制和基准值在时间和空间范围上的一致性。

参数结果的归一化可改变从LCIA阶段得出的结论。它可能需要使用若干个基准系统以体现对LCIA阶段的必备要素结果的影响。敏感性分析可提供关于选择基准数据的额外信息。归一化的类型参数结果集合反映归一化后的LCIA结果。

4.4.3.3 分组

分组是把影响类型划分到在目的和范围确定阶段预先规定的一个或若干组影响类型中去，其中可包括分类和（或）排序。分组是一种可选要素，包括以下两个不同的可能的步骤：

——根据性质对影响类型进行分类（例如属于输入还是输出，是全球性、区域性还是局地性的）；

——或根据预定的等级规则对影响类型进行排序（例如属于高、中、低级）。

排序基于价值选择。由于不同的个人、组织和人群可能具有不同的倾向性，它们对于同样的参数结果或归一化的参数结果可能得出不同的排序结果。

4.4.3.4 加权

4.4.3.4.1 加权是使用基于价值选择所得到的数值因子对不同影响类型的参数结果进行转化的过程，其中可包含已加权的参数结果的合并。

4.4.3.4.2 加权是一种可选要素，包括以下两个可能的步骤之一：

——用选定的加权因子对参数结果或归一化的结果进行转换；

——对各个影响类型中转换后的参数结果或归一化的结果进行合并。

加权是基于价值选择而不是基于科学。由于不同的个人、组织和人群可能具有不同的倾向性，它们对于同样的参数结果或归一化的参数结果可能得到不同的加权结果。在一项LCA研究中可能要使用若干不同的加权因子和加权方法，并进行敏感性分析来评价不同的价值选择和加权方法对LCIA结果的影响。

4.4.3.4.3 宜将加权前所取得的数据和参数结果或归一化的结果和加权结果一同予以提供，以确保：

——决策者和其他使用者能熟悉所做的权衡和其他信息；

——使用者能掌握这些结果的全面情况和有关细节。

4.4.4 进一步的LCIA数据质量分析

4.4.4.1 为更好的认识LCIA结果的重要性、不确定性和敏感性，可能需要更多的有关方法和信息，以便：

——判别是否存在重要差异；

——确定可忽略的LCI结果；

——指导LCIA的反复性过程。

对方法的需求和选择取决于实现LCA研究目的和范围所需的准确性和详尽程度。

4.4.4.2 有关方法及其作用如下：

a）重要度分析（例如帕雷托分析）是一种用来识别对参数结果具有最重要影响的数据的统计流程。将识别的数据进行优先研究，以确保做出正确决定。

b）不确定性分析是一个用来确定在计算中数据和假设的不确定程度及其对LCIA结果可信度的影响程度的流程。

c）敏感性分析是一个确定变化（例如在数据和方法学的选择上发生的变化）对LCIA结果的影响程度的流程。

与LCA反复性的本质相一致，LCIA数据质量分析的结果可以导致对LCI阶段的重新修订。

4.4.5 用于向公众发布对比论断的LCIA

用于向公众发布对比论断的LCIA应使用一套足够广泛的类型参数。应对类型参数进行逐个对比。

在用于向公众发布对比论断中，不应以LCIA作为判定整体环境优越性或等价性的单一基础。因此为克服一些LCIA内在的局限性，可能需要更多的信息支持。价值选择没有包括有关时间、空间、阈值和剂量-反应等方面信息，相对的方法以及不同影响类型的准确度等内容都是LCIA局限性的例子。LCIA结果不对类型终点、超出阈值、安全极限或风险等影响进行预测。

被用在向公众发布对比论断的参数类型至少应：

——从科学技术的角度上是正确的，即基于可明确识别的环境机制或可再现的经验观察；

——有环境相关性，即和类型终点有足够明显的联系，包括（但不仅限于）空间和时间特性。

被用在向公众发布的对比论断的类型参数宜为国际上能够接受的。

加权（见4.4.3.4）不应被用在向公众发布的对比论断的LCA研究中。

对于向公众发布的对比论断的研究，应对研究结果进行敏感性和不确定性分析。

4.5 生命周期解释

4.5.1 概述

4.5.1.1 LCA和LCI研究中的生命周期解释阶段由以下几个要素组成（见图4）：

——以LCA中LCI和LCIA阶段的结果为基础对重大问题的识别；

——评估，包括完整性、敏感性和一致性检查；

——结论、局限和建议。

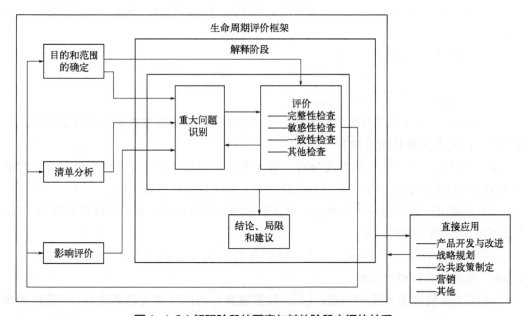

图4 LCA解释阶段的要素与其他阶段之间的关系

图4描述了生命周期解释与LCA其他阶段之间的关系。

目的与范围的确定阶段和解释阶段决定着LCA的研究意图，而其他阶段（LCI和LCIA）则提供了有关产品系统的信息。

应根据研究的目的和范围对LCI和LCIA阶段的结果做出解释。解释应包括对重要的输入、输出和方法学的选择的评价和敏感性检查，以便理解结果的不确定性。

4.5.1.2 解释应根据研究的目的考虑如下内容：

——系统功能、功能单位和系统边界定义的适当性；

——数据质量评价和敏感性分析所识别出的局限性。

应对源于LCI和LCIA结果的数据质量评价、敏感性分析、结论以及任何建议予以检查。

对LCI结果做出的解释宜谨慎，因为该结果是指输入和输出数据，而不是指环境影响。另外，LCI结果的不确定性是由输入的不确定性和数据的变化所产生的复合效应导致的。结果的不确定性可以通过分布区间或概率分布表达。只要可行，就宜采用这种分析方法来更好地解释和支持LCI的结论。

关于生命周期解释更多的信息和示例参见附录B。

4.5.2 重大问题识别

4.5.2.1 本要素旨在根据确定的目的和范围以及与评价要素的相互作用，对LCI或LCIA阶段得出的结果进行组织，以便有助于确定重大问题。这种交互的目的将包括前面阶段所涉及的使用方法和所做的假设等，例如分配规则、取舍准则、影响类型、类型参数和模型的选择。

4.5.2.2 重大问题的示例

——清单数据，例如能源、排放物、废物；

——影响类型，例如资源使用、气候变化；

——生命周期各阶段对LCI或LCIA结果的主要贡献，例如运输、能源生产等单一单元过程或过程组。

现有各种具体的途径、方法和工具来识别环境问题并确定其重要性。

注：示例参见B.2。

4.5.2.3 LCA前几个阶段要求

包括以下四种类型的信息：

a）LCI和LCIA的发现：应将这些发现与数据质量方面的信息加以汇总并组织；

b）方法学的选择：诸如LCI所规定的分配规则和系统边界以及LCIA所使用的类型参数和模型；

c）目的和范围的确定中所确定的LCA研究使用的价值选择；

d）目的和范围所确定的与应用有关的不同相关方的作用和职责，例如同时实施鉴定性评审过程，则还包括评审结果。

当前面阶段（LCI，LCIA）的结果已经满足了研究的目的和范围的要求，则这些结果的重要性应被确定。

应对所有当时可获得的相关结果进行汇总并整合，以便进行更深入的分析，包括关于数据质量方面的信息。

4.5.3 评估

4.5.3.1 概述

本要素旨在建立并增强包括前一要素中所识别的重大问题的LCA或LCI研究结果的可信性和可靠性。宜以清晰的、易于理解的方式向委托方或任何其他相关方提交评估的结果。

应根据研究的目的和范围进行评估。

在评估过程中应考虑使用以下三种技术：

——完整性检查（见4.5.3.2）；

——敏感性检查（见4.5.3.3）；

——一致性检查（见4.5.3.4）。

宜以不确定性分析结果和数据质量分析结果作为对上述检查的补充。

评估宜考虑研究结果的最终应用意图。

注：示例参见B.3。

4.5.3.2 完整性检查

完整性检查的目的是确保解释所需的所有相关信息和数据已经获得，并且是完整的。如果某些信息缺失或不完整，则应考虑这些信息对满足LCA研究目的和范围的必要性。并且应记录这一发现及其理由。

如果某些对于确定重大问题十分必要的信息缺失或不完整，则宜重新检查前面的阶段（LCI、LCIA），或对目的和范围加以调整。如果缺失的信息是不必要的，则宜记录相应的理由。

4.5.3.3 敏感性检查

敏感性检查的目的是通过确定最终结果和结论是如何受到数据、分配方法或类型参数结果的计算等的不确定性的影响，来评价其可靠性。

如果在LCI和LCIA阶段已经做了敏感性分析和不确定性分析，则该评价应包括这些分析的结果。

敏感性检查应考虑如下因素：

——研究的目的和范围中预先确定的问题；

——研究中所有其他阶段所形成的结果；

——专家判断和经验。

当LCA被用于向外界公布的对比论断中时，评估应包括基于敏感性分析所做的解释性声明。敏感性检查所要求的详细程度主要取决于清单分析的发现，如果进行了影响评价，则还取决于影响评价的发现。

敏感性检查的结果决定是否有必要进行更广泛和（或）更精确的敏感性分析，并表明对研究结果产生的显著影响。

敏感性检查未发现不同研究之间的重大区别，并不意味着这种区别不存在。但没有重大区别可以作为研究结果的终点。

4.5.3.4 一致性检查

一致性检查是确认假设、方法和数据是否与目的和范围的要求相一致。如果与LCA或LCI研究有关，则以下问题应予以说明。

a）同一产品系统生命周期中以及不同产品系统间数据质量的差别是否与研究的目的和范围一致？

b）是否一致地应用了地域的和（或）时间的差别（如果存在）？

c）所有的产品系统是否都应用了一致的分配规则和系统边界？

d）所应用的各影响评价要素是否一致？

4.5.4 结论、局限和建议

本部分的目的旨在针对LCA研究的沟通对象形成结论、识别局限，并提出建议。

结论应从研究中得出。它宜与生命周期解释阶段的其他要素一起通过反复的过程获得。该过程的逻辑顺序如下所述：

a）识别重大问题；

b）评估方法学和结果的完整性、敏感性和一致性；

c）形成初步结论并检查该结论是否符合研究目的和范围的要求，特别是数据质量要求、预先确定的假设和数值、方法学和研究的局限，以及应用所需的要求；

d）如果结论是一致的，则作为报告的完整结论，否则返回到前面相应的步骤a）、b）或c）。

应根据研究的最终结论提出建议，建议应合理地反映结论。

只要向决策者提出的具体建议适合于研究的目的和范围，就应对此做出解释。

建议宜与应用意图相关。

5 报告

5.1 总体要求和考虑

5.1.1 报告的类型和格式应在研究的范围中予以确定。

LCA研究的结果和结论应完整地、准确地、不带偏向性地向沟通对象予以报告。结果、数据、方法、假设和局限性应是透明的，并且有足够详细的说明，以便读者能理解其固有的复杂性和所做出的权衡。报告也应允许其结果和解释可被用在与研究的目的相一致的其他方面。

5.1.2 除了5.1.1和5.2 c）中列出的内容外，在编制第三方报告时也宜考虑下列内容：

a）对初始范围的修改及理由；

b）系统边界，包括：

——系统基本流中的输入和输出的类型；

——边界确定准则；

c）单元过程的描述，包括：

——所确定的分配方法；

d）数据，包括：

——数据的确定；

——每个数据的细节；

——数据质量要求；

e）影响类型和类型参数的选择。

5.1.3 在报告中用图形表示LCI结果和LCIA结果可能有助于说明问题，但宜考虑到它有对比和下结论的隐含效果。

5.2 第三方报告的附加要求和指南

当LCA的结果要通报任何第三方（即除研究的委托方或从业者之外的相关方）时，

无论通报形式如何，均应编制第三方报告。

第三方报告可基于含有保密信息的研究文本来完成，但这些保密信息可不出现在第三方报告中。

第三方报告为一份说明文件，任何被通报结果的第三方都应能够得到这一报告。第三方报告应包括下列内容：

a）基本情况

1）LCA委托方、LCA从业者（内部和外部的）；

2）报告日期；

3）该项研究是根据本标准进行的声明。

b）研究目的

1）开展研究的原因；

2）应用意图；

3）预期的沟通对象；

4）对该研究是否用于向公众发布的对比论断进行声明。

c）研究范围

1）功能，包括：

i）性能特征的表述；

ii）进行比较时所忽略的其他功能；

2）功能单位，包括：

i）和目的与范围的一致性；

ii）定义；

iii）性能测量的结果；

3）系统边界，包括：

i）所忽略的生命周期阶段、过程或数据需求；

ii）能量和物质的输入和输出的量化；

iii）电力生产的假设；

4）输入和输出初步选择的取舍准则，包括：

i）取舍准则和假设的描述；

ii）准则的选用对结果的影响；

iii）包含的物质、能量和环境取舍准则。

d）生命周期清单分析

1）数据收集程序；

2）单元过程的定性和定量描述；

3）公开出版的文献来源；

4）计算程序；

5）数据的审定，包括：

　　　　ⅰ）数据质量评价；
　　　　ⅱ）对缺失数据的处理；
　　6）为修改系统边界所作的敏感性分析；
　　7）分配原则和程序，包括：
　　　　ⅰ）分配程序文件的编制和论证；
　　　　ⅱ）分配程序的统一应用。
e）生命周期影响评价（适用时）
　　1）LCIA环节、计算和结果；
　　2）基于LCA目的和范围的LCIA结果的局限；
　　3）LCIA结果与上述目的和范围之间的关系（见4.2）；
　　4）LCIA与LCI结果之间的关系（见4.4）；
　　5）所考虑的影响类型和类型参数，包括选择的理由和来源；
　　6）使用的特征化模型、特征化因子和方法，以及所有假设和局限的表述或引用；
　　7）影响类型、特征化模型、特征化因子、归一化、分组、加权和LCIA中其他方面所用到的价值选择的表述或引用，选用的理由以及它们对结果、结论和建议的影响是；
　　8）声明LCIA结果只是一种相对概念，而不预测对类型终点的影响、超出阈值、安全极限或风险等情况。
　　当它作为LCA研究的一部分时，还应考虑：
　　　　ⅰ）表述和论证LCIA中使用的任何新的影响类型、类型参数或特征化模型；
　　　　ⅱ）对所有影响类型分组的声明和论证；
　　　　ⅲ）对参数结果进行转化的其他程序和选择基准值和加权因子的论证；
　　　　ⅳ）对参数结果的任何分析，例如敏感性和不确定性分析，环境数据的使用以及这些结果的内在含义；
　　　　ⅴ）在归一化、分组或加权之前得到的数据和参数结果应与归一化、分组或加权之后得到的结果同时提供。
f）生命周期解释
　　1）结果；
　　2）结果解释中与方法学和数据有关的假设和局限；
　　3）数据质量评价；
　　4）在价值选择、基本原理和专家判断上保持完全的透明。
g）鉴定性评审（适用时），包括：
　　1）评审人员的姓名和单位；
　　2）鉴定性评审报告；
　　3）对建议的答复。

5.3 向公众发布的对比论断进行报告的要求

5.3.1 当LCA研究用于支持向外界公布的对比论断时，在报告中除了要包括5.1和5.2中的内容外还应说明如下问题：

　　a）为判定物质流和能量流是否包括在系统边界内所做的分析；

　　b）对所使用的数据的准确性、完整性和代表性的评价；

　　c）根据4.2.3.7对比较的系统等价性的描述；

　　d）对鉴定性评审过程的描述；

　　e）对LCIA完整性的评估；

　　f）声明所选用的类型参数是否为国际上所接受，并对其使用进行论证；

　　g）对研究使用的类型参数的科学技术有效性和环境相关性进行解释说明；

　　h）不确定性和敏感性分析的结果；

　　i）对发现的差异的重要性的评估。

5.3.2　如果在LCA中包括分组，则应增加：

　　a）分组程序和结果；

　　b）声明通过分组所做出的结论和建议都是基于价值选择；

　　c）对用来进行归一化和分组的准则的论证（这些准则可以是个人的、组织的或国家的价值选择）；

　　d）声明"GB/T 24044不规定任何具体方法或支持特定的价值选择对影响类型进行分组"；

　　e）声明"研究的委托方自行对分组程序中的价值选择和判断负责"（研究的委托方可为政府、社区、组织等）。

6　鉴定性评审

6.1　概述

鉴定性评审应确保：

——用于进行LCA的方法符合本标准；

——用于进行LCA的方法在科学上和技术上是有效的；

——就研究目的而言，所使用的数据是恰当和合理的；

——解释能反映所识别的局限性和研究目的；

——研究报告具有透明性和一致性。

鉴定性评审的范围和类型应在确定LCA研究范围的阶段予以确定，并且鉴定性评审的类型的确定也应被记录。

为减少外部相关方发生误解或受到负面影响的可能性，对结果用于支持向公众公布的对比论断的LCA研究，应由相关方评审组来开展鉴定性评审。

6.2　内部或外部专家进行的鉴定性评审

鉴定性评审可由内部或外部的专家来进行。进行评审的专家必须是独立于LCA研究的。评审报告书、从业者的意见和对评审人员建议的答复都应纳入到LCA的研究报告中。

6.3 相关方评审组的鉴定性评审

鉴定性评审可由相关方来进行。此时，宜由研究的委托方选定一名独立的外部专家担任评审组的负责人，评审组至少有3名成员。该负责人宜根据研究的目的和范围，挑选其他具备资格的独立人员担任评审员。评审组中可包含受LCA研究结论影响的其他相关方，例如政府机构、非政府团体、竞争对手以及受影响的行业。

LCIA评审者除应具有其他相关技能和兴趣外，还应考虑他们在与重要影响类型有关的学科方面的能力。

评审声明和评审组报告，以及专家意见和对评审人员或评审组建议的答复均应纳入到LCA报告中。

附录A
（资料性附录）
数据收集表示例

A.1 概述

在本附录中的数据收集表可作为资料性示例使用，用来说明从报送地点收集的有关单元过程的信息的性质。

选用数据收集表中的数据时应审慎。所选的数据及其具体程度应与研究目的相符。因而所给的数据仅仅是示意性的。有些研究对数据的要求非常具体，例如，在草拟向土地排放的清单时要考虑具体的化合物，而不是此处所示的较为一般的数据。

这些收集表可同时附有关于数据收集和输入的说明，此处还可以包括有关数据输入的问题，以便深入了解输入数据的性质和取得数据的方式。

可以在这些收集表中增添有关其他项目的栏目，例如数据质量（不确定性或测量值、计算值、估算值等）。

A.2 用于上游运输的数据收集表示例

本例中需要收集数据的中间产品的名称和吨数已经记录在要研究的系统模型中。本示例假设两个有关单元过程之间的运输方式为公路运输。同样的收集表也适用于铁路和水路运输。

中间产品名称	公路运输			
	路程（km）	卡车装载能力（t）	实际负荷（t）	空载返回（是/否）

燃料消耗和相应的空气排放通过运输模型进行计算。

A.3 用于内部运输的数据收集表示例

本例为工厂内部的运输清单。其中的数据是取自一个特定的时段，给出燃料消耗的实际数量。如果还需要来自其他时段的最大值和最小值，可在表中增添新的栏目。

内部运输也须进行分配，例如对某场所总耗电量的分配。

空气排放采用燃料消耗模型计算。

	输入的运输总量	消耗的燃料总量
柴油		
汽油		
LPG[a]		

[a] LPG 指液化石油气

A.4 用于单元过程的数据收集表示例

制表人：	制表日期：	
单元过程标识：	报送地点：	
时段：年	起始月：	终止月：

单元过程表述（如需要可加附页）

材料输入	单位	数量	取样程序描述	来源
水消耗[a]	单位	数量		
能量输入[b]	单位	数量	取样程序描述	来源
材料输出（包括产品）	单位	数量	取样程序描述	目的地

注：此数据收集表中的数据是指规定时段内所有未分配的输入和输出。

[a] 例如地表水、饮用水。
[b] 例如重燃料油、中燃料油、轻燃料油、煤油、汽油、天然气、丙烷、煤、生物质、网电。

A.5 生命周期清单分析数据收集表示例

单元过程名称：			报送地点：
向空气排放[a]	单位	数量	取样程序描述（如需要可加附页）

向水体排放[b]	单位	数量	取样程序描述（如需要可加附页）

向土壤排放[c]	单位	数量	取样程序描述（如需要可加附页）

其他排放[d]	单位	数量	取样程序描述（如需要可加附页）

对与单元过程功能描述不同的任何计算、数据收集、取样或变化加以说明（如需要可加附页）。

[a] 例如无机物：Cl_2、CO、CO_2、粉尘/颗粒物、F_2、H_2S、H_2SO_4、HCl、HF、N_2O、NH_3、NO_x、SO_x；有机物：烃、多氯联苯（PCB）、二噁英、酚类；金属：Hg、Pb、Cr、Fe、Zn、Ni。

[b] 例如：生化需氧量（BOD）、化学耗氧量（COD）、酸、Cl_2、CN^-、洗涤剂/油脂、溶解性有机物、F^-、Fe^{2+}、Hg^+、烃、Na^+、NH_4^+、NO_3^-、有机氯、其他金属、其他氮化合物、酚类、磷酸盐、SO_4^{2-}、悬浮物。

[c] 例如：矿物废物、工业混合废物、城市固体废物、有毒废物（列出属于本数据类型的化合物）。

[d] 例如：噪声、辐射、振动、恶臭、余热。

附录 B
（资料性附录）
生命周期解释示例

B.1 概述

为帮助使用者理解如何进行生命周期解释，本附录将为 LCA 或 LCI 研究解释阶段中的要素提供示例。

B.2 识别重大问题的示例

B.2.1 识别要素（见 4.5.2）和评估要素（见 4.5.3）是交互反复进行的。它包括了信息的识别和组织以及随后对重大问题的确定。对可获得数据和信息加以组织是一个与 LCI 阶段、LCIA阶段（如果进行）以及目的与范围的确定同时进行的、反复的过程。信息的组织可能已在以前的LCI或LCIA阶段完成，并旨在为这些早期阶段的结果提供综述。这有助于确定重大环境问题，形成结论和建议。在信息组织的基础上，将运用分析技术进行任何后续的确定。

B.2.2 根据研究的目的和范围可运用不同的组织方法。其中，可采用以下可能的组织方法：

a）生命周期阶段的区分：例如原材料生产、产品的制造、使用、再生利用和废物处理（见表B.1）；

b）过程组之间的区分：例如运输、能源供给（见表B.4）；

c）不同程度管理影响下的过程之间的区分。例如，变化和改进可被控制的内部过程，外部职责，例如国家能源政策、供方的特定边界条件等所确定的过程（见表B.5）；

d）各个单元过程之间的区分。这可能是最细化的分解层次。

这一组织过程的输出可以二维矩阵表述，其中，上述区分准则构成了列，清单输入输出或各类型参数结果构成了行。采用这种组织方式有可能对各个影响类型进行更详尽的检查。

重大问题的确定基于所组织的信息。

B.2.3 与各个清单数据相关联的数据可在目的和范围阶段预先确定，也可从清单分析或其他来源（例如公司的环境管理体系或环境政策）获得。有多种可能的方法。根据研究的目的和范围以及所要求的详尽程度，可以应用以下方法：

a）贡献分析：检查生命周期阶段（见表B.2和表B.8）或过程组（见表B.4）对总体结果的贡献，例如，以百分比表示对总体结果的贡献；

b）优势分析：应用统计工具或其他技术，例如：定性或定量排列（例如ABC分析），以检查显著的或重大的贡献（见表B.3）；

c）影响分析：检查影响环境问题的可能性（见表B.5）；

d）异常分析：根据以前的经验，观察对预期或正常结果的反常偏离。从而可进行后续检查并指导改进评价（见表B.6）。

该确定过程的结果也可以矩阵形式表述，其中上述区分准则构成列，清单输入输出或类型参数结构构成行。

对从目的和范围确定中所选取的任何特定输入和输出，或对任何单一的影响类型，也可实施该程序，以进行更详细的检查。在此识别过程中，并未对数据加以改变或重新计算，只是将数据转化为百分比等。

在表B.1-表B.8中，对如何组织信息并予以列表提供示例。这些列表方法对LCI和LCIA结果都适用。

信息的组织可基于目的和范围的特定要求，或LCI或LCIA的发现。

B.2.4 表B.1是将LCI输入和输出与表示生命周期各阶段的单元过程组对照列表的示例。在表B.2中它是以百分比的形式出现的。

表B.1 生命周期各阶段的LCI输入和输出

LCI输入/输出	原材料生产/kg	制造过程/kg	使用阶段/kg	其他/kg	合计/kg
硬煤	1 200	25	500	—	1 725
CO_2	4 500	100	2 000	150	6 750
NO_x	40	10	20	20	90
磷酸盐	2.5	25	0.5	—	28
AOX[a]	0.05	0.5	0.01	0.05	0.61
城市废物	15	150	2	5	172
尾渣	1500	—	—	250	1 750

[a] AOX指可吸收的有机卤化物。

表B.1提供的LCI结果表明了不同输入和输出在各个过程或生命周期阶段所占份额的大小。后续的评估可据此揭示并表明这些数据的内涵和稳定性，为形成结论和建议提供基础。评估可以是定量的，也可以是定性的。

表B.2 生命周期各阶段的LCI输入和输出的百分比贡献

LCI输入/输出	原材料生产/%	制造过程/%	使用阶段/%	其他/%	合计/%
硬煤	69.6	1.5	28.9	—	100
CO_2	66.7	1.5	29.6	2.2	100
NO_x	44.5	11.1	22.2	22，2	100
磷酸盐	8.9	89.3	1.8	—	100
AOX	8.2	82.0	1.6	8．22	100
城市废物	8.7	87.7	1.2	2.9	100
尾渣	85.7	—	—	14.3	100

此外，可通过特定的排列程序或目的和范围中预先确定的规则将这些结果排列并确定其优先次序。表B.3显示了应用这种排列程序，根据下列排列准则进行排序的结果。

　　A：最重要，有重大影响，即：贡献率>50%

　　B：非常重要，有相关影响，即：25%<贡献率<50%

　　C：较重要，有一些影响，即：0%<贡献率<25%

　　D：较不重要，有较小影响，即：2.5%≤贡献率<10%

　　E：不重要，影响可以忽略，即：贡献率<2.5%

表B.3 生命周期各阶段LCL输入和输出的排列

LCI输入/输出	原材料生产	制造过程	使用阶段	其他	合计/kg
硬煤	A	E	B	—	1 725
CO_2	A	E	B	D	6 750
NO_x	B	C	C	C	90

续表

LCI输入/输出	原材料生产	制造过程	使用阶段	其他	合计/kg
磷酸盐	D	A	E	—	28
AOX	D	A	E	D	0.61
城市废物	D	A	E	D	172
尾渣	A	—	—	C	1 750

在表B.4中，使用了同样的LCI示例来说明另一种可能的架构方式。本表显示了架构不同过程组LCI输入和输出的示例。

表B.4 按过程组分类的结构矩阵

LCA输入/输出	能量供给/kg	运输/kg	其他/kg	合计/kg
硬煤	1 500	75	150	1 725
CO_2	5 500	1 000	250	6 750
NO_x	65	20	5	90
磷酸盐	5	10	13	28
AOX	0.01	—	0.6	0.61
城市废物	10	120	42	172
尾渣	1 000	250	500	1 750

其他的技术诸如确定相关的贡献并按所选择的准则加以排列的技术，遵循表B.2和B.3所显示的同样的程序。

B.2.5 表B.5显示了按照影响程度排列并按照单元过程组加以组织的LCI输入和输出示例，表述了不同的LCI输入和输出过程组。影响程度表述如下：

A：有效控制，可能有大的改进；
B：一般控制，可能有某些改进；
C：无控制。

表B.5 各过程组的LCI输入输出影响程度排列

LCI输入/输出	网电	现场能量供给	运输	其他	合计/kg
硬煤	C	A	B	B	1 725
CO_2	C	A	B	A	6 750
NO_x	C	A	B	C	90
磷酸盐	C	B	C	A	28
AOX	C	B	—	A	0.61
城市废物	C	A	C	A	172
尾渣	C	C	C	C	1 750

B.2.6 表B.6显示了对异常和非预期的结果进行评价并按单元过程组构成的LCI结果示例，表述了不同LCI输入和输出过程组，这种异常和非预期的结果标识如下：

●：非预期结果，例如贡献太大或太小；

#：异常结果，例如在预想无排放处发生了一定量的排放；

○：无注释。

异常结果可以表示计算或数据传送中的误差，因而宜予以认真考虑。在形成结论之前应对LCI或LCIA结果进行检查。

非预期结果也宜重新考虑并检查。

表B.6 过程组的LCI输入和输出异常和非预期结果的标识

LCI输入/输出	网电	现场能量供给	运输	其他	合计/kg
硬煤	○	○	●	○	1 725
CO_2	○	○	●	○	6 750
NO_x	○	○	○	○	90
磷酸盐	○	○	#	○	28
AOX	○	○	○	○	0.61
城市废物	○	●	○	●	172
尾渣	○	○	○	○	1 750

B.2.7 表B.7是一个基于LCIA结果的可能组织过程的示例。它将生命周期各阶段与类型参数结果，即全球变暖潜值（GWP_{100}）进行对照列表，显示了生命周期各阶段不同的类型参数。

通过表B.7中特定物质对类型参数结果的贡献进行分析，可确定具有最大贡献的过程或生命周期阶段。

表B.7 生命周期阶段类型参数结果（GWP100）的架构

全球变暖潜值（GWP_{100}）的来源	原材料生产/$kgCO_2$当量	制造过程/$kgCO_2$当量	使用阶段/$kgCO_2$当量	其他/$kgCO_2$当量	总GWP/$kgCO_2$当量
CO_2	500	250	1800	200	2750
CO	25	100	150	25	300
CH_4	750	50	100	150	1050
N_2O	1500	100	150	50	1800
CF_4	1900	250	—	—	2150
其他	200	150	120	80	550
合计	4875	900	2320	505	860

表B.8 生命周期阶段类型参数结果（GWP100）的百分比架构

GWP_{100}的来源	原材料生产/%	制造过程/%	使用阶段/%	其他/%	总GWP/%
CO_2	5.8	2	20.9	2.3	31.9
CO	0.3	1.1	1.7	0.3	3.4
CH_4	8.7	0.6	1.2	1.8	12.3
N_2O	17.4	1.2	1.8	0.6	21
CF_4	22.1	2.9	—	—	25.0
其他	2.4	1.7	1.4	0.9	6.4
合计	56.7	10.4	27	5.9	100

此外，还可考虑方法学的问题，例如运作不同的情景方案。通过显示那些与其他假设并行的结果，或通过确定哪些排放确实发生，可很容易地检查分配准则和取舍选择等的影响。

同样的，可通过证实各种假设对结果的不同影响来表明特征因素（例如GWP_{100}和GWP_{500}）对LCIA的影响或所选数据集对归一化和加权的影响。

B.2.8 总之，识别要素是为此后评估研究数据、信息和发现提供一种信息组织方法。建议考虑下列问题：

——各清单数据：排放物、能量和物质资源、废物等；
——各过程、单元过程或其他过程组；
——各生命周期阶段；
——各类型参数。

B.3 评估要素的示例

B.3.1 总则

评估要素和识别要素是同时进行的过程。为确定识别要素结果的可靠性和稳定性，这一反复进行的过程将对一些问题和任务做更详细的讨论。

B.3.2 完整性检查

完整性检查旨在确保所有阶段要求的全部信息和数据已被使用，并可用于解释。此外，还要确定数据断档并评估完成获取数据的需要。识别要素对于这些考虑是有价值的，表B.9显示了一个完整检查的示例，它是针对A和B两种选择之间的比较研究的。然而，完整性只是一个经验值，它是用来保证没有遗漏重要的已知因素。

表B.9 完整性检查一览表

过程单元	方案A	是否完整	要求的措施	方案B	是否完整	要求的措施
原材料生产	X	是		X	是	
能源供给	X	是		X	否	重新计算

续表

过程单元	方案A	是否完整	要求的措施	方案B	是否完整	要求的措施
运输	X	未知	检查清单	X	是	
加工	X	否	检查清单	X	是	
包装	X	是		—	否	与A比较
使用	X	未知	与B比较	X	是	
最终处置	X	未知	与B比较	X	未知	与A比较

注：X：数据可获得；—：当前无数据。

表B.9中得出的结果显示了一些需要做的工作。对原始清单进行再计算或再核查时需要一个反馈环。

例如，当某项产品的废物管理未知时，应对两种可能的选择进行比较。这种比较会导致对废物管理状态进行深入的研究，也可得出两种选择无明显不同或这种区别与规定的目的和范围无关的结论。

这种检查的基础是使用一份检查单，其中包括含规定的清单参数（例如排放物、能量和物质资源、废物）、规定的生命周期阶段和过程以及规定的类型参数等。

B.3.3 敏感性检查

敏感性分析（敏感性检查）试图确定假设、方法和数据的变化对结果的影响。通常所确定的最重大问题的敏感性都要通过检查。敏感性分析的程序是将使用某些给定的假设、方法或数据所获得的结果与使用改变了的假设、方法或数据所获得的结果进行对比。

在敏感性分析中，通常是在一定范围内改变假设和数据的范围（例如 ±25%），检查对结果的影响，然后对比两种结果。敏感性可以变化的百分比或以结果的绝对偏差来表示。在此基础上，结果的重大变化（例如大于10%）即可被确定。

另外，敏感性分析既可以在目的和范围的确定中提出，也可以基于经验或假设在研究过程中加以确定。敏感性分析对于以下假设、方法或数据的示例而言可能是有价值的：

——分配规则；
——取舍准则；
——边界设定和系统定义；
——数据的判断和假设；
——影响类型的选择；
——将清单结果划分到所选的影响类型中（分类）；
——类型参数结果的计算（特征化）；
——归一化结果；

——加权结果；

——加权方法；

——数据质量。

表B.10、表B.11和表B.12展示了如何在现有的LCI和LCIA敏感性分析结果基础上进行敏感性检查的示例。

表B.10 对分配准则的敏感性检查

硬煤需求	方案A	方案B	差值
按质量[物]分配/MJ	1 200	800	400
按经济价值分配/MJ	900	900	0
偏差/MJ	−300	+100	400
偏差/%	−25	+12.5	重大
敏感度/%	25	12.5	

从表B.10中可见分配具有显著影响，A和B两种方案在此情况下没有真正的差值。

表B.11 对数据不确定性的敏感性检查

硬煤需求	原材料生产	制造过程	使用阶段	合计
基础值/MJ	200	250	350	800
变化的假设/MJ	200	150	350	700
偏差/MJ	0	−100	0	−100
偏差/%	0	−40	0	−12.5
敏感性/%	0	40	0	12.5

从表B.11可以看到发生了重大变化，这些变化改变了结果。如果不确定性此时具有显著影响，则需要收集更新后的数据。

表B.12 对特征性数据的敏感性检查

GWP数据输入/影响	方案A	方案B	差值
GWP得分=100CO_2当量	2 800	3 200	400
GWP得分=500CO_2当量	3 600	3 400	−200
偏差	+800	+200	600
偏差/%	+28.6	+6.25	重大
敏感性/%	28.6	6.25	

从表B.12可以看到发生了重大变化，变化了的假设可以改变结论甚至得出相反结论；同时A和B两种方案之间的区别比最初预想的要小。

B.3.4 一致性检查

一致性检查旨在确定假设、方法、模型和数据在产品的生命周期进程中或几种方案之间是否始终一致。不一致的示例如下：

a) 数据来源不同，例如方案A的数据来源于文献资料，而方案B的数据来源于原始数据；

b) 数据的准确性不同，例如方案A可以得到一个非常详细的过程树和过程表述，而方案B则被表述为一个累积的黑箱系统；

c) 技术覆盖面不同，例如方案A的数据基于实验过程（例如中间实验阶段使用新型催化剂使过程效率更高），而方案B的数据则是基于现有大规模使用的技术；

d) 时间跨度不同，例如方案A的数据描述了最近开发的技术，而方案B则描述了技术组合，包括新建的和原有的工厂；

e) 数据年限不同，例如方案A的数据是已收集了5年之久的原始数据，而方案B的数据是最近刚收集的；

f) 地域广度不同，例如方案A的数据描述了一个典型的欧洲技术组合，而方案B则描述了具有严格环境保护政策的欧盟成员国家或一个单一的工厂。

有些不一致，可以按规定的目的和范围进行调整。在其他所有情况下，存在重大区别，还应在得出结论和提出建议之前考虑其有效性和影响。

表B.13提供了LCI研究中一致性检查结果的示例。

表B.13 一致性检查的结果

检查	方案A		方案B	A与B比较	措施
数据来源	文献资料	是	原始数据	OK 一致	无
数据精确性	良好	是	弱	不符合目的和范围 不一致	再访问B
数据年限	2年	是	3年	OK 一致	无
技术覆盖面	现有技术	是	试点工厂	OK 不一致	满足研究目标时无
时间跨度	最近	是	现在	OK 一致	无
地域广度	欧洲	是	美国	OK 一致	无

附录二

GB

中华人民共和国国家标准

GB/T 24040—2008/ISO 14040:2006
部分代替 GB/T 24040—1999；GB/T 24041—2000；
GB/T 24042—2002；GB/T 24043—2002；

环境管理

生命周期评价　原则与框架

Environmental management—Life cycle assessment—Principles and frameworks
（ISO 14044:2006, IDT）

2008-05-26发布　　　　　　　　　　　　　　　2008-11-01实施

中华人民共和国国家质量监督检验检疫总局
中国国家标准化管理委员会　　发布

环境管理 生命周期评价

原则与框架

1 范围

本标准阐述了生命周期评价（LCA）的原则与框架，包括：

a）LCA目的和范围的确定；

b）生命周期清单分析（LCI）阶段；

c）生命周期影响评价（LCIA）阶段；

d）生命周期解释阶段；

e）LCA的报告和鉴定性评审；

f）LCA的局限性；

g）LCA各阶段间的关系；

h）价值选择和可选要素应用的条件。

本标准涵盖了生命周期评价（LCA）研究和生命周期清单（LCI）研究，但未详述LCA的技术，也不对LCA各阶段的方法学进行规定。

对LCA和LCI结果的应用在定义目的和范围时应予以考虑，但应用本身不在本标准的范围之内。本标准不拟用于契约、法规、注册和认证等。

2 规范性引用文件

下列文件中的条款通过本标准的引用而成为本标准的条款。凡是注日期的引用文件，其随后所有的修改单（不包括勘误的内容）或修订版均不适用于本标准，然而，鼓励根据本标准达成协议的各方研究是否可使用这些文件的最新版本。凡是不注日期的引用文件，其最新版本适用于本标准。

GB/T 24044—2008 环境管理生命周期评价要求与指南（ISO 14044: 2006, Environmental management—Life cycle assessment—Requirements and guidelines, IDT）

3 术语和定义

下列术语和定义适用于本标准。

3.1

生命周期 life cycle

产品系统中前后衔接的一系列阶段，从自然界或从自然资源中获取原材料，直至最终处置。

3.2

生命周期评价 life cycle assessment（LCA）

对一个产品系统的生命周期中输入、输出及其潜在环境影响的汇编和评价。

3.3

生命周期清单分析　life cycle inventory analysis（LCI）

生命周期评价中对所研究产品整个生命周期中输入和输出进行汇编和量化的阶段。

3.4

生命周期影响评价　life cycle impact assessment（LCIA）

生命周期评价中理解和评价产品系统在产品整个生命周期中的潜在环境影响大小和重要性的阶段。

3.5

生命周期解释　life cycle interpretation

生命周期评价中根据规定的目的和范围的要求对清单分析和（或）影响评价的结果进行评估以形成结论和建议的阶段。

3.6

对比论断　comparative assertion

对于一种产品优于或等同于具有同样功能的竞争产品的环境声明。

3.7

透明性　transparency

对信息的公开、全面和明确表述。

3.8

环境因素　environmental aspect

一个组织的活动、产品或服务中能与环境发生相互作用的要素。

[GB/T 24001:2004，定义3.6]

3.9

产品　product

任何商品或服务。

注1：商品按如下分类：

——服务（例如运输）；

——软件（例如计算机程序、字典）；

——硬件（例如发动机机械零件）；

——流程性材料（例如润滑油）。

注2：服务分为有形和无形两部分，它包括如下几个方面：

——在顾客提供的有形产品（例如维修的汽车）上所完成的活动；

——在顾客提供的无形产品（例如为纳税所进行的收入申报）上所完成的活动；

——无形产品的支付（例如知识传授方面的信息提供）；

——为顾客创造氛围（例如在宾馆和饭店）。

软件由信息组成，通常是无形产品并可以方法、论文或程序的形式存在。

硬件通常是有形产品，其量具有计数的特性。流程性材料通常是有形产品，其量具有连续的特性。

注3：源自GB/T 24021—2001和ISO 9000: 2005。

3.10

共生产品　co-product

同一单元过程或产品系统中产出的两种或两种以上的产品。

3.11

过程　process

一组将输入转化为输出的相互关联或相互作用的活动。

[ISO 9000: 2005，定义3.4.1（不包括注解）]

3.12

基本流　elementary flow

取自环境，进入所研究系统之前没有经过人为转化的物质或能量，或者是离开所研究系统，进入环境之后不再进行人为转化的物质或能量。

3.13

能量流　energy flow

单元过程或产品系统中以能量单位计量的输入或输出。

注：输入的能量流称为能量输入；输出的能量流称为能量输出。

3.14

原料能　feedstock energy

输入到产品系统中的原材料所含的不作为能源使用的燃烧热，它通过热值的高低来表示。

注：有必要确保原材料的能量不被重复计算。

3.15

原材料　raw material

用于生产某种产品的初级和次级材料。

注：次级材料包括再生利用材料。

3.16

辅助性输入　ancillary input

单元过程中用于生产有关产品，但不构成该产品一部分的物质输入。

3.17

分配　allocation

将过程或产品系统中的输入和输出流划分到所研究的产品系统以及一个或更多的其他产品系统中。

3.18

取舍准则　cut-off criteria

对与单元过程或产品系统相关的物质和能量流的数量或环境影响重要性程度是否被

排除在研究范围之外所做出的规定。

3.19

数据质量　data quality

数据在满足所声明的要求方面的能力特性。

3.20

功能单位　functional unit

用来作为基准单位的量化的产品系统性能。

3.21

输入　input

进入一个单元过程的产品、物质或能量流。

注：产品和物质包括原材料、中间产品和共生产品。

3.22

中间流　intermediate flow

介于所研究的产品系统的单元过程之间的产品、物质和能量流。

3.23

中间产品　intermediate product

在系统中还需要作为其他过程单元的输入而发生继续转化的某个过程单元的产出。

3.24

生命周期清单分析结果　life cycle inventory analysis result（LCI result）

生命周期清单分析的成果，据此对通过系统边界的能量流和物质流进行分类，并作为生命周期影响评价的起点。

3.25

输出　output

离开一个单元过程的产品、物质或能量流。

注：产品和物质包括原材料、中间产品、共生产品和排放物。

3.26

过程能量　process energy

在单元过程中，用于运行该过程或其中的设备所需的能量输入，不包括能量自身生产和运输所需的能量输入。

3.27

产品流　product flow

产品从其他产品系统进入到本产品系统或离开本产品系统而进入其他产品系统。

3.28

产品系统　product system

拥有基本流和产品流，同时具有一种或多种特定功能，并能模拟产品生命周期的单元过程的集合。

3.29

基准流　reference flow

在给定产品系统中，为实现一个功能单位的功能所需的过程输出量。

3.30

排放物　releases

排放到空气、水体和土壤中的物质。

3.31

敏感性分析　sensitivity analysis

用来估计所选用方法和数据对研究结果影响的系统化程序。

3.32

系统边界　system boundary

通过一组准则确定哪些单元过程属于产品系统的一部分。

注：在本标准中，术语"系统边界"与LCIA无关。

3.33

不确定性分析　uncertainty analysis

用来量化由于模型的不准确性、输入的不确定性和数据变动的累积而给生命周期清单分析结果带来的不确定性的系统化程序。

注：区间或概率分布被用来确定结果中的不确定性。

3.34

单元过程　unit process

进行生命周期清单分析时为量化输入和输出数据而确定的最基本部分。

3.35

废物　waste

处置的或打算予以处置的物质或物品。

注：本定义源自《控制危险废物越境转移及其处置的巴塞尔公约》（1989年3月22日），但在本标准中不局限于危险废物。

3.36

类型终点　category endpoint

用于识别特定环境问题所涉及的自然环境、人体健康或资源的属性或组成，并给出相应的原因。

3.37

特征化因子　characterization factor

由特征化模型导出，用来将生命周期清单分析结果转换成类型参数共同单位的因子。

注：共同单位使类型参数结果的计算得以实现。

3.38

环境机制　environmental mechanism

特定影响类型的物理、化学或生物过程系统，它将生命周期清单分析结果与类型参数和类型终点相联系。

3.39

影响类型　impact category

所关注的环境问题的分类，生命周期清单分析的结果可划归到其中。

3.40

影响类型参数　impact category indicator

对影响类型的量化表达。

注：为便于阅读，在本标准中使用缩略语"类型参数"。

3.41

完整性检查　completeness check

验证生命周期评价各阶段所得出的信息是否足以得出与目的和范围相一致的结论的过程。

3.42

一致性检查　consistency check

验证在得出结论之前研究过程中所应用的假设、方法和数据的前后一致性，以及是否与所规定的目的和范围保持一致的过程。

3.43

敏感性检查　sensitivity check

验证在敏感性分析中所获得的信息是否与结论和给出的建议相关的过程。

3.44

评估　evaluation

在生命周期解释阶段中用于确定生命周期结果置信度的要素。

注：评估包括完整性检查、敏感性检查、一致性检查以及对任何根据研究规定的目的和范围所进行的核查。

3.45

鉴定性评审　critical review

确保生命周期评价和生命周期评价标准的原则与要求保持一致的过程。

注1：原则在本标准的4.1中已做出规定。

注2：要求在GB/T 24044做出了规定。

3.46

相关方　interested party

关注一个产品系统的环境绩效或其生命周期评价的结果，或受到它们影响的个人或团体。

4 生命周期评价（LCA）的总体描述

4.1 LCA的原则

4.1.1 概述

以下原则均是最基本的，宜作为决定策划和实施LCA的指导。

4.1.2 生命周期的观点

LCA考虑产品的整个生命周期，即从原材料的获取、能源和材料的生产、产品制造和使用、到产品。生命末期的处理以及最终处置。通过这种系统的观点，就可以识别并可能避免整个生命周期各阶段或各环节的潜在环境负荷的转移。

4.1.3 以环境为焦点

LCA关注产品系统中的环境因素和环境影响，通常不考虑经济和社会因素及其影响。其他的工具可以结合LCA进行更广泛的评价。

4.1.4 相对的方法和功能单位

LCA是围绕功能单位构建的一个相对的方法。功能单位定义了研究的对象。所有的后续分析以及LCI中的输入输出和LCIA结果都与功能单位相对应。

4.1.5 反复的方法

LCA是一种反复的技术。LCA的每个阶段都使用其他阶段的结果。在每个阶段中以及各阶段之间应用这种反复的方法将使研究工作以及报告结果具有全面性和一致性。

4.1.6 透明性

由于LCA固有的复杂性，透明性是实施LCA中的一个重要指导原则，以确保对结果做出恰当的解释。

4.1.7 全面性

LCA考虑了自然环境、人类健康和资源的所有属性或因素。通过对一项研究中所有属性和因素进行全视角的考虑，就能识别并评价需要进行权衡的问题。

4.1.8 科学方法的优先性

LCA中的决策更适宜以自然科学为基础。如果不可能，则可以应用其他的科学方法（例如社会和经济科学）或者是参考国际惯例。如果既没有科学基础存在，也没有基于其他科学方法的理由，同时也没有国际惯例可以遵循，那么所做的决策可建立在价值选择的基础之上。

4.2 LCA的阶段

4.2.1 LCA研究包括以下4个阶段，其相互关系见图1。

——目的和范围的确定；
——清单分析；
——影响评价；
——解释。

4.2.2 LCI研究包括以下3个阶段：

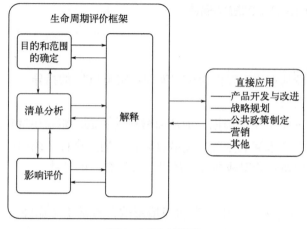

图1　LCA的阶段

——目的和范围的确定；
——清单分析；
——解释。

4.2.3　LCA的结果可应用于各类决策过程。对LCA或LCI研究结果的直接应用见图1，例如按照LCA或LCI研究目的和范围中所打算的应用。更多的LCA应用领域方面的信息参见附录A。

4.3　LCA的主要特征

LCA方法学的一些主要特征概述如下：

a）LCA根据所确定的目的和范围，从原材料的获取到最终处置的全过程，对产品系统的环境因素和影响进行系统的评价；

b）LCA相对性应归因于方法学中功能单位的特征；

c）LCA研究的时间跨度和研究深度可存在很大的不同，这取决于所确定的目的和范围；

d）按照LCA的应用意图，对保密和所有权做出规定；

e）LCA方法学是开放的，以便容纳新的科学发现与最新技术发展；

f）用于向公众发布对比论断的LCA研究要考虑一些具体要求；

g）LCA研究不存在一种统一模式，组织按照本标准提供的原则和框架，并根据应用意图和组织的要求，予以灵活地实施；

h）LCA不同于许多其他的技术（例如环境绩效评价、环境影响和风险评价等），因为它是基于功能单位的一个相对的方法，然而，LCA可以利用通过其他技术得到的信息；

i）LCA关注潜在的环境影响；但LCA不预测绝对的或精确的环境影响，因为：

——它是基于基准单位对潜在环境影响的相对表述，
——它是对环境数据在空间和时间上的整合，
——它具有环境影响模拟中固有的不确定性，
——某些可能的环境影响明显是指未来影响；

j）LCIA结合LCA其他阶段为一个或多个产品系统提供了一个关于环境和资源问题的系统的全景；

k）LCIA将LCI的结果划归到相应的影响类型；每种影响类型选择一个类型参数，并计算得出类型参数结果；全部类型参数结果（LCIA结果）提供了关于产品系统输入和输出中环境问题的相关信息；

l）目前还没有一个科学的依据将LCA结果简化为一个单一的综合得分或数值，因为加权要求进行价值选择；

m）生命周期解释是为实现研究中所规定的目的和范围中的要求，在LCA发现的基础上，利用一套系统化的程序来确定、证明、检查、评估并得出其结论；

n）生命周期解释在解释阶段和LCA其他阶段中反复运用这一套程序；

o）生命周期解释通过强调与LCA研究目的和范围相关的优势和局限性，对LCA和其他环境管理技术的相互衔接做出了相应规定。

4.4 产品系统的总体概念

LCA将产品的生命周期作为产品系统进行模拟，该系统具有一个或多个特定功能。

一个产品系统的基本性质取决于它的功能，而不能仅从最终产品的角度来表述。图2为一个产品系统的例子。

产品系统可再分为一组单元过程（见图3）。单元过程之间通过中间产品流和（或）待处理的废物质流相联系，与其他产品系统之间通过产品流相联系，与环境之间通过基本流相联系。

将一个产品系统划分为单元过程，有助于识别产品系统的输入与输出。在许多情况下，某些输入参与输出产品的构成，而有些输入（辅助性输入）仅用于单元过程的内部而不参与输出产品的构成。作为单元过程活动的结果，还产生其他输出［基本流和（或）产品］。单元过程边界的确定取决于为满足研究目的而建立的模型的详略程度。

基本流包括系统中资源的使用以及向空气、水体和土壤的排放物。解释就是根据LCA研究的目的和范围从这些数据中（LCI的结果，并作为LCIA的输入）做出的。

示例：

进入过程单元的基本流：原油和太阳辐射。

离开过程单元的基本流：向空气、水体和土壤中的排放以及辐射。

中间产品流：基础材料或部件。

进入或离开系统的产品流：再生材料和再使用部件。

5 方法学框架

5.1 总体要求

当开展LCA时，应遵循GB/T 24044中的要求。

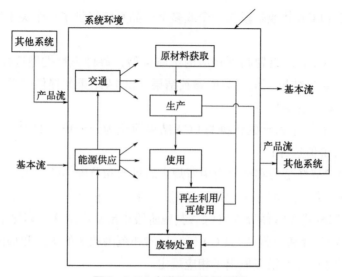

图2 LCA中产品系统的示例

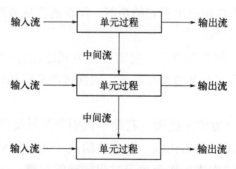

图3 产品系统中一组单元过程的示例

5.2 目的和范围的确定

5.2.1 概述

5.2.1.1 LCA的目的

——应用意图；

——开展该项研究的理由；

——沟通对象（即研究结果的接受者）；

——结果是否将被用在对比论断中，并向公众发布。

宜对范围做出很好的规定以确保该研究的广度、深度和详尽程度能满足所制定的目的。

5.2.1.2 LCA的范围

——所研究的产品系统；

——产品系统的功能，或在比较研究的情况下系统的功能；

——功能单位；
——系统边界；
——分配程序；
——所选择的影响类型和影响评价的方法学，以及后续对应用的解释；
——数据要求；
——假设；
——限制；
——初始数据质量要求；
——鉴定性评审的类型（如果有）；
——研究所要求的报告类型和格式。

LCA研究是一个反复的技术，随着对数据和信息的收集，可能需要对研究范围的各个方面加以修改，以满足原定的研究目的。

5.2.2 功能、功能单位和基准流

一个系统可能同时具备若干种功能，而研究中选择哪一种（或几种）功能主要取决于LCA的目的和范围。

功能单位量化了所选定的产品功能（绩效特征）。功能单位的首要目的是为相关的输入和输出提供参考。这种参考对确保LCA结果具有可比性很有必要。当对不同的系统进行评价时，LCA结果的可比性十分关键，它能确保这种比较建立在一个共同的基础之上。

为实现预定的功能，在每一个产品系统中，确定基准流很重要，例如实现某功能所需产品的数量。

示例：对提供"干手"功能的纸巾和空气干手机两种系统的研究。

可将相同的"干手"的数量作为两种系统共同的功能单位，并确定各自的基准流。在这两种情况下，相应的基准流分别为一次擦（烘）干所需纸巾的平均质量和热空气的平均体积。接下来就可以根据基准流编制出输入和输出的清单。在最简单的情况下，可以认为使用纸巾时，它与纸巾的消耗量有关，使用空气干手机时，则主要与烘干手所需的热空气的体积有关。

5.2.3 系统边界

LCA通过模拟产品系统来开展，所建立的产品系统模型表达了物理系统中的关键要素。确定系统边界，即确定要纳入系统的单元过程。理想情况下，建立产品系统的模型时，宜使其边界上的输入和输出均为基本流。然而，不必为量化那些对总体研究结论影响不大的输入和输出而耗费资源。

对于所要建立模型的物理系统中要素的选择取决于研究的目的和范围、应用意图和沟通对象、所做的假设、数据和费用的限制，以及取舍准则。宜对所应用的模型做出表述，并对支持这些选择的假设加以识别。在研究中所应用的取舍准则也宜做出描述并被理解。

在设定系统边界时所遵循的准则对于研究结果的置信度和实现研究目的的可能性都是十分重要的。

当设定系统边界时,以下几个生命周期阶段、单元过程和流都宜被考虑,例如:
——原材料的获取;
——制造加工主生产工艺中的输入和输出;
——配送/运输;
——燃料、电力和热力的生产和使用;
——产品的使用和维护;
——过程废物和产品的处置;
——用后产品的回收(包括再使用、再生利用和能量回收);
——辅助性物质的生产;
——固定设备的生产、维护和报废;
——辅助性作业,例如照明和供热。

在很多情况下,最初定义的系统边界需要不断地进行改进。

5.2.4 数据质量要求

数据质量要求规定了研究所需数据的特征。

数据质量的描述对于理解研究结果的可靠性和解释研究结果十分重要。

5.3 生命周期清单分析(LCI)

5.3.1 概述

清单分析包括数据的收集和计算,以此来量化产品系统中相关输入和输出。

进行清单分析是一个反复的过程。当取得了一批数据,并对系统有进一步的认识后,可能会出现新的数据要求,或发现原有的局限性,因而要求对数据收集程序做出修改,以适应研究目的。有时也会要求对研究目的和范围加以修改。

5.3.2 数据收集

在系统边界中每一个单元过程的数据可以按以下类型来划分,包括:
——能量输入、原材料输入、辅助性输入、其他实物输入;
——产品、共生产品和废物;
——向空气、水体和土壤中的排放物;
——其他环境因素。

数据收集是一个资源密集的过程。在数据收集中受到的实际限制宜在研究范围中予以考虑,并载入研究报告。

5.3.3 数据计算

数据收集后,计算程序包括:
——对所收集数据的审定;
——数据与单元过程的关联;
——数据与功能单位的基准流的关联。

对该模拟的产品系统中每一单元过程和功能单位求得清单结果。

对能量流的计算应对不同的燃料或电力来源、能量转换和传输的效率，以及产生和使用上述能量流时的输入和输出予以考虑。

5.3.4 物质流、能量流和排放物的分配

只产出单一产品，或者其原材料输入和输出仅体现为一种线性关系的工业过程极为少见。事实上，大部分工业过程都是产出多种产品，并将中间产品和弃置的产品通过再生利用当作原材料。

因此，在对包含有多个产品或循环体系的系统时，宜考虑分配程序的需要。

5.4 生命周期影响评价（LCIA）

5.4.1 概述

LCA中影响评价的目的是根据LCI的结果对潜在环境影响的程度进行评价。一般说来，这一过程包括与清单数据相关联的具体的环境影响类型和类型参数，这样便于认识这些影响。LCIA还为生命周期解释阶段提供必要的信息。

影响评价可以包括一个反复评审LCA研究目的和范围的过程，通过这个过程来确定是否已经达到研究目的，如果研究目的无法实现，则需要对目的和范围进行修改。

在LCIA阶段，影响类型的选择、模拟，以及评估等都受到主观因素的影响。因此，为确保能清楚地说明和报告研究中的假设，透明性对于影响评价十分关键。

5.4.2 LCIA的要素

LCIA阶段的要素见图4。

注：关于LCIA术语更多的解释见GB/T 24044。

将LCIA阶段划分为不同的要素是十分有必要的，也是十分有帮助的，原因如下：

a）LCIA的每种要素都有不同特点并能明确定义；

b）便于在LCA研究目的和范围的确定阶段对每种要素分别加以考虑；

c）便于对每项要素的LCIA方法、假设以及其他决定分别进行质量评价；

d）能使每项要素中的LCIA程序、假设以及其他操作具有透明度，以便进行鉴定性评审和编写报告；

e）能使每项要素中对价值的选用和主观性（以下称价值选择）具有透明度，以便进行鉴定性评审和编写报告。

评价的详细程度、评价哪些影响以及采用的方法是由研究的目的和范围决定的。

5.4.3 LCIA的局限性

LCIA仅涉及在目的和范围内所识别的那些环境问题。因此，LCIA并不是对所研究的产品系统中所有环境问题的完整评价。

LCIA不是总能反映影响类型和备选产品系统的有关参数结果中的重大差别。这是因为：

——LCIA阶段的特征化模型、敏感性分析和不确定性分析不是很完善；

——来自LCI阶段的局限，例如由于取舍和数据断档使设定的系统边界未纳入产品

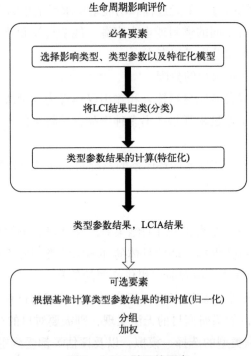

图4　LCIA阶段的要素

系统可能的所有单元过程或未包括每个单元过程的所有输入和输出；

——来自LCI阶段的局限，例如由于分配和合并程序的不确定性或差异产生的LCI数据质量问题；

——每种影响类型所收集的清单数据在适宜性和代表性方面的不足所带来的局限。

LCI结果中缺乏时空属性给LCIA结果带来不确定性。这种不确定性因具体影响类型的空间和时间特性而异。

目前在清单数据和具体的潜在环境影响之间建立一致、准确的联系过程中，尚不存在普遍接受的方法。各种影响类型的模型目前处在不同的发展阶段。

5.5　生命周期解释

生命周期解释是综合考虑清单分析和影响评价发现的一个阶段。如果仅仅是LCI，则只考虑清单分析的结果。解释阶段的结果应与所规定的目的和范围保持一致，并得出相应的结论、对局限性做出解释，以及提出建议。

解释宜反映出LCIA的结果是基于一个相对的方法得出的事实。该结果表明的是潜在的环境影响，它并不对类型终点、超出阈值、安全极限或风险等实际影响进行预测。

解释的发现可根据研究目的和范围，采取向决策者提交结论和建议的形式。

生命周期解释还根据研究目的和范围提供关于LCA研究结果的易于理解的、完整的和一致性的说明。

解释阶段可包含一个根据研究目的对LCA的范围以及所收集数据的性质和质量进行评审与修订的反复过程。

生命周期解释的发现宜反映出评估要素的结果。

6 报告

报告是一个完整的LCA所必不可少的部分。一个有效的报告宜对所研究的不同阶段分别做出说明。

以适当的形式向沟通对象报告LCA的结果和结论,解释研究中的数据、方法、假设以及局限性。

如果研究延伸至LCIA阶段,并且要向第三方报告,则宜对下列问题做出报告:

——与LCI结果的关系;
——数据质量的描述;
——所保护的类型终点;
——影响类型的选择;
——特征化模型;
——因子和环境机制;
——LCIA结果。

在报告中宜说明LCIA结果的相对性,以及对类型终点影响预测的不足性。在LCIA阶段,宜针对特征化模型、归一化、加权等要素中所使用的价值选择进行描述并提供参考。

当研究结果要以对比论断的形式向公众发布时,还应包括GB/T 24044中的其他要求。此外,在报告解释阶段,GB/T 24044要求在价值选择、基本原理和专家判断中保持完全透明。

7 鉴定性评审

7.1 概述

鉴定性评审是一个核查某个LCA是否满足方法学、数据、解释和报告要求的过程,同时也核查它是否符合基本原则。

一般情况下,LCA的鉴定性评审可选用7.3中所列出的任何一种方式。鉴定性评审不能核查或审定LCA研究的委托方所选定的目的,也不能核查或审定LCA结果应用的途径。

7.2 鉴定性评审的必要性

鉴定性评审有助于各方(例如相关方)对LCA研究的理解并提高研究的可信度。

如果利用LCA研究的结果支持对比论断,则会引起特殊的关注,因此需要进行鉴定性评审,因为该应用可能影响到LCA研究以外的相关方。进行了鉴定性评审并不意味着认可基于该LCA研究的对比论断。

7.3 鉴定性评审过程

7.3.1 概述

鉴定性评审的范围和类型应在LCA的范围中予以确定。范围中应明确说明鉴定性评审的原因、内容、详细程度以及参与者。

评审应确保分类、特征化、归一化、分组以及加权等要素的充分性并形成书面文件，以保证生命周期解释能够开展。

需要时可加入LCA内容的保密协议。

7.3.2 内部或外部专家的鉴定性评审

内部或外部专家宜熟悉LCA的要求，并具有适当的科学技术经验。

7.3.3 相关方评审组的鉴定性评审

由研究的委托方选定一名独立的外部专家担任评审组负责人，评审组至少包括3名成员。根据评审的目的、范围和经费，负责人宜挑选其他独立的具备资格的评审专家。

评审组中可包含受LCA研究结论影响的其他相关方，例如政府机构、非官方团体、竞争对手以及受影响的企业等。

附录A
（资料性附录）
LCA的应用

A.1 应用领域

A.1.1 LCA的应用意图在4.2中做了说明（见图1），它不是唯一的，是可以效仿的。LCA的应用不在本标准的范围之内。

在环境管理体系和工具领域中更多的应用包括：

a）环境管理体系和环境绩效评价（GB/T 24001、GB/T 24004、GB/T 24031和ISO/TR 14032），例如组织中产品和服务的重要环境因素的识别；

b）环境标志和声明（GB/T 24020、GB/T 24021和ISO 14025）；

c）将环境因素引入产品的设计和开发（环境设计 XISO/TR 14062）；

d）产品标准中对环境因素的考虑指南（ISO指南64）；

e）环境信息交流（ISO 14063）；

f）组织和项目层次的温室气体排放和清除的量化、监测和报告以及对温室气体声明的审定和核查（ISO 14064）。

在私有和公有的组织中有很多潜在的更深入的应用。下面所列的技术、方法和工具并不是以LCA技术为基础的，但它们都很好地运用了生命周期的方法、原则和框架。它们是：

——环境影响评价（EIA）；

——环境管理会计（EMA）；

——政策评价（再生利用模式等）；

——可持续性评价；经济和社会因素虽然没有包括在LCA中，但它的程序和准则可被有能力的团体所应用；

——物质流分析（SFA和MFA）；

——化学品的危害和风险评价；

——设备和工厂的风险分析和管理；

——产品防护、供应链管理；

——生命周期管理（LCM）；

——体现生命周期思想的设计理念；

——生命周期成本（LCC）。

对于不同应用的澄清、考虑、实践、简化和选择不在本标准的范围之内。

A.1.2　如何在决策制定中最有效地应用LCA工具并没有一个独一无二的方法。每一个组织必须根据组织的规模和文化、产品、战略、内部体系、工具和程序以及外部的驱动力等因素来解决这一问题。

LCA可以在很多领域应用。对LCA在很多潜在领域的独立应用、改进和实践都是以GB/T 24044标准为基础的。

另外，LCA技术经过验证之后可以应用到非LCA或LCI的研究之中。例如：

——摇篮到厂门的研究；

——厂门到厂门的研究；

——生命周期的特定部分（例如废物管理、产品的组成等）。

对于这些研究，在本标准和GB/T 24044中的大部分要求都是可以应用的（例如数据质量、收集和计算，以及分配和鉴定性评审），但并不是所有的要求在系统边界内都可以应用。

A.1.3　在某些应用中，作为LCIA的一部分，确定每一个单元过程或生命周期各阶段的指标结果，以及通过将不同的单元过程或阶段的指标结果进行加和来计算整个产品系统的指标结果都是可行的。

只要满足如下条件，则这些应用也符合本标准的要求。

——在目的和范围确定阶段予以明确；

——表明通过这些应用得出的结果与根据本标准和GB/T 24044的指南所进行的LCA的结果是等同的。

A.2　应用途径

在界定LCA范围时有必要从决策层面考虑，例如所研究的产品系统宜重点关注受应用意图影响的产品和过程。

各种应用都与决策相关，其目的是为改善环境，这也正是GB/T 24000系列标准关注的问题。因此，LCA应研究那些由LCA支持的决策所影响的产品和过程。

某些LCA应用并没有直接表现出要改善环境，例如将LCA用于产品生命周期的教育和信息中。然而，一旦这些信息得以应用到实践中，就可以起到改善环境的作用。因此，有必要对这些信息给予特殊的关注以确保它们在可以被应用的地方得到利用。

近年来，有两种不同的LCA方法得到了发展。它们是：

a）研究一个特定的产品系统的基本流和潜在的环境影响，例如对不同时期的产品进行核算；

b）在可替代的产品系统中研究可能（未来）的环境结果的变化。

附录三

GB

中华人民共和国国家标准

GB/T 24025—2009/ISO 14025:2006

环境标志和声明

Ⅲ型环境声明　原则和程序

Environmental labels and declarations—Type Ⅲ environniental declarations
—Principles and procedures
(ISO 14025:2006 JDT)

2009-07-10发布　　　　　　　　　　　　　　2009-12-01实施

中华人民共和国国家质量监督检验检疫总局　　发布
中国国家标准化管理委员会

环境标志和声明

Ⅲ型环境声明 原则和程序

1 范围

本标准规定了Ⅲ型环境声明计划和Ⅲ型环境声明的原则和程序，特别是运用GB/T 24040系列标准开发Ⅲ型环境声明计划和Ⅲ型环境声明。除了GB/T 24020中给出的原则，本标准还规定了使用环境信息的原则。

本标准适用于供应商与采购商之间的交流，但在一定条件下也用于供应商与消费者之间的交流。

本标准不超越或不以任何方式改变法律要求的环境信息、声明或标志，或任何其他适用的法律要求。

本标准不包含行业特定的规定，这些内容将在其他ISO文件中予以规定。其他ISO文件中与Ⅲ型环境声明有关的行业规定旨在基于并使用本标准的原则和程序。

2 规范性引用文件

下列文件中的条款通过本标准的引用而成为本标准的条款。凡是注日期的引用文件，其随后所有的修改单（不包括勘误的内容）或修订版均不适用于本标准，然而，鼓励根据本标准达成协议的各方研究是否可使用这些文件的最新版本。凡是不注日期的引用文件，其最新版本适用于本标准。

GB/T 24001—2004 环境管理体系 要求及使用指南（ISO14001: 2004，IDT）

GB/T 24020—2000 环境管理 环境标志和声明 通用原则（ISO 14020: 2000，Environmental labels and declarations—General principles, IDT）

GB/T 24021—2001 环境管理 环境标志和声明 自我环境声明（Ⅱ型环境标志）[ISO 14021: 1999, Environmental labels and declarations—Self-declared environmental claims (Type Ⅱ environ-mental labelling), IDT]

GB/T 24024—2001 环境管理 环境标志和声明 I型环境标志 原则和程序（ISO 14024: 1999, Environmental labels and declarations—Type I environmental labelling—Principles and proce-dures, IDT）

GB/T 24040—2008[❶] 环境管理 生命周期评价 原则与框架（ISO 14040: 2006, IDT）

GB/T 24044—2008[❶] 环境管理 生命周期评价 要求与指南（ISO 14044: 2006，IDT）

GB/T 24050 环境管理 术语（GB/T 24050—2004，ISO 14050: 2002，IDT）

3 术语和定义

GB/T 24050确立的以及下列术语和定义适用于本标准。

[❶] GB/T 24040—2008 和 GB/T 24044—2008 已代替 GB/T 24040—1999，GB/T 24041—2000，GB/T 24042—2002，GB/T 24043—2002。

3.1

环境标志　environmental label

环境声明　environmental declaration

用来表述产品（3.11）或服务的环境因素的声明。

注：环境标志或声明的形式可以是出现于产品或包装标签上，或置于产品文字资料、技术公告、广告或出版物等中的说明、符号或图形。

[GB/T 24020—2000，定义3.1]

3.2

Ⅲ型环境声明　Type Ⅲ environmental declaration

提供基于预设参数的量化环境数据的环境声明（3.1），必要时包括附加环境信息。

注1：预设参数基于GB/T 24040系列标准，包括GB/T 24040和GB/T 24044。

注2：附加环境信息可以是定性的也可以是定量的。

3.3

Ⅲ型环境声明计划　Type Ⅲ environmental declaration programme

基于一套运行规则，编制和使用Ⅲ型环境声明（3.2）的自愿性计划。

3.4

计划执行者　programme/operator

实施Ⅲ型环境声明计划（3.3）的团体。

注：计划执行者可以是一个公司或一组公司、工业部门、贸易协会、政府机构、独立的学术团体，或其他组织。

3.5

产品种类规则　product category rules（PCR）

对一个或多个产品种类（3.12）进行Ⅲ型环境声明（3.2）所必须满足的一套具体的规则、要求和指南。

3.6

产品种类规则评审　PCR review

第三方（3.10）小组对产品种类规则（3.5）进行验证的过程。

3.7

能力　competence

经证实的个人素质以及经证实的应用知识和技能的本领。

[GB/T 19011—2003，定义3.14]

3.8

验证者　verifier

执行验证（3.9）的个人或机构。

3.9

验证　verification

通过提供客观证据对规定要求已得到满足的认定。
[GB/T 19000—2008，定义3.8.4]

3.10

第三方 third party

在所涉及的问题上，被公认是独立于有关各方面的个人或机构。

注："有关各方"通常是指供方（"第一方"）和购买方（"第二方"）。

[GB/T24024—2001，定义3.7]

3.11

产品 product

任何商品或服务。

[GB/T 24024—2001，定义3.2]

3.12

产品种类 product category

具有同等功能的产品（3.11）组群。

[GB/T 24024—2001，定义3.3]

3.13

信息模块 information module

覆盖产品（3.11）生命周期（3.20）的一个单元过程或一组单元过程的，用作Ⅲ型环境声明（3.2）基础的数据汇总。

3.14

功能单位 functional unit

用来作为基准单位的量化的产品系统性能。

[GB/T 24040—2008，定义3.20]

3.15

相关方 interested party

关注开发和使用Ⅲ型环境声明（3.2），或受其影响的个人或团体。

3.16

消费者 consumer

为了私人用途而购买或使用商品、财产或服务的一般公众个人。

（参考文献[5]，4.3）

3.17

环境因素 environmental aspect

一个组织的活动、产品和服务中能与环境发生相互作用的要素。

[GB/T 24040—2008，定义3.8]

3.18

环境影响 environmental impact

全部或部分地由组织的环境因素（3.17）给环境造成的任何有害或有益的变化。

[GB/T 24001—2004，定义3.7]

3.19 对比论断　comparative assertion

对于一种产品优于或等同于具有同样功能的竞争产品（3.11）的环境声明。

[GB/T 24040—2008，定义3.6]

3.20

生命周期　life cycle

产品系统中前后衔接的一系列阶段，从自然界或从自然资源中获取原材料，直至最终处置。

[GB/T 24040—2008，定义3.1]

4　目标

环境标志和声明的总体目标是：通过对产品非误导的、信息的、可验证的和准确的交流，促进对环境压力较小的产品的需求和供给，用市场驱动的手段来刺激持续改进环境的潜力。

Ⅲ型环境声明的目标是：

a) 提供基于LCA的，与产品环境因素有关的信息和附加信息；

b) 帮助购买方和使用方在产品之间进行信息比照，但这些声明并非对比论断；

c) 鼓励环境绩效的改进；

d) 提供用于评价产品生命周期环境影响的信息。

5　原则

5.1　与GB/T 24020的关系

除了本标准的要求以外，还应遵守GB/T 24020所规定的原则。当本标准提出的要求比GB/T 24020更为具体时，应遵守这些要求。

5.2　自愿性

Ⅲ型环境声明计划的建立和实施以及Ⅲ型环境声明的编制和使用都是自愿的。本标准对组织选择建立和实施Ⅲ型环境声明计划，或编制和使用Ⅲ型环境声明提出了要求。

5.3　以生命周期为基础

在编制Ⅲ型环境声明时，应考虑产品全生命周期中所有相关的环境因素，使其成为声明的组成部分。如果所考虑的相关因素未覆盖生命周期的所有阶段，则应对此进行声明和论证。应使用GB/T 24040系列标准（即GB/T 24040和GB/T 24044）所确定的原则、框架、方法学和惯例来得出数据。

应使用其他适宜的方法对LCA未覆盖的相关环境因素进行说明。

5.4　模块性

产品加工或组装所用的材料、零部件和其他输入的LCA数据，可用于该产品的Ⅲ型环境声明。在这种情况下，这些基于LCA的数据应作为信息模块，并可代表这些材料或零部件生命周期的全过程或一部分。若信息模块按照产品种类规则进行调整,则信息模块或其组合可用于编制Ⅲ型环境声明。若编制产品Ⅲ型环境声明的信息模块组合未覆盖产品生命周期的所有阶段,则未覆盖部分应在PCR文件中加以说明和论证。

一个信息模块可能是,但不一定是一项Ⅲ型环境声明。

5.5 相关方参与

环境标志和声明的编制过程应当开放,并有相关方参与意见,在此过程中作出必要的努力以求得共识。

注:引自GB/T 24020—2000中4.9.1,原则8。

参与Ⅲ型环境声明计划的相关方包括但不限于:原材料供应方、制造方、商业协会、购买方、使用方,消费者、非政府组织、公众机构,相关时,还包括独立团体和认证机构等。

宜鼓励开展公开咨询,但不一定是公众咨询。计划执行者应负责确保举办适当的咨询,以确保计划运行的可信性和透明度。计划执行者的竞争者可参与公开咨询。

5.6 可比性

Ⅲ型环境声明旨在使购买方或使用方基于生命周期比较产品的环境绩效。因此,Ⅲ型环境声明的可比性是至关重要的。用于比较的信息应透明。以便购买方或使用方理解Ⅲ型环境声明可比性的内在局限(见6.7.2)。

注:未基于覆盖生命周期所有阶段的LCA,或基于不同PCR的Ⅲ型环境声明,是环境声明有限可比性的实例。

5.7 验证

为确保Ⅲ型环境声明包含基于GB/T 24040系列标准的相关的和可验证的LCA信息,计划执行者应建立透明的程序,以便:

——对PCR进行评审,包括对PCR所依据的LCA、LCI结果、信息模块和附加环境信息进行评审(见8.1.2);

——对声明所依据的LCA、LCI、信息模块和附加环境信息进行独立验证(见8.1.3);

——对Ⅲ型环境声明进行独立验证(见8.1.4)。

5.8 适应性

为使Ⅲ型环境声明能够有效增进对产品的环境认知,使这些声明在保持其技术可信性的同时,保持其应用的适应性、实用性和成本效益是十分重要的。

本标准允许:

——不同类型的机构实施Ⅲ型环境声明计划(见3.4和第6章);

——如果存在必要信息,可以使用生命周期的相关阶段(见7.2.5);

——提供附加环境信息(见图2和7.2.3)。

5.9 透明性

为确保任何对Ⅲ型环境声明感兴趣的人都能理解和正确解释该声明,计划执行者应确保以下内容可获得：
　　——通用计划指南（见6.4）；
　　——所有已发布的有关计划中的PCR文件清单；
　　——PCR文件；
　　——本标准所规定的解释性材料（见7.2.1和9.2.3）。

6 计划要求

6.1 总则

Ⅲ型环境声明计划是自愿性的，并有一套规则指导其全部管理和运行，由计划执行者所运用的这些规则被视为通用计划指南。

附录A给出了建立和实施Ⅲ型环境声明计划的总体安排所涉及的本标准的相关条款。

6.2 计划的范围

计划应明确限定自身的范围，例如是否局限于某一地理范围或某一工业部门、产品或产品组。

对于在规定范围内所有对制定PCR或编制Ⅲ型环境声明感兴趣的组织而言，计划都应是可获得的。

6.3 计划执行者的职责

计划执行者应负责管理Ⅲ型环境声明计划，管理职责主要包括但不限于：

a）准备、保持和沟通通用计划指南；

b）公布作为相关方实际参与计划建立的组织的名称（不是个人姓名）；

c）确保遵循Ⅲ型环境声明的要求（见第7章）；

d）建立维护计划中数据一致性的程序；

e）保持计划中有关PCR文件和Ⅲ型环境声明的、公开可获得的清单和记录；

f）公布计划中PCR文件和Ⅲ型环境声明；

g）跟踪与Ⅲ型环境声明计划有关的程序和文件的变化，必要时对其进行修订；

h）确保选择能胜任的、独立的验证者和PCR评审组成员；

i）建立有关PCR评审的透明的程序（见8.1.2），包括评审范围、评审的详细资料以及评审组的组成；

j）建立程序以避免对本标准、Ⅲ型环境声明计划、Ⅲ型环境声明及其标识的误用。

6.4 通用计划指南

计划执行者应准备有关计划运行的通用计划指南，其内容包括但不仅限于以下信息：

a）计划的范围。

b）计划的目标。

c）计划执行者。

d）计划的预期使用者，可以是供应商与采购商之间使用，也可以是供应商与消费者之间使用，或两者都有。

e）相关方的参与。

f）有关产品种类确定的程序。

g）有关对所使用的数据和文件进行管理的程序，这些程序可基于GB/T 24001—2004的4.4.5，或GB/T 24044—2008的第5章。

h）数据保密性管理。

i）有关PCR制定和保持的程序，包括：

——PCR的内容；

——有效期的规定，须考虑影响PCR的相关信息的变化；

——有关预设参数选择的程序。

j）独立验证的程序，包括：

——验证者的能力；

——PCR评审组的能力。

k）建立和实施计划所需的资金来源和其他资源。

l）对通用计划指南的定期评审。

m）费用（适用时）。

通用计划指南应按要求为任何人所获取。

6.5 相关方参与

计划执行者应识别和邀请相关方参与计划建立的公开的咨询过程（见5.5），应明确和公开相关方的作用以便其参与。

咨询过程尤其应包括以下内容：

——PCR的制定；

——一套表述如何编制和验证Ⅲ型环境声明的方法学和程序方面的规则。

应努力保证资源和时间以实现咨询。

应给相关方足够的时间以评审和获知所使用信息的详细内容和来源。咨询过程也应确保相关方对通用计划指南或PCR提出意见，并在合理的时间内予以答复。

可通过咨询委员会、顾问委员会或听取公众意见等方式来选择相关方代表参与咨询过程。

6.6 产品种类确定程序

在确定的咨询过程中，计划执行者应确保通过透明的程序来确定产品种类。当产品具有类似的功能和应用时，将一组产品划分到一个产品种类的基本原则是其具有同样的功能单位。

6.7 PCR制定程序

6.7.1 PCR文件内容的制定

当为一个产品种类制定PCR时，计划执行者宜考虑采用相同产品种类中和在适当市场范围内已经存在的PCR文件，以便保持协调一致。但是，可能还是有必要制定与已有文件内容不同的PCR文件。不同于现有PCR的理由应基于现有PCR文件的内容，而不应基于，例如任何特定PCR的来源。

在PCR文件中应报告为达成协调一致所付出的努力、结果以及未使用现有的产品种类规则的解释。

PCR应确定与产品种类有关的、基于LCA的信息的目的与范围以及附加环境信息的规则，并形成文件。PCR也应确定所包含的生命周期阶段，涉及的参数，以及核对和报告参数的方法。

为实现完整性和一致性，PCR应基于一个或多个生命周期评价（与GB/T 24040系列标准相一致）以及其他相关的研究，以确定附加环境信息的要求。应在PCR文件中引用这些生命周期评价和其他相关的研究。

图1给出了准备PCR文件的推荐步骤。

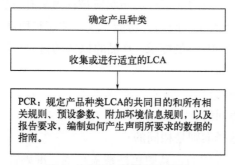

图1　PCR文件的准备步骤

计划执行者应通过有相关方参与的咨询过程制定PCR文件，PCR文件应包括以下内容：

a）产品种类的定义及其描述（如：功能、技术性能和用途）。

b）依据GB/T 24040系列标准的产品的LCA的目的与范围的确定，包括：
——功能单位；
——系统边界；
——数据的描述；
——输入和输出的选择准则；
——数据质量要求，包括覆盖范围、准确性、完整性、代表性、一致性、可再现性、来源和不确定性；
——单元。

c）清单分析，包括：
——数据收集；
——计算程序；
——材料、能流和释放的分配。

d）如适用，影响种类选择和计算的准则。

e）报告LCA数据的预设参数（清单数据种类和影响种类参数）（详见注）。

f）提供附加环境信息的要求，包括任何方法学的要求（例如：危害和风险评价的规定），见7.2.3。

g）需声明的材料和物质（例如：有关产品成分的信息，包括生命周期各阶段对人类健康或环境产生负面影响的材料和物质的规定）。

h）声明所需数据的产生指令（LCA、LCI、信息模块和附加环境信息）。

i）Ⅲ型环境声明内容和格式的指令（见7.2）。

j）如果声明基于的LCA未覆盖所有生命周期阶段，则应包括未被考虑的生命周期阶段的信息。

k）有效期。

注：预设参数是PCR中确定的参数，产品的环境信息依据这些参数提供。

6.7.2 可比性要求

当满足以下条件时、不同的Ⅲ型环境声明应被视为具有可比性：

a）产品种类的定义和描述（例如：功能、技术性能和用途）是相同的。

b）按照GB/T 24040系列标准的要求，产品的LCA的目的与范围的确定具有以下特点：

——功能单位是相同的；

——系统边界是等同的；

——数据的描述是等同的；

——输入和输出的选择准则是相同的；

——数据质量要求是等同的，其中包括覆盖范围、准确性、完整性、代表性、一致性、可再现性、来源和不确定性等；

——单元是相同的。

c）对于清单分析：

——数据收集方法是等同的；

——计算程序是相同的，而且

——材料、能流和释放的分配是等同的。

d）如适用，影响种类选择和计算准则是相同的。

e）报告LCA的预设参数是相同的（清单数据种类和影响类型参数）。

f）提供附加环境信息的要求是等同的，包括任何方法学的要求（例如：危害和风险评价的规定）。

g）需声明的材料和物质是等同的（例如：有关产品成分的信息，包括那些在生命周期的各个阶段能够对人类健康和环境产生负面影响的物质和材料的规定）。

h）声明所需数据的产生指令是等同的（LCA、LCI、信息模块和附加环境信息）。

i）Ⅲ型环境声明的内容和格式的指令是等同的。

j）如果声明的LCA未覆盖所有生命周期阶段，上述每一阶段的信息将不是等同的。

k）有效期是等同的。

为了保证基于信息模块的Ⅲ型环境声明的可比性，被遗漏的产品生命周期阶段的环境影响应是可以忽略的；或者在数据可接受的不确定性范围内，忽略的产品生命周期阶段的数据可以认为是相同的。

6.8 应用LCA方法学的程序

6.8.1 有关通用LCA方法学信息的发布

为了便于声明之间的对比，计划执行者应当确保Ⅲ型环境声明通用方法学方面信息的可获得性。这些方法学内容应包括计算方法的选择、系统边界的选择以及数据质量的不同要求。

6.8.2 LCA方法学的应用

Ⅲ型环境声明的定量环境信息应基于：

——按照GB/T 24040系列标准进行的一个或多个生命周期评价的结果，或

——信息模块（见3.13），如使用。

本条款描述了Ⅲ型环境声明和计划的两种方法学方案。图2表示了不同的选择。共同点是两个方案都是基于符合GB/T 24040系列标准的LCI的。

以下来自LCA或信息模块中的参数可以作为预设参数：

——一套影响种类的指标结果（仅适用于方案A）；

——一套基本流的清单结果（如铁矿石、二氧化碳）；

——一套不代表基本流的数据（如废物）。

编制Ⅲ型环境声明的方法学应符合下列方案中的一种，如图2所示：

a）方案A：LCA分析，包括阶段目的与范围的确定、清单分析（LCI）、影响评价（LCIA）、解释。

b）方案B：LCA分析，包括阶段：目标和范围的确定、清单分析（LCI）、解释。

必要时应使用来自其他环境分析工具的结果（如图2）。附加环境信息旨在确保所有有关产品环境因素涵盖在Ⅲ型环境标志声明中。这些附加信息可以来自LCA，也可以不来自LCA，可以与其他有关产品整体环境绩效的问题相关。例如，这些问题可包括与可持续发展有关的环境因素（见7.2.3）。

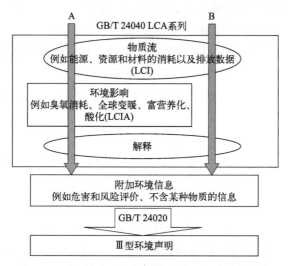

图2　Ⅲ型环境声明和计划的两种不同方法学方案

7 声明要求

7.1 总则

Ⅲ型环境声明旨在便于满足相同功能要求的产品的环境属性的比较。定量数据应以 PCR 中描述的适宜、一致的计量单位来报告。如能提供，定性数据应当具有可比性。定性信息的产生应当使用同样的方法或系统，同时应当识别这些方法和体系。在有要求时，PCR 的详细内容应可为产品购买方和使用方获取。

7.2 声明内容

7.2.1 总则

同一个产品种类内所有的Ⅲ型环境声明应遵循统一的格式，并且应包含计划执行者提供的 PCR 中所确定的参数。

符合 PCR 的Ⅲ型环境声明应包含如下信息：

a）提出声明的组织的身份和描述；

b）产品描述；

c）产品识别（例如型号）；

d）计划的名称以及计划执行者的地址，必要时，包括标志和网址；

e）PCR 识别；

f）公布日期以及有效期；

g）LCA、LCI 或信息模块的数据（见 7.2.2）；

h）附加环境信息（见 7.2.3）；

i）材料和物质的成分声明（例如产品成分的信息，包括在生命周期所有阶段能够对人类健康或环境产生负面影响的材料和物质的详述）；

j）当声明不是在全生命周期范围内的 LCA 的基础上做出时，未予考虑的阶段的信息；

k）不同计划的环境声明可能不具备可比性的说明；

l）获取解释性材料出处的信息。

第 i）条的要求，在理由充分时不适用于知识产权或类似法律法规涉及的有关材料和物质的专利信息。也可以不适用于无形产品的声明。

除了以上所列出来的从 a）到 l）条信息之外，Ⅲ型环境声明还应清晰地提供图 3 所列出的信息（备注除外）。

7.2.2 来自 LCA、LCI 或信息模块的数据

按照所选择的方案（见图 2），Ⅲ型环境声明应包含来自 LCA 研究、LCI 研究或信息模块的数据。这些数据可包括但不限于下列来自生命周期各阶段的信息或附加环境信息，并应清晰地分为以下三类：

a）按照 PCR 的要求，来自生命周期清单分析（LCI）的数据包括：

——资源消耗，包括能源、水和可再生资源，以及

——向空气、水体和土壤的排放。

PCR^a评审^b者： 〈主席的姓名和所属组织以及如何通过计划执行者与主席进行联络〉
按照本标准实施的声明和数据的独立验证： □ 内部　　□ 外部
(适用时^c)第三方验证者： 〈第三方验证者的名称〉
^a 符合6.7.1要求的产品种类规则。 ^b 符合8.1.2要求的PCR评审。 ^c 在供应商和购买商之间进行信息交流时是可选择的，在供应商和消费者之间进行信息交流时是必须的(见9.4)。

图3　验证示例

b）适用时，生命周期影响评价（LCIA）的参数结果包括：

——气候变化；

——平流层臭氧层的耗损；

——土壤和水源的酸化；

——富营养化；

——光化学氧化剂的形成；

——化石能源资源的消耗，以及

——矿物资源的消耗。

c）其他数据，例如产生废物的数量和类型（有毒或无毒废物）。

声明应清晰地表达该声明是适用于产品，或产品和包装的一部分，或服务的一部分。

7.2.3　附加环境信息

相应地，除了来自LCA、LCI或信息模块的信息［见6.7.1f）］之外，Ⅲ型环境声明应包含与环境问题有关的附加环境信息。这些信息应与7.2.2描述的信息分开。重要环境因素的识别至少应该考虑如下内容：

a）与环境问题有关的信息，如：

1）对生物多样性的影响或潜在影响；

2）与人类健康和环境有关的毒性，以及

3）与生命周期任何阶段有关的地理因素（例如对潜在的环境影响与产品系统的场所之间的关系的讨论）。

b）对环境具有重要影响的产品性能数据。

c）组织对环境管理体系的遵守情况，以及相关方在何处能够获取该体系详细信息的说明。

d）其他适用于产品的环境认证计划，以及相关方在何处能够获取该认证计划详细信息的说明。

e）组织的其他环境活动，例如参与再循环和回收项目，并提供这些项目的详细资料以便于产品的购买方和使用方能获取，同时应包括联络信息。

f）来自LCA，但未按典型的LCI或LCIA的格式进行交流的信息。

g）有效使用的指南和限定。

h）有关人类健康和环境的危害和风险评估。

i）产品中不含某种材料或含量的信息，这些材料在特定区域内被认为具有环境重要性［见GB/T 24021—2001中5.4和5.7r］。

j）使用后产品的首选废物管理方案。

k）发生带来环境影响事件的潜在可能。

附加环境信息应仅与环境问题相关。与产品环境性能无关的产品安全信息和指南不作为Ⅲ型环境声明的内容。

7.2.4 附加环境信息的要求

所有附加环境信息都应清晰地阐明其不是基于LCA、LCI或信息模块的数据的一部分。附加环境信息应：

a）是基于经过证实和验证的信息，并符合GB/T 24020—2000和GB/T 24021—2001第5章的要求；

b）是详细、准确和非误导的；

c）与特定产品相关；

d）不易引起歧义，特别是略去某些事实时；

e）只与环境因素有关，这些环境因素可能识别并存在于产品生命周期中，或与产品生命周期有关；

f）不作对比论断，但应在本产品种类内可对比；

g）只有当特定物质的含量不高于规定的痕量或背景值时，才能使用"无……"的字样声明；

h）不提及不含与产品种类无关的物质和特征，以及

i）如果使用符号，应符合GB/T 24021—2001中5.8和5.9列出的要求。

7.2.5 基于信息模块的Ⅲ型环境声明

对于一个或多个生命周期阶段的Ⅲ型环境声明可使用信息模块；信息模块可组合起来得到一个覆盖生命周期全过程的评价，并在下列条件下形成一个产品Ⅲ型环境声明：

——将针对生命周期所有阶段的信息模块和针对产品所有部分的信息模块组合起来（见附录B）；

——满足GB/T 24040系列标准的所有要求（见6.8.2）；

——满足该产品种类的PCR（见6.7.1）。

可获取时，元件和材料供方应提供有关使用和废弃阶段的信息。

如果Ⅲ型环境声明中组合的信息模块未覆盖产品的整个生命周期，则应陈述略去的部分。

如果与生命周期有关的因素和影响未包含在信息模块中，Ⅲ型环境声明应以有关的附加环境信息做支持，并对略去的部分提出合理说明。

附录B提供了一个简单的例子，说明信息模块和基于信息模块的Ⅲ型环境声明可以组合起来，组成一个基于生命周期全过程分析的Ⅲ型环境声明。

7.3 声明的更新

组织可能需要纠正和改进包含在Ⅲ型环境声明中的信息。

必要时，Ⅲ型环境声明应重新评价和更新以反映技术上的改变或其他影响声明内容及准确度的情况。当进行Ⅲ型环境声明更新时，应满足与编制原声明同样的要求。如对基于LCA的数据、附加环境信息和声明的改变的验证。

做出Ⅲ型环境声明的组织负责通知计划执行者Ⅲ型环境声明中将发生的变化，并将验证者认为符合有关要求的文件提供给计划执行者。计划执行者应发布更新后的声明。

8 验证

8.1 评审和独立验证的程序

8.1.1 总则

在建立Ⅲ型环境声明计划时，应按照本标准和GB/T 24040和GB/T 24020系列标准建立验证规则。

计划执行者应建立适宜的验证程序（见6.4）确保声明符合所有的通用计划指南。该程序应包含验证格式和文件，以及充分地获取验证规则和结果的渠道。

尽管应对数据进行内部或外部独立验证，但并不一定意味着需要第三方验证。因此是否进行最后一步第三方验证由计划执行者决定。

当Ⅲ型环境声明用于供应商与消费者之间的信息交流时，具体的验证要求详见9.4。

8.1.2 PCR评审

PCR的评审应当由第三方小组实施，小组中至少有一名组长和两名成员。PCR文件应包括PCR评审的结果以及小组成员的意见和建议。

PCR评审应证实：

——PCR已按照GB/T 24040系列标准特别是按照本标准的6.7.1制定；

——PCR满足通用计划指南，以及

——PCR列出的基于LCA的数据以及附加环境信息对产品的重要环境因素做出了描述。计划执行者可确定PCR评审小组的其他任务。

8.1.3 数据的独立验证

对来自LCA、LCI、信息模块的数据以及附加环境信息的独立验证至少应确认：

a）符合PCR的情况；

b）符合GB/T 24040系列标准的情况；

c）符合Ⅲ型环境声明的通用计划指南的情况；

d）数据评价包括覆盖范围、准确性、完整性、代表性、一致性、可再现性、来源和不确定性；

e）基于LCA的数据的逻辑性、质量和准确性；

f）附加环境信息的质量和准确性；

g）支持信息的质量和准确性。

计划执行者可确定独立验证者的其他任务。

8.1.4 Ⅲ型环境声明的独立验证

独立的验证程序应至少适用于确定Ⅲ型环境声明是否符合：

——GB/T 24020—2000以及本标准的相关要求；

——通用计划指南（见6.4），以及

——现行的和相关的PCR。

验证程序应是透明的。在履行8.3数据保密规定的同时，独立验证者应编写报告将验证过程形成文件。需要时，该报告可为任何人获取。验证程序应确定Ⅲ型环境声明中给出的信息是否准确反应其所依据的文件中的信息。验证程序也应确认信息是否有效以及是否科学合理。

Ⅲ型环境声明的PCR评审和独立验证是两个独立的过程。独立验证可由PCR评审小组执行，也可由独立的验证者执行，该验证者可以是也可以不是PCR评审小组的成员。

8.2 验证者和PCR评审小组的独立性和能力

8.2.1 验证者的独立性

独立的验证者，无论来自组织内部还是外部。不应参与LCA的执行或声明的编制活动，也不应因他们在组织中的职位而产生利益冲突。

8.2.2 验证者的能力

计划执行者应规定验证者的最低能力要求，包括：

——有关行业、产品以及与产品相关的环境因素的知识；

——产品种类的生产过程和产品的知识；

——LCA及其方法学方面的专业知识；

——环境标志和声明以及LCA领域内的相关标准知识；

——与Ⅲ型环境声明计划相关的规章制度的知识；

——Ⅲ型环境声明计划的知识。

8.2.3 PCR评审小组的能力

计划执行者应规定PCR评审小组的最低能力要求。PCR评审小组的整体能力应包括：

——具备相关行业、产品以及与产品相关的环境因素的通用背景知识；

——具备LCA及其方法学方面的专业知识；

——具备环境标志和声明以及LCA领域内相关标准的知识；

——具备PCR范围内的规章制度的知识，以及

——理解Ⅲ型环境声明计划。

此外，计划执行者应确保合理地考虑相关方的观点和能力。

8.3 数据保密规则

产品的特定数据通常需要保密，是因为：
——商业竞争的需要；
——知识产权保护的专利信息，或
——类似的法律法规限制。

本标准不要求公开保密数据、声明通常只提供汇总生命周期各阶段或相关阶段的数据。按照通用计划指南的要求（见6.4），提供给独立验证过程的需要保密的商业数据应当予以保密。

如果计划执行者根据验证报告确定支持Ⅲ型环境声明的数据不充分，则该声明不应予以发布。

9 针对供应商与消费者之间信息交流编制Ⅲ型环境声明的附加要求

9.1 总则

计划执行者应考虑编制中的Ⅲ型环境声明的潜在受众。尽管预计大部分Ⅲ型环境声明是为了供应商与购买商之间的信息交流而编制的，但仍存在针对供应商与消费者之间的信息交流而提供详细、定量数据的声明。

当Ⅲ型环境声明是针对消费者或者可能被消费者使用时，除了其他条款，9.2～9.4的要求是适用的。

9.2 信息规定

9.2.1 声明内容

Ⅲ型环境声明是复杂的，而且需要大量的文件。针对供应商与消费者的信息交流，PCR要求的声明中的任何内容不应被忽略或简化。

Ⅲ型环境声明应基于产品的生命周期，除非：
——特定阶段（如产品使用阶段和生命终结阶段）的信息不可获取，以及合理情景不能被模拟；或
——这些阶段可能被合理地认为对环境不产生重要影响。

特定阶段仅在上述情况下可以排除在外，但在Ⅲ型环境声明中应对忽略的情况进行阐述。

当特定阶段的合理情景能够被模拟时，这些阶段不能被排除在外。PCR中应当清晰地阐述情景建立所做出的假设。

9.2.2 声明的可获取性

消费者应能够在购买点获取针对供应商和消费者之间信息交流的Ⅲ型环境声明。

9.2.3 解释性材料

当Ⅲ型环境声明用于供应商和消费者之间信息交流时，做出声明的组织应要求在成本合理的情况下，提供其他解释性材料以方便消费者了解声明中的数据。做出声明的组织应发布有关允许消费者从产品销售的任何区域与组织取得联系的信息。提供信息的适

当方式可包括电话或其他电子途径。解释性材料的获取方式应在声明中清晰地阐述。

9.3 相关方的参与

除了5.5要求之外,参与针对供应商与消费者之间信息交流的Ⅲ型环境声明编制或计划建立的相关方不仅应包括消费者利益的代表者,而且还包括环境利益的代表者,这些代表可由当地的、国家的或区域的团体、机构或组织选出。

计划执行者应负责为相关方的参与提供便利。

9.4 验证

针对供应商与消费者之间的信息交流的Ⅲ型环境声明,本标准要求的验证应由第三方(见8.2中的验证者的能力)实施。

当Ⅲ型环境声明的目标受众是消费者(见3.16)时,声明应清晰地表明验证是由有能力的第三方机构实施。

附录 A
（资料性附录）

III 型环境声明计划建立和运行方案

表A.1 III型环境声明计划建立和运行方案

组织	机构		流程（步骤和结果）	活动/程序		条款
	计划执行者	其他		主要	次要	
组织	计划执行者（如公司、工业部门、商业协会或独立机构）		计划的建立	计划的建立		6.1
组织	计划执行者	相关方	通用计划指南	计划的建立（包括公开咨询）如果计划已经存在，则无公开咨询		6.2, 6.3, 6.4, 6.5, 8.3
组织	计划执行者	相关方		PCR文件的制定（包括公开咨询）如果PCR已经存在，则无必要		6.5, 6.7, 8.3
组织	计划执行者	相关方	PCR的制定		确定产品种类	6.6
组织	计划执行者	相关方			收集和创建基于LCA的产品种类信息	6.7.1, 6.7.2, 6.8
组织	计划执行者	PCR评审小组：独立的、有能力的小组成员	PCR		制定PCR文件	6.7.1, 6.7.2
组织	计划执行者	第三方	编制III型环境声明		PCR评审	8.1.2
组织		独立验证者		编制声明		7.1, 7.2.1, 7.2.2, 7.2.3
组织		独立验证者	独立验证	独立验证		8.1.1, 8.2, 8.3
组织		独立验证者			验证LCA数据	8.1.3, 8.3
组织		独立验证者			声明的独立验证	8.1.4, 8.3
组织		第三方	III型环境声明		第三方验证不是强制性的，但对于供应商和消费者之间进行信息交流时例外（见第9章）	8.1.1, 9.4
组织	计划执行者			记录和发布声明		6.3
组织		受众		声明的交流和使用		交流不在本标准范围内
组织	计划执行者	独立验证者		更新声明		7.3

359

附录 B
（资料性附录）
编制Ⅲ型环境声明示例——基于产品部件的Ⅲ型环境声明中的信息模块

B.1 本示例涉及Ⅲ型环境声明的产品是可再充装的饮料玻璃瓶，包含三个部分：
   a）玻璃瓶体；
   b）铝帽；
   c）印刷纸标签。

B.2 针对玻璃瓶体，提交了三个不同的信息模块，具体如下：
   a）材料生产和瓶体生产的信息模块；
   b）瓶体的运输、清洗和再充装信息模块，归属在使用阶段；
   c）使用了一定次数之后，瓶体的收集和回收信息模块。

针对铝帽，提交覆盖材料生产、瓶盖生产、回收和运输过程的Ⅲ型环境声明。该报告不包括瓶帽使用阶段的任何数据。

针对纸标签，提交两个信息模块：
——一个信息模块覆盖材料生产、纸张生产和印刷过程；
——一个有关废物焚烧处理的信息模块。

纸标签的运输和使用不存在详细的信息模块。

如图 B.1 所示，瓶体的三个不同生命周期阶段的信息模块组合成一个覆盖所有生命周期阶段的Ⅲ型环境声明。

通过瓶体、铝帽和纸标签的信息模块和Ⅲ型环境声明的信息的组合，就可以形成一个可再充装玻璃瓶的Ⅲ型环境声明。但是应考虑铝帽和纸标签从充装者到用户的运输环节。同时还必须考虑在一个瓶体寿命期内使用一定数量的铝帽和纸标签的事实，铝帽和纸标签的使用数量可由瓶子的平均数量和运输次数得出。

注1：信息模块可以是但不一定是一个Ⅲ型环境声明。但是贴有Ⅲ型环境声明标签被理解为必须有一个相关的 PCR。

注2：制造商可以选择将信息模块汇编到Ⅲ型环境声明中或将信息模块组合起来，在本案例中，瓶体制造商选择了编制Ⅲ型环境声明，同时纸标签制造商将数据汇编到信息模块中。

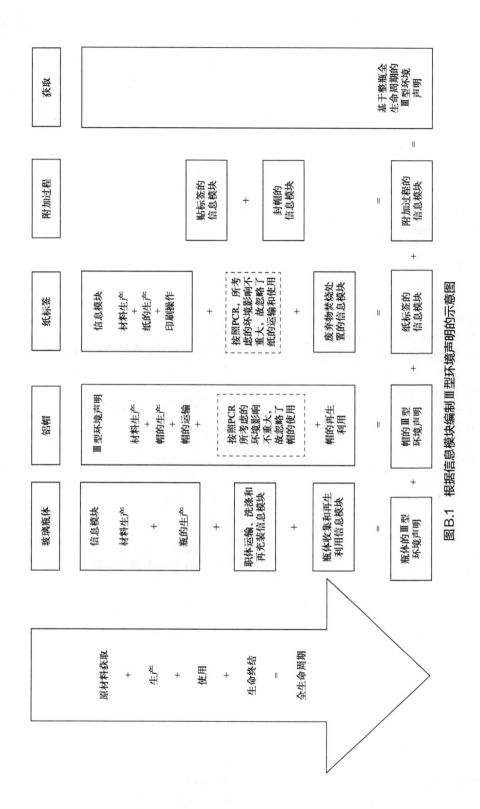

图B.1 根据信息模块编制Ⅲ型环境声明的示意图

索引

C

产品环境标志计划　005
产品环境影响潜值　029
产品全生命周期　053
产品生命周期评价　016
产品碳足迹评价　053
常规空气污染物　219
超低排放　049
城市生活垃圾处理系统　190
城市生活垃圾处理系统清单　140
臭氧　200
初级能源消耗　235
储能技术　130
CO_2 捕集　014
粗骨料　230
催化燃烧法　200

D

氮氧化物　106
低品质塑料包装废物　174, 175, 176
地热能　133
电除尘　049
电极材料　111
电解质材料　111
电控装置　114
电力排放因子　130
多晶硅光伏组件　101
多晶硅片　101
多晶硅太阳能电池　101

E

Eco-indicator 99 评价方法　040, 184
EIO-LCA　011, 012
二次能源　255
二次污染　190, 200

二次扬尘　140
二氧化碳当量　055, 279

F

防护成本法　062
飞灰　209
废弃物衍生燃料　173
分层混合生命周期评价　012
焚烧炉　174, 175
风电场生命周期碳排放　044, 250
风能　133, 243
富营养化　021, 027, 039
富营养化潜势　235, 236

G

干燥热压 RDF　181
工业固体废物　232
工业源　044
固体废物　232
固体废物综合利用率　135
固体颗粒物　223
光伏产品生命周期环境影响　103
光伏产品生命周期评价　103
光化学烟雾　222
光污染　243
过程生命周期评价　010

H

HLCA　010
海洋能　133
呼吸系统影响　119, 123
化石能源　184
化石燃料　080, 088
化学毒性　026
化学风险评估　026

环境风险评价　228
环境排放背景系数　236
环境污染风险　049
环境影响负荷　031, 221
环境影响评价　228
环境影响评价模型　010
环境影响潜值　162
环境友好度　014
挥发性有机物　039, 106, 204
混合生命周期评价　010, 012

I

I-O LCA　010

J

基于投入产出的混合生命周期评价　012
洁净煤燃烧技术　015
疾病成本法　062
集成混合生命周期评价　012
加权评估　030
减污降碳　057
减污降碳协同效应　057
建筑垃圾　228
节能减排　225
节能减排综合指标　032
介孔 Co_3O_4 催化剂　207, 209
净能量分析　004
静电除尘器　015

K

颗粒物　039, 209
颗粒吸附剂　112
空气污染物　063

L

LCA　004
LCI　006
LCIA　007
垃圾填埋场　175
蓝天保卫战　224
锂离子电池　111
零排放　121
铝塑复合包装　182
铝塑复合包装废物　184, 187
绿色设计　016

绿色制造　016

M

模型构建法　043

N

难降解有机物　187
内涵资产定价法　062
泥砂分离工艺　229
泥砂分离预处理　231
农业源　044

P

PLCA　010, 012
$PM_{2.5}$　200
排放因子法　043, 045
评价模型资源基准值　077
POPs 控制技术　015

Q

清洁生产　005, 016
区域复合性大气污染　200
全球变暖潜势　235
全球变暖潜值　022
全球温度变化潜力　022
全球增温潜能值　055
全生命周期环境影响分类评价　171
全生命周期评价　014

R

热力学核算法　028
ReCiPe 评价方法　040
人力资本法　062

S

S-LCA　013
散热器　114
扫描电子显微镜　182
砂石骨料　229
伤残调整生命年　066
社会生命周期评价　012, 013
生活垃圾　157, 175
生活垃圾焚烧厂　173
生活垃圾填埋场　173

生活源 044
生命周期成本 012, 013, 224
生命周期法 015
生命周期环境影响 093
生命周期环境影响评价 100
生命周期环境影响评价货币化 061, 069
生命周期环境影响潜值 100
生命周期结果解释 008
生命周期可持续性评价 012, 013
生命周期评价 004, 005, 052, 056, 084, 093
生命周期评价数据 218
生命周期清单 184
生命周期清单分析 006, 010
生命周期软件 SimaPro 7.1 184
生命周期软件 SimaPro7.1 193
生命周期影响评价 007
生态毒性 039, 077, 088, 184
生态核算 004
生态系统 021
生态系统退化 025
生态质量 077
生物多样性 022, 025
生物生产力模型 028
生物质能 133
湿法脱硫技术 049
寿命周期费用 012
水体富营养化 021
水土流失 243
酸化 021, 027
酸化和富营养化 088, 184
酸化潜势 235, 236

T

太阳能 133
太阳能级硅 101
碳标签 057
碳标签制度 057
碳达峰 133
碳达峰碳中和 016
碳减排 058, 130
碳交易 269
碳排放 016, 057, 084, 243
碳排放环境影响 263
碳排放交易 058
碳排放交易体系 273

碳排放强度 132, 281
碳排放因子 130
碳普惠 058
碳中和 133
碳足迹 016, 052
碳足迹核算 056
特征化因子 027
烃类化合物 210
条件价值评估法 063
统计寿命价值 066
投入产出生命周期评价 010, 011
投入产出生命周期评价模型 011
土壤侵蚀潜力模型 028
土壤有机碳潜力模型 028

U

USEtox 模型 026

V

VOCs 排放源 044

W

外推法 043
温室气体 052, 093, 163, 219
温室气体核算 052
温室气体核算体系 053
温室气体排放量 055
温室效应 004
文献分析法 043
污泥 232
物料衡算法 043
物质流分析 228

X

系统边界 149, 174, 190
细骨料 230
细颗粒物 022, 200
享乐价格法 062
消泡剂 231
硝酸型酸雨 204
新能源汽车 114, 121
新能源汽车环境影响 126
新能源汽车减碳评价体系 136
絮凝剂 231
选择性催化还原 014

选择性非催化还原　014
循环经济　016

Y

烟尘　209
一次能源　236
移动源　044
意愿调查法　063
预防性支出法　062

Z

再生骨料　229
再生砂　229
再生造粒处置　173
噪声污染　243
战略环境影响评价　228
纸塑铝复合包装　193
终点类损害模型　093
重金属　039
资源节约型催化剂　212
资源能源消耗强度　281
资源消耗基准　030
总氮　039
总磷　039
综合指标法　015
综合资源效率评估　028

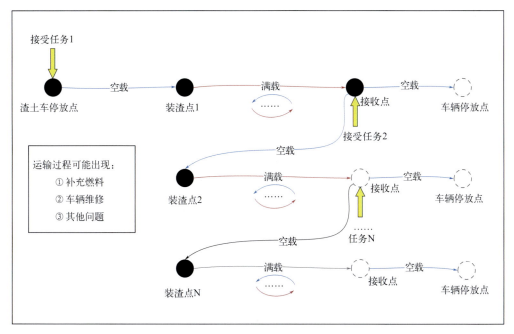

图 17-6　渣土车运输轨迹示意

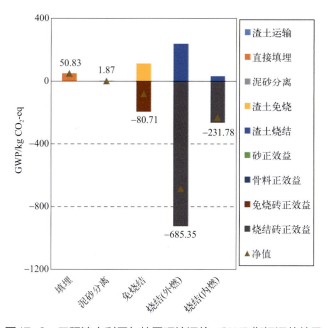

图 17-8　工程渣土利用与处置环境评价-GWP 指标评估结果

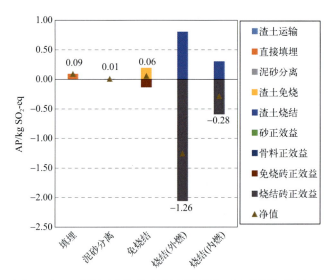

图 17-9　工程渣土利用与处置环境评价－AP 指标评估结果

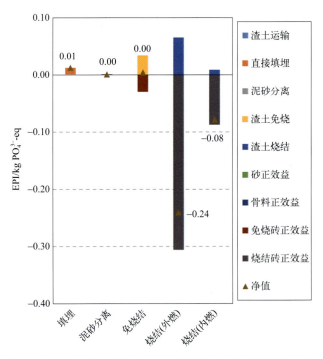

图 17-10　工程渣土利用与处置环境评价－EP 指标评估结果

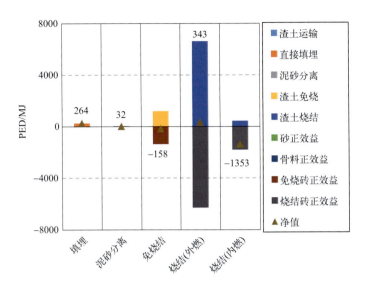

图17-11 工程渣土利用与处置环境评价-PED指标评估结果

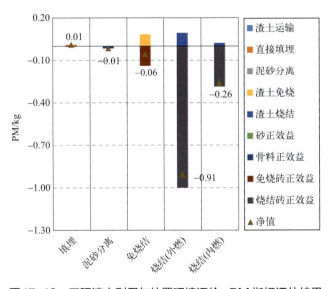

图17-12 工程渣土利用与处置环境评价-PM指标评估结果

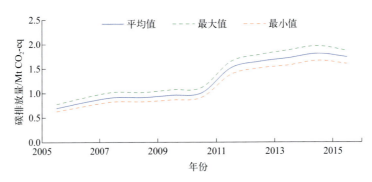

图19-2　2005～2015年深圳市公共交通系统碳排量

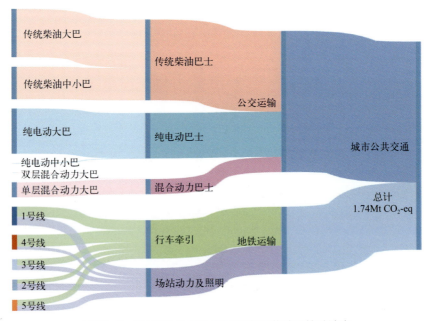

图19-3　2015年公共交通系统在运营阶段的碳流向

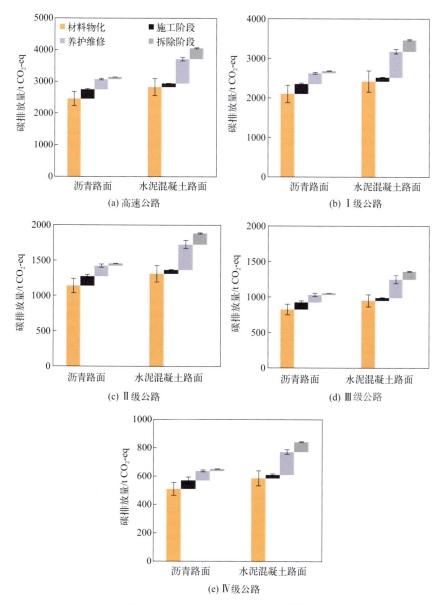

图20-5 路面工程生命周期碳排放